重庆市骨干高等职业院校建设项目规划教材
重庆水利电力职业技术学院课程改革系列教材

电路原理及磁路

主　编　刘福玉　高长壁
副主编　肖　鱼　孙晓明
主　审　张水利

黄河水利出版社
·郑州·

内 容 提 要

本书是重庆市骨干高等职业院校建设项目规划教材、重庆水利电力职业技术学院课程改革系列教材之一，由重庆市财政重点支持，根据高职高专教育电路原理及磁路课程标准及理实一体化教学要求编写完成。本书主要内容包括：电路的基本概念与基本定律，电路的网络分析方法与电路定理，单相、三相正弦交流电路，非正弦周期电流电路，一阶线性电路的过渡过程，磁路与铁芯线圈等。选取强电类专业课程中必须掌握的知识、技能，由浅入深、由简单到复杂地展开，使学生较系统地学习相应的理论知识。建议学时为90学时左右（不含实践性教学环节）。

本书可作为高职高专院校电类专业教材，也可供应用型本科学院、职业大学等作为电路基础课程的教材使用，亦可作为自学考试、成人教育相关专业的教材，还可供有关工程技术人员参考。

图书在版编目（CIP）数据

电路原理及磁路/刘福玉，高长璧主编．—郑州：黄河水利出版社，2016.11 （2018.5 修订重印）
重庆市骨干高等职业院校建设项目规划教材
ISBN 978-7-5509-1608-1

Ⅰ.①电… Ⅱ.①刘… ②高… Ⅲ.①电路理论-高等职业教育-教材②磁路-高等职业教育-教材 Ⅳ.①TM13 ②TM14

中国版本图书馆 CIP 数据核字(2016)第 302802 号

组稿编辑：王路平 电话：0371-66022212 E-mail：hhslwlp@163.com

出 版 社：黄河水利出版社 网址：www.yrcp.com
地址：河南省郑州市顺河路黄委会综合楼14层 邮政编码：450003
发行单位：黄河水利出版社
发行部电话：0371-66026940、66020550、66028024、66022620（传真）
E-mail：hhslcbs@126.com
承印单位：河南承创印务有限公司
开本：787 mm×1 092 mm 1/16
印张：12.75
字数：300千字 印数：1 001—2 000
版次：2016年11月第1版 印次：2018年5月第2次印刷
2018年5月修订

定价：32.00元

前 言

按照“重庆市骨干高等职业院校建设项目”规划要求，电力系统继电保护与自动化专业是该项目的重点建设专业之一，专业建设资金由重庆市水利局和重庆水利电力职业技术学院配套负责。按照子项目建设方案，通过广泛深入的行业、市场调研，与行业、企业专家共同研讨，与行业企业深度合作，共同创新构建“岗课证融通、四阶段递进”的工学结合的人才培养模式，以电力系统行业企业一线继电保护与自动化专业的主要技术岗位所需核心能力为主线，兼顾学生职业迁徙和可持续发展需要，构建“以典型工作任务为载体，基于职业岗位能力”的课程体系，优化课程内容，进行精品资源共享课程与优质核心课程的建设。经过三年的探索和实践，已形成初步建设成果。为了固化骨干建设成果，进一步将其应用到教学之中，最终实现让学生受益，经学院审核，决定正式出版系列课程改革教材，包括优质核心课程和精品资源共享课程等。

本书在编写中，尽量考虑高职教育的特点，结合团队多年的教学经验，并借鉴高职院校现有《电路分析》教材体系，本着既要贯彻少而精，又力求突出科学性、针对性、实用性和注重技能培养的原则，注意知识点之间的逻辑关系和内在联系。各专业可根据自身的教学目标及教学学时数，对教材内容进行取舍。

本书由重庆水利电力职业技术学院承担编写工作，编写人员及编写分工如下：模块一、模块五由肖鱼编写；模块二由刘福玉编写；模块三由高长璧、孙晓明共同编写；模块四由林珑编写；模块六由李锡正编写；模块七由吴桂仙编写；试题库及其参考答案由刘福玉、高长璧、孙晓明共同编写。本书由刘福玉、高长璧担任主编，刘福玉负责全书统稿；由肖鱼、孙晓明担任副主编；由山东水利职业学院张水利担任主审。

在编写过程中，重庆水利职业技术学院院领导、教务处和电气工程系的领导及老师们给予了极大的支持，段正忠教授、杨红教授，山东水利职业学院张水利教授、崔维群教授，重庆民能实业有限公司杨孝明总工，重庆通能电力勘察设计有限公司莫国华高工对本教材的编写给予了指导，谨此致以衷心的感谢！。

由于本次编写时间仓促，参编人员对高等职业技术教育的经验还不足，书中难免会出现缺点、错误及不妥之处，欢迎广大师生及读者批评指正。

编 者

2016 年 8 月

目　录

模块一　电路的基本概念和定律

目的和要求：熟悉电路模型和理想电路元件的概念；理解电压、电流、电动势、电功率的概念及其描述问题的不同；进一步熟悉欧姆定律及其扩展应用；理解和掌握基尔霍夫定律的内容，并能初步运用基尔霍夫定律分析电路中的实际问题；理解和掌握参考方向；理解电路等效。

学习单元一　电路和电路模型

电路理论分析的对象是电路模型，而不是实际电路。本学习单元首先讨论电路及其模型的构成，然后介绍分析电路的一些物理量，引入电流、电压参考方向的概念，介绍电阻元件电压与电流关系，以及电阻串联、并联和串并联电路的化简，最后研究与电路连接方式有关的基本规律——基尔霍夫定律。这些都是分析电路的依据，贯穿全书。

一、电路的作用与组成

电路就是电流的路径，是各种电气器件按一定方式连接起来组成的总体。较复杂的电路称为网络。实际上，电路与网络这两个名词并无明显的区别，一般可以通用。

按工作任务划分，电路的主要功能有两类：

第一类功能是进行能量的转换、传输和分配。例如，供电系统、手电筒、电风扇等。这些电路中，将其他能量转变为电能的设备（如发电机、电池等）称为电源，将电能转变为其他能量的设备（如电动机、电炉、电灯等）称为负载。在电源与负载之间的输电线、变压器、控制电器等是执行传输和分配任务的器件，称为传输环节。图 1-1(a)是一个简单的实际电路，它由干电池、开关、小灯泡和连接导线等电气器件组成。当开关闭合时，在这个闭合的通路中便有电流通过，于是小灯泡发光。干电池是电源，向电路提供电能；小灯泡是负载，开关及连接导线为传输环节。

第二类功能是进行信号处理。这类电路的输入信号称为激励，输出信号称为响应。例如，图 1-1(b)所示的扩音机，传声器（话筒）将声音变成电信号，通过电路放大，由扬声器输出。传声器（话筒）相当于电源，扬声器相当于负载。由于传声器（话筒）施加的信号比较微弱，不足以推动扬声器发音，需要采用传输环节对信号传递和放大。

由此可见，电路主要由电源、负载和传输环节三部分组成。电源是提供电能或电信号

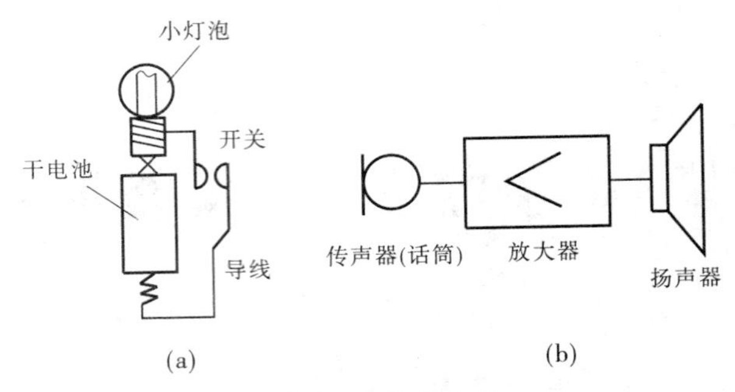

图 1-1 电路的分类

的设备,负载是用电或输出信号的设备,传输环节用于传输电能和电信号。

二、理想电路元件及电路模型

为了便于对复杂的实际问题进行研究,在工程中常采用一种理想化的科学抽象方法,忽略一些次要因素,突出主要的矛盾,将实际的电气器件视为电源、电阻、电感与电容等几种理想电路元件,理想电路元件就是突出单一电或磁性质的理想元件。例如,电阻元件具有消耗电能的特征,便将具有这一特征的电灯、电炉等实际元件用抽象的理想电阻元件来近似替代。当然,这与工程实际器件的性能会有差异,正如研究自由落体的质点模型,会与实际有空气阻力的落体有差异一样。这些差异不容忽视,但只有掌握了基本规律之后,才有可能去考虑这些差异。

在电路分析中,常见的理想元件有四类:电阻元件以消耗电能为主要特征;电容元件以储存电场能量为主要特征;电感元件以储存磁场能量为主要特征;电源(包括电压源和电流源)以供给电能为主要特征。具有两个端钮的理想元件通称为二端电路元件,它们的电路符号如图 1-2 所示。

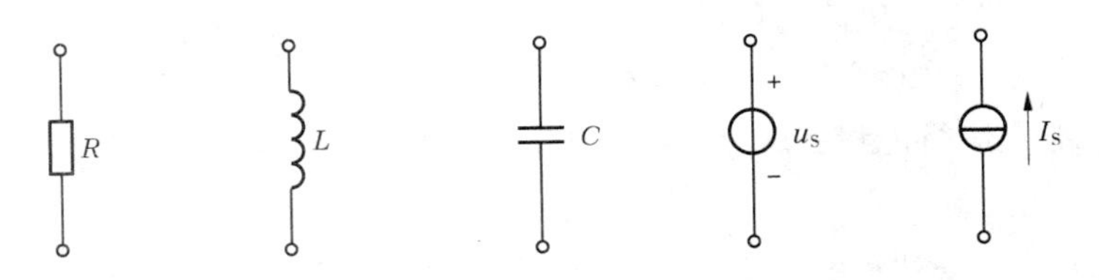

图 1-2 电路符号

用特定的符号代表元件(见图 1-2)连接成的图形,称为电路图;用理想元件构成的电路称为电路模型,如图 1-3 所示。通过分析电路模型,能够预测实际电路的性能,可以改进并设计出更先进的电路。

本书若无特殊说明,所说的电路均指这种抽象的电路模型,所说的元件均指理想元件。

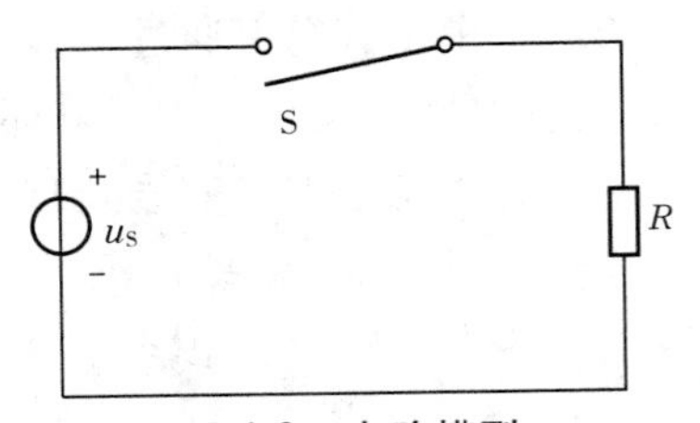

图 1-3 电路模型

三、有关电路的一些名词

以图 1-4 所示电路为例，介绍一些有关电路的名词。在图 1-4 中，方框符号表示没有说明具体性质的二端元件。

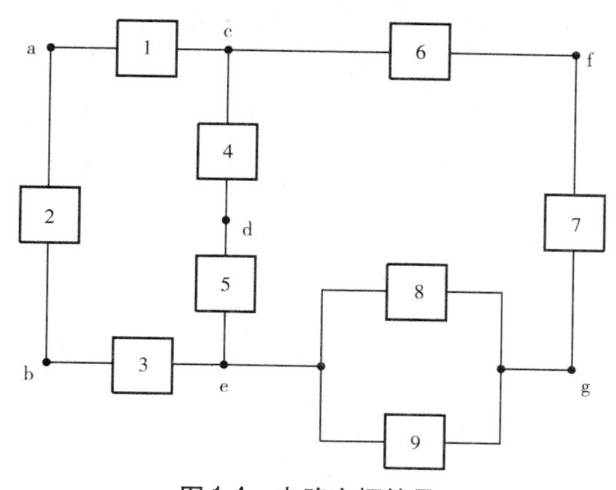

图 1-4　电路方框符号

（一）串联和并联

一些二端元件成串相连、中间没有分支时称为串联，一些二端元件的两个端钮分别连在一起时称为并联。图 1-4 所示电路中，元件 1、2、3 为串联，元件 4、5 为串联，元件 6、7 为串联，元件 8、9 为并联。

（二）支路和节点

每一个二端元件称为一条支路，两条及两条以上支路的连接点称为节点。图 1-4 所示电路中共有 9 条支路，有 a、b、…、g 等 7 个节点。

支路还有其引申的定义。为了方便，有时把几个二端元件串联成的分支作为 1 条支路，3 条及 3 条以上支路的连接点称为节点。例如在图 1-4 中，元件 1、2、3 为 1 条支路，元件 4、5 为 1 条支路，元件 6、7 为 1 条支路，元件 8 和元件 9 分别构成 1 条支路，共有 5 条支路；而 a、b、d、f 不再作为节点，只有 c、e、g 3 个节点。

流过支路的电流称为支路电流，支路两端之间的电压称为支路电压。

（三）回路和网孔

由几条支路组成的闭合路径称为回路，图 1-4 所示电路中元件 8、9 组成一个回路，元件 1、4、5、3、2 组成一个回路，元件 1、6、7、8、3、2 组成一个回路等。

网孔是回路的一种，将电路画在平面上，内部不另含有支路的回路称为网孔，图 1-4 所示电路中元件 1、4、5、3、2 组成的回路称为网孔，元件 1、6、7、8、3、2 组成的回路不称为网孔。

学习单元二　电路的主要物理量

为了定量地分析和研究自然界物理现象与规律，需要引进一些物理量，但基本的只有

7 个(长度、质量、时间、电流、温度、物质的量、发光强度)。在电工技术中,需要分析和研究的物理量也很多,其中电流、电压、磁通、电荷是电路中的 4 个基本物理量,能量、功率等为复合物理量。电路中主要的物理量是电流、电压以及电功率 3 个。

我国规定统一使用国际基本单位制,简称 SI。在上述 7 个基本物理量中,长度单位为米(m)、质量单位为千克(kg)、时间单位为秒(s)、电流单位为安培(A)。

除 SI 单位外,根据实际情况,需要使用较大单位或较小单位时,应在 SI 单位前加 SI 词头。常用的词头见表 1-1。本书讨论电工中使用的单位时,只研究 SI 单位。

表 1-1 常用的词头

因数	词头		符号	因数	词头		符号
	英文	中文			英文	中文	
10^6	mega	兆	M	10^{-2}	centi	厘	c
10^3	kilo	千	k	10^{-3}	milli	毫	m
10^2	hecto	百	h	10^{-6}	micro	微	μ
10^1	deca	十	da	10^{-12}	pico	皮	p

一、电流及其参考方向

(一)电流

电荷的定向移动形成电流。金属导体内的电流是由带负电的自由电子在电场力的作用下逆电场方向做定向运动而形成的。在电解液或被电离后的气体中,正、负离子在电场力的作用下,分别向两个方向定向运动也形成电流。半导体中,有带负电荷的自由电子和带正电荷的空穴,自由电子和空穴的相反方向的运动,形成半导体中的电流。

电流的大小称为电流强度,用 i 表示。电流强度简称为电流。某处电流的大小等于单位时间内通过该处截面的电荷的代数和。如果在极短时间 $\mathrm{d}t$ 内通过某处的电荷量为 $\mathrm{d}q$,则此时该处的电流 i 为

$$i = \frac{\mathrm{d}q}{\mathrm{d}t} \tag{1-1}$$

其中,电量的单位为库仑(C)、时间单位为秒(s)、电流单位为安培(A)。习惯上规定正电荷运动的方向为电流的方向。

若电流的量值和方向不随时间变动,即 $\frac{\mathrm{d}q}{\mathrm{d}t}$ 等于定值,则这种电流称为直流电流,简称直流(DC)。直流电流常用大写的字母 I 表示,所以式(1-1)可写成:

$$I = \frac{q}{t} \tag{1-2}$$

(二)电流的参考方向

电路中一条支路的电流只可能有两个方向,如支路的两个端钮分别为 a、b,其电流的

方向不是从 a 到 b,就是从 b 到 a。电流的方向是客观存在的,但在分析较为复杂的电路时,往往难以事先判定某支路中电流的方向;对于交流量,其方向随时间而变,无法用一个固定方向表示它的方向。为此,在分析与计算电路时,可任意规定某一方向作为电流数值为正的方向,称为参考方向,用箭头表示在电路图上,并标以电流符号 i,如图 1-5(a)所示。规定了参考方向以后,电流就是一个代数量,若电流为正值,则电流的方向与参考方向一致;若电流为负值,则电流的方向与参考方向相反。这样,就可以利用电流的参考方向和正负值来表明电流的方向。应当注意,在未规定参考方向的情况下,电流的正负号是没有意义的。

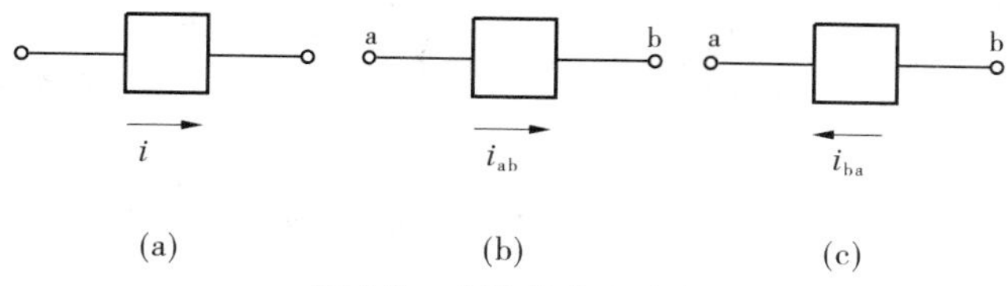

图 1-5 电流的参考方向

电流的参考方向除用箭头在电路图上表示外,还可用双下标表示,如对某一电流,用 i_{ab}表示其参考方向由 a 指向 b(见图 1-5(b)),用 i_{ba}表示其参考方向由 b 指向 a(见图 1-5(c))。显然,两者相差一个负号,即

$$i_{ab} = -i_{ba}$$

二、电压、电位、电动势及其参考方向

(一)电压

在电路中,电荷受电场力作用运动形成电流。衡量电场力做功本领大小的物理量称为电压,用 u 表示。理论和试验表明,电荷在电场中从一点移动到另一点时,电场力做功只与这两点的位置有关,而与移动的路径无关。设电荷量为 dq 的电荷在电场力作用下从 a 点移动到 b 点电场力做功为 dW,则此两点间的电压大小为

$$u_{ab} = \frac{dW}{dq} \tag{1-3}$$

电压即表明单位正电荷在电场力作用下转移时减少的电能,减少电能体现为电位的降低,所以电压的方向是电位降低的方向。

(二)电位

若任取一点 o 作为参考点,则由某点 a 到参考点 o 的电压 u_{ao}称为 a 点的电位,用 φ_a 表示。电位参考点可以任意选取,常选择大地、设备外壳或接地点作为参考点。在一个连通的系统中只能选择一个参考点。参考点电位为零。

电压与电位的关系为:a、b 两点之间的电压等于这两点电位之差,即

$$u_{ab} = \varphi_a - \varphi_b \tag{1-4}$$

式中,φ_a 为 a 点电位;φ_b 为 b 点电位。

所以,电压和电位差一般可以认为意义相同,知道电路上各点电位后,便可求得各段

的电压。电位的量值与参考点的选择有关，在电路中选定参考点后，也可由电路各段电压求得电路各点的电位。如图 1-6 所示，已知 $u_{ab}=6\ \mathrm{V}$，$u_{bc}=3\ \mathrm{V}$，若选取 c 点为参考点，则 $\varphi_c=0\ \mathrm{V}$，$\varphi_b=\varphi_c+u_{bc}=3\ \mathrm{V}$，$\varphi_a=\varphi_b+u_{ab}=9\ \mathrm{V}$。

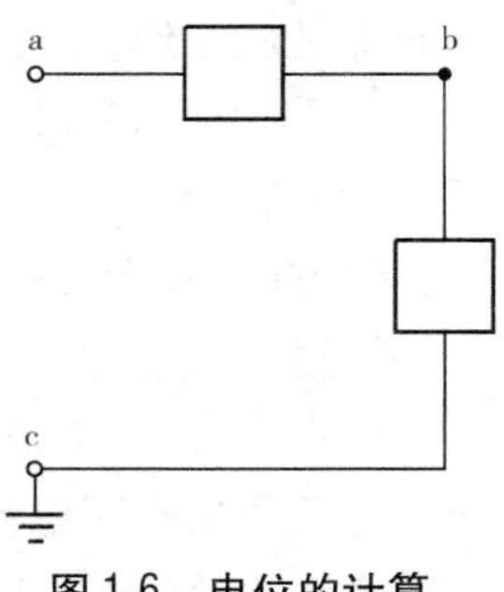

图 1-6 电位的计算

（三）电动势

在电场力作用下，正电荷一般总是从高电位点向低电位点运动。为了形成连续的电流，在电源中正电荷必须从低电位点移到高电位点。这就要求在电源中有一个电源力作用在电荷上，使之逆电场力方向运动，并把其他能量转换成电能。例如在发电机中，当导体在磁场中运动时，导体内便出现这种电源力；在电池中，电源力存在于电极之间。

电动势表明了单位正电荷在电源力作用下转移时增加的电能，用符号 e 表示，即

$$e=\frac{\mathrm{d}W_S}{\mathrm{d}q} \tag{1-5}$$

式中，$\mathrm{d}q$ 为转移的电荷；$\mathrm{d}W_S$（S 表示电源）为转移过程中电荷增加的电能。

增加电能体现为电位的升高，所以电动势的方向是电位升高的方向。

如果用正（+）极性表示电源的高电位端、用负（－）极性表示其低电位端，如图 1-7 所示，则电动势 e 的方向是从负极性指向正极性，而电压 u 的方向是从正极性指向负极性，两者刚好相反。由能量守恒定律得知，若不考虑电源内部还可能有其他形式的能量转换，则电源电动势 e 在量值上应当与其两端间的电压 u 相等。当电源不与其他元件连接时，电源中没有电流，因而电源内不存在能量转换。这时电源处于开路状态。显然，电源开路时的电压在量值上等于电动势。

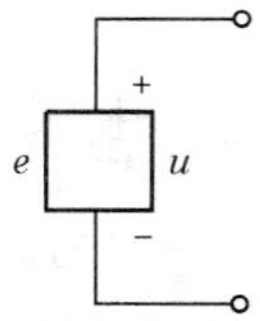

图 1-7 电源的电动势和电压

如上所述，电动势与电压的物理意义并不相同，但就其对外部的效果而言，一个电源具有方向从负极性指向正极性的电动势和具有方向从正极性指向负极性量值相同的电压，二者是没有区别的。所以，近代电路理论中逐渐省略了电动势这个量。但在专业课中还广泛地应用电动势的概念。按电压和电动势随时间变化的情况，它们可分为直流的与交流的。如果电压和电动势的量值与方向都不随时间而变动，则称为直流电压和电动势，分别用符号 U 和 E 表示。

（四）电压、电位、电动势的单位

电压、电位、电动势的 SI 单位都是伏特，符号为 V。当 1 C 的电荷在电场力或电源力作用下由一点转移到另一点转换的电能为 1 J 时，则该两点间的电压或电动势为 1 V，常用的还有 mV 读作毫伏，μV 读作微伏，其换算关系有

$$10^{-3}\ \mathrm{kV}=1\ \mathrm{V}=10^{3}\ \mathrm{mV}=10^{6}\ \mu\mathrm{V}$$

（五）电压、电位、电动势的参考方向

既有大小又有空间方向的物理量称为矢量。电压、电位、电动势都是既有大小又有方

向的物理量，所以在确定数值前务必要规定一个方向为正方向，称为参考方向。参考方向的确定具有任意性，具体的方式有以下三种：

(1)用箭头表示。用箭头表示在电路图上，并标以电压符号 u 或电动势符号 e。对于同一个处于开路状态的电源设备，它的电动势与电压方向相反而量值相等。当用箭头表示参考方向时，若选择电动势和电压的箭头方向相反，如图 1-8(a)所示，则有 $e=u$；若选择电动势和电压的箭头方向相同，如图 1-8(b)所示，则有 $e=-u$。

(2)采用参考极性表示。在电路图上标出正(+)、负(-)极性，如图 1-8(c)所示，当表示电压的参考方向时，标以电压符号 u，这时正极性指向负极性的方向就是电压的参考方向；当表示电动势的参考方向时，标以电动势符号 e，负极性指向正极性就是电动势的参考方向。

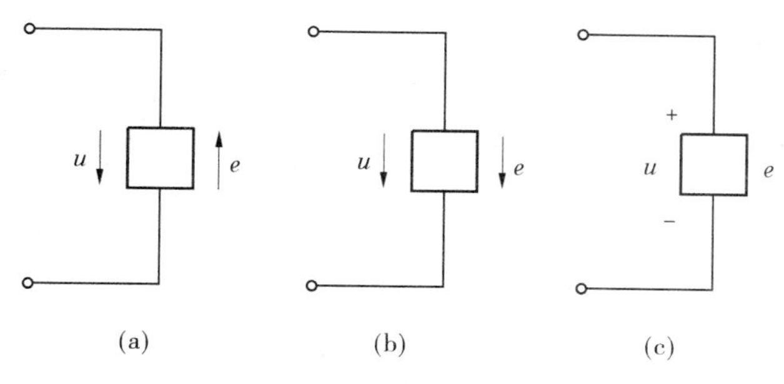

图 1-8　电压和电动势的参考方向

(3)采用下角标表示。如 u_{ab} 表示电压的参考方向是由 a 指向 b；e_{ab} 表示电动势的参考方向是由 b 指向 a。

(六)关于参考方向需要注意的几个问题

(1)电流、电压的方向是客观存在的，但往往难以事先判定。参考方向是人为规定的电流、电压数值为正的方向，在分析问题时需要先规定参考方向，然后根据规定的参考方向列写方程。

(2)参考方向一经规定，在整个分析过程中就必须以此为准，不能变动。

(3)不标明参考方向而说某电流或某电压的值为正或负是没有意义的。

(4)参考方向可以任意规定而不影响计算结果，因为参考方向相反时，解出的电流、电压值也要改变正、负号，最后得到的实际结果仍然相同。

(5)电流参考方向和电压参考方向可以分别独立地规定。但为了分析方便，常使同一元件的电流参考方向与电压参考方向一致，即电流从电压的正极性端流入该元件而从它的负极性端流出，如图 1-9 所示。这时，该元件的电流参考方向与电压参考方向是一致的，称为关联参考方向；反之，则称为非关联参考方向。

【例 1-1】　图 1-10(a)中 $u=7$ V；图 1-10(b)中，$u_{ab}=-4$ V，试分别比较 a、b 两点的电位。

解：图 1-10(a)中参考极性 b 点为正，a 点为负，$u=7$ V，所以 b 点电位比 a 点高 7 V。

图 1-10(b)中，$u_{ab}=-4$ V 为 a 点到 b 点的电位降，所以 a 点电位比 b 点低 4 V。

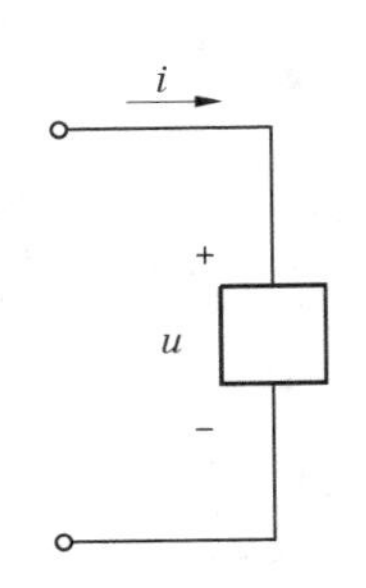

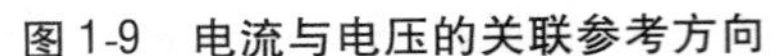
图 1-9 电流与电压的关联参考方向

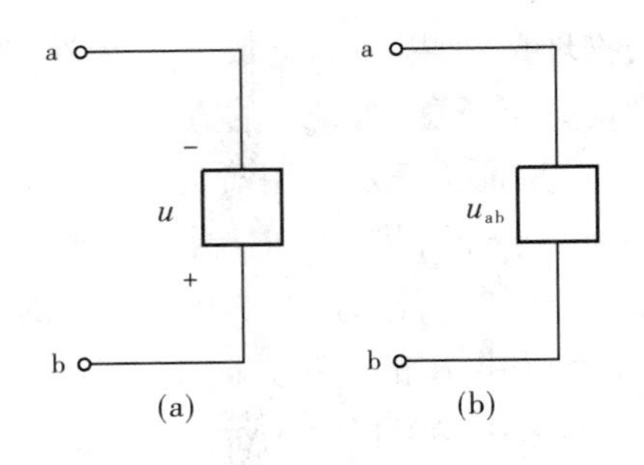

图 1-10 例 1-1 图

三、电功率与电能

(一)电功率

如前所述,带电粒子在电场力作用下做有规则运动,形成电流。根据电压的定义,电场力所做的功为 $\mathrm{d}W=u\mathrm{d}q$,单位时间内电场力所做的功称为电功率,即

$$p=\frac{\mathrm{d}W}{\mathrm{d}t}=u\frac{\mathrm{d}q}{\mathrm{d}t}=ui \tag{1-6}$$

直流电路中:

$$P=UI \tag{1-7}$$

上述情况中电压方向与电流方向一致。

功率的 SI 单位是瓦特(W),常用的单位还有千瓦(kW)、兆瓦(MW)、毫瓦(mW)或微瓦(μW)。

进行功率计算时必须注意式(1-6)和式(1-7)可以带正、负号。当电压和电流的参考方向为关联方向时,则式(1-6)、式(1-7)带正号,即

$$p=ui \quad 或 \quad P=UI \tag{1-8}$$

当两者的参考方向为非关联方向时,则式(1-6)、式(1-7)带负号,即

$$p=-ui \quad 或 \quad P=-UI \tag{1-9}$$

由式(1-8)和式(1-9)得到的功率若为正值,则电路吸收(消耗)功率;若为负值,则电路提供(产生)功率。

(二)电能

当已知设备的功率为 p 时,则在 t s 内消耗的电能为

$$W=\int_{t_0}^{t}p\mathrm{d}t \tag{1-10}$$

直流时

$$W=P(t-t_0) \tag{1-11}$$

电能就是电场力所做的功,单位是焦耳(J),它等于功率 1 W 的用电设备在 1 s 内消耗的电能。在工程上,直接用千瓦时(kWh)做单位,俗称“度”。

$$1\ \mathrm{kWh}=1\ 000\ \mathrm{W}\times 3\ 600\ \mathrm{s}=3\ 600\ 000\ \mathrm{J}=3.6\ \mathrm{MJ}$$

(三)额定值

各种电气器件都有一定的量值限额,称为额定值,包括额定电压、额定电流和额定功

率。许多电气器件在额定电压下才能正常、合理、可靠地工作,电压过高时电气器件容易损坏,过低时则功率不足。使用电气器件时不应超过其额定电流或额定功率,否则时间稍长就可能因为过热而烧坏。由于功率、电压和电流之间有一定的关系,所以在给出额定值时,没有必要全部给出。例如,对灯泡、电烙铁等通常只给出额定电压和额定功率,而对于电阻器除电阻值外,只给出额定功率。

【例 1-2】 图 1-11 所示的直流电路,$U_1=4$ V,$U_2=-8$ V,$U_3=6$ V,$I=4$ A。求各元件接收或发出的功率 P_1、P_2 和 P_3,并求整个电路的功率 P。

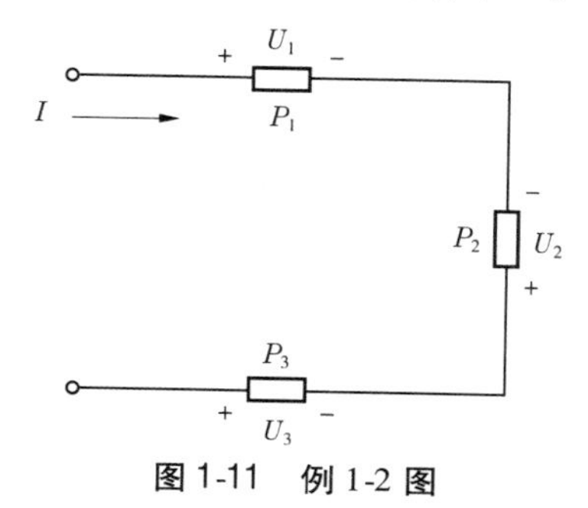

图 1-11　例 1-2 图

解: P_1 的电压参考方向与电流参考方向为关联方向,即

$$P_1 = IU_1 = 4 \times 4 = 16(\mathrm{W}) \quad (\text{吸收 } 16\ \mathrm{W})$$

P_2 和 P_3 的电压参考方向与电流参考方向为非关联方向,即

$$P_2 = -IU_2 = -4 \times (-8) = 32(\mathrm{W}) \quad (\text{吸收 } 32\ \mathrm{W})$$

$$P_3 = -IU_3 = -4 \times 6 = -24(\mathrm{W}) \quad (\text{产生 } 24\ \mathrm{W})$$

整个电路的功率 P 为

$$P = P_1 + P_2 + P_3 = 16 + 32 - 24 = 24(\mathrm{W}) \quad (\text{吸收 } 24\ \mathrm{W})$$

学习单元三　电阻元件与欧姆定律

一、电阻元件

电路是由元件连接组成的,研究电路时必须了解各电路元件的特性。表示元件特性的数学关系称为元件约束。电阻元件是一种最常见的理想电路元件,它是一个二端元件。二端元件的端钮电流、端钮间的电压分别称为元件电流、元件电压。电阻元件的特性可以用元件电压与元件电流的代数关系表示,这个关系称为电压电流关系。由于电压、电流的SI 单位是伏特和安培,所以电压电流关系也称伏安特性。在 $u \sim i$ 坐标平面上表示元件电压电流关系的曲线常称为伏安特性曲线。若伏安特性曲线是通过坐标原点的直线,则这种电阻元件就称为线性电阻元件;不符合这个要求的电阻元件称为非线性电阻元件。

二、线性电阻元件与欧姆定律

线性电阻元件是一种理想电路元件,它在电路图中的图形符号如图 1-12 所示。

图 1-12 中标出了电压和电流的关联参考方向,这时,线性电阻元件的伏安特性曲线

如图 1-13 所示,其表达式为

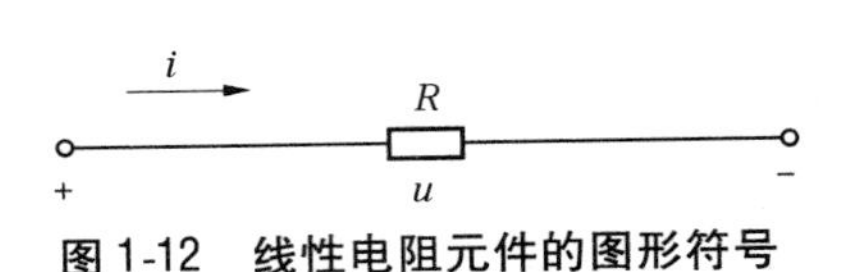

图 1-12 线性电阻元件的图形符号

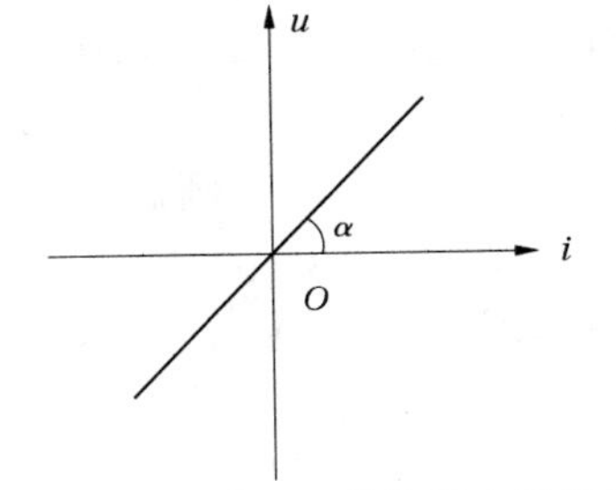

图 1-13 线性电阻元件的伏安特性曲线

$$u = Ri \tag{1-12}$$

这就是大家熟悉的欧姆定律。式(1-12)中 R 为元件的电阻,它是一个反映电路中电能损耗的电路参数,线性电阻 R 是一个常量。式(1-12)中 u、i 是电路的变量,它们可以是直流的也可以是交流的。电阻的 SI 单位是欧姆,符号为 Ω。电阻的常用单位有 kΩ(千欧)、MΩ(兆欧)等。线性电阻元件也可用另一个参数——电导表示,电导用符号 G 表示,定义为

$$G = \frac{1}{R} \tag{1-13}$$

电导的 SI 单位为西门子,符号为 S。用电导表示线性电阻元件时,欧姆定律表示为

$$i = Gu \tag{1-14}$$

线性电阻元件中的电流总是从电压的正极性端流向负极性端,即从高电位流向低电位。所以,式(1-12)和式(1-14)只在关联参考方向时才能成立。当电压、电流为非关联参考方向时,欧姆定律可以写成:

$$u = -Ri \quad 或 \quad i = -Gu \tag{1-15}$$

三、短路和开路

对于线性电阻元件有两个特殊情况值得注意,一种情况是若它的电阻为无限大,则当电压是有限值时其电流总是零,这时就把它称为开路;另一种情况是若它的电导为无限大,即电阻为零,则当电流是有限值时其电压总是零,这时就把它称为短路。电路中两点间用理想导体(电阻为零)连接时,就形成短路。

四、线性电阻元件吸收(消耗)的功率

根据电压和电流参考方向是否关联,线性电阻元件吸收(消耗)的功率可由式(1-8)或式(1-9)计算求得,还可将式(1-12)、式(1-14)代入式(1-8),或将式(1-15)代入式(1-9)得到电阻元件吸收(消耗)功率计算式的另外两种形式:

$$\left.\begin{aligned} P &= Ri^2 = \frac{i^2}{G} \\ P &= \frac{u^2}{R} = Gu^2 \end{aligned}\right\} \tag{1-16}$$

计算所得总是吸收功率，是被消耗的，可见电阻是一种耗能元件。

如电阻元件把吸收的电能转换为热能，按照式(1-10)，从 t_0 到 t 时间内，电阻元件的热量 q，也就是这段时间内吸收(消耗)的电能 W 为

$$q = W = \int_{t_0}^{t} P\mathrm{d}t = \int_{t_0}^{t} Ri^2\mathrm{d}t = \int_{t_0}^{t} \frac{u^2}{R}\mathrm{d}t \tag{1-17}$$

若电流不随时间变动，即电阻通过直流，则式(1-17)化为

$$Q = W = P(t - t_0) = PT = RI^2T = \frac{U^2}{R}T \tag{1-18}$$

式中，$T = t - t_0$ 是电路通过电阻的总时间。

式(1-17)、式(1-18)称为焦耳定律。

当电阻值一定时，电阻消耗的功率与电流(或电压)的平方成正比，而不是电流(或电压)的线性函数。

【例 1-3】 有一个 500 Ω 电阻，流过它的直流电流为 50 mA，问电阻电压是多少？消耗的功率是多少？每分钟(60 s)产生多少热量？

解：电阻电压为

$$U = RI = 500 \times 50 \times 10^{-3} = 25(\mathrm{V})$$

消耗的功率为

$$P = UI = 25 \times 50 \times 10^{-3} = 1.25(\mathrm{W})$$

每分钟(60 s)产生的热量按式(1-18)为

$$Q = PT = 1.25 \times 60 = 75(\mathrm{J})$$

【例 1-4】 有一个 100 Ω、0.25 W 的碳膜电阻，使用时电流不得超过多大数值？能否接在 50 V 的电源上使用？

解：由 $P = Ri^2$ 得

$$i = \sqrt{\frac{P}{R}} = \sqrt{\frac{0.25}{100}} = 0.05(\mathrm{A}) = 50\ \mathrm{mA}$$

得

$$u = Ri = 100 \times 0.05 = 5(\mathrm{V})$$

由计算可知，在使用时电流不能超过 50 mA，电压不能超过 5 V，故不能接在 50 V 的电源上使用。

学习单元四　基尔霍夫定律

分析电路时，除必须了解各元件的特性外，还应掌握它们相互连接时支路电流和电压带来的约束。表示这类约束关系的是基尔霍夫定律。

基尔霍夫定律是集中参数电路的基本定律，它包括基尔霍夫电流定律和基尔霍夫电压定律。

一、基尔霍夫电流定律(KCL)

基尔霍夫电流定律(KCL)是用来确定连接在同一节点上各支路电流间的关系。由于

电流的连续性，电路中任一点（包括节点在内）均不能堆积电荷，因此在任意时刻流出节点的电流之和应该等于流入节点电流之和。例如，图 1-14 所示电路中的节点 a，按各支路电流的参考方向有

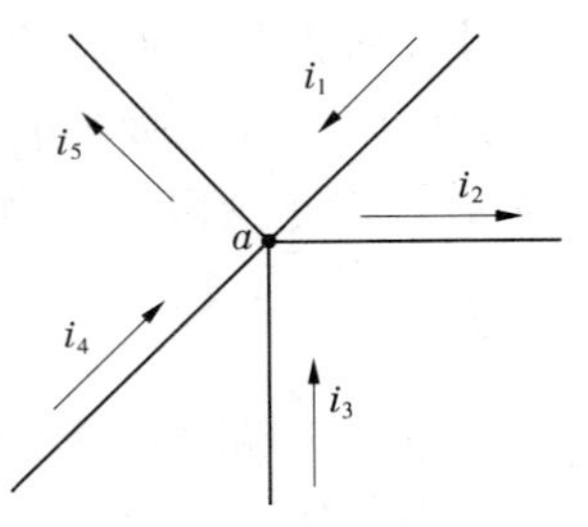

图 1-14　电路中节点

$$i_1 + i_3 + i_4 = i_2 + i_5$$

即

$$i_1 + i_3 + i_4 - i_2 - i_5 = 0$$

归纳为：任一节点，在任意时刻，所有支路流出、流入节点的电流之和恒为零。其数学表达式为

$$\sum i = 0 \tag{1-19}$$

在式（1-19）中，按电流的参考方向列写方程，规定流出节点的电流取“+”号，流入节点的电流取“-”号。当然，也可以做相反规定，结果是等效的。

基尔霍夫电流定律（KCL）不仅适用于任意节点，而且适用于电路的任意闭合面。例如，图 1-15（a）所示电路（图中注有 N_1、N_2 的长方形分别表示电路中的一部分），选择封闭面如图 1-15（a）中虚线所示，可知参考方向如图 1-15（a）中所示的三个电流关系为

$$i_A + i_B + i_C = 0$$

而图 1-15（b）所示的符号为模拟电子技术中的三极管，也可以看作一个封闭面，可知参考方向如图 1-15（b）中所示的三个电流关系为

$$i_b + i_c = i_e$$

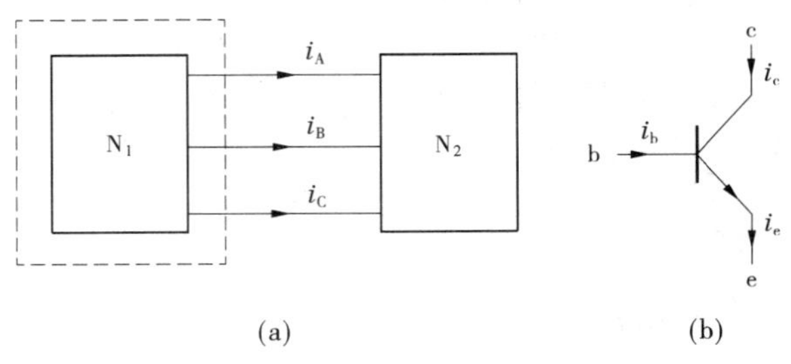

图 1-15　KCL 的推广应用

【例 1-5】　流入、流出某节点的电流如图 1-16 所示，求 i。

解： 规定流出节点的电流为正、流入为负，根据 KCL 得

$$i + 4\ \text{A} - 2\ \text{A} - 1\ \text{A} = 0$$

解得 $i = -1$ A。

如果规定流出节点的电流为负、流入为正，则方程为

$$-i - 4\ \text{A} + 2\ \text{A} + 1\ \text{A} = 0$$

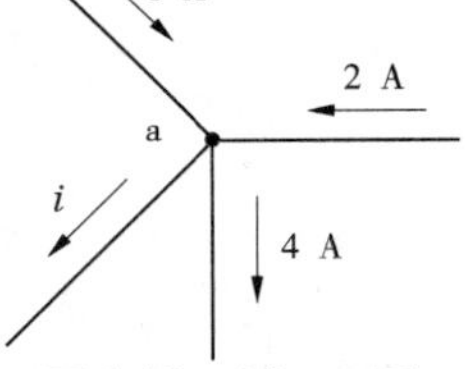

显然，同样解得 $i = -1$ A。这说明，在列写 KCL 方程时规定流出的电流为正，或者规定流入电流为正，并不影响真正的计算结果。但是在同一个 KCL 方程中，规定必须一致。

图 1-16　例 1-5 图

二、基尔霍夫电压定律（KVL）

基尔霍夫电流定律（KCL）是对电路中任意节点而言的，而基尔霍夫电压定律（KVL）

是对电路中任意回路而言的。由于电荷在电场中从一点移动到另一点时，它所具有能量的改变量也只与这两点的位置有关，与移动的路径无关。因此，在任一时刻，从任一节点出发经过若干支路绕行一个回路再回到原节点，电位的总降低量等于电位的总升高量，原节点的电位并不发生变化。

例如，在图 1-17 所示电路中的一个回路 abcda，各支路电压的参考方向如图 1-17 所示，各电压分别为 u_1、u_2、u_3、u_4。根据基尔霍夫电压定律（KVL）可写出电压平衡方程为

$$u_1 - u_2 - u_3 + u_4 = 0$$

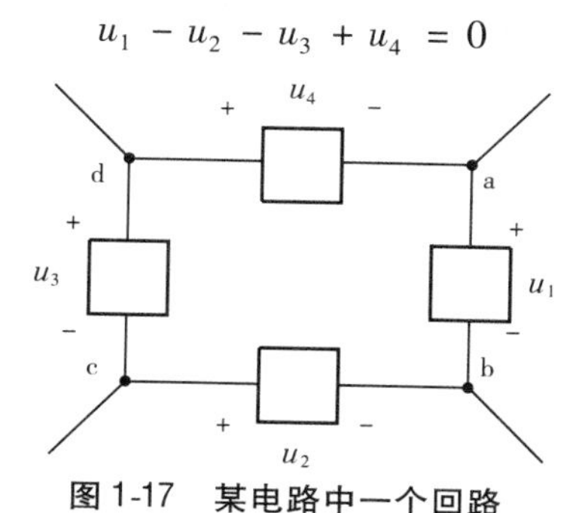

图 1-17　某电路中一个回路

在上式中，所规定绕行方向为顺时针（abcda），支路电压参考方向与回路绕行方向一致（从"+"极性端向"−"极性端）时电压取正号，相反（从"−"极性端向"+"极性端）时电压取负号。当然，也可按逆时针方向绕行列写方程，即按 adcba 方向。这时根据基尔霍夫电压定律（KVL）可写出电压平衡方程为

$$-u_1 + u_2 + u_3 - u_4 = 0$$

所以，结合上述两种情况，基尔霍夫电压定律（KVL）的数学表达式为

$$\sum u = 0 \tag{1-20}$$

【例 1-6】　求图 1-18 中的 u_1、u_2。

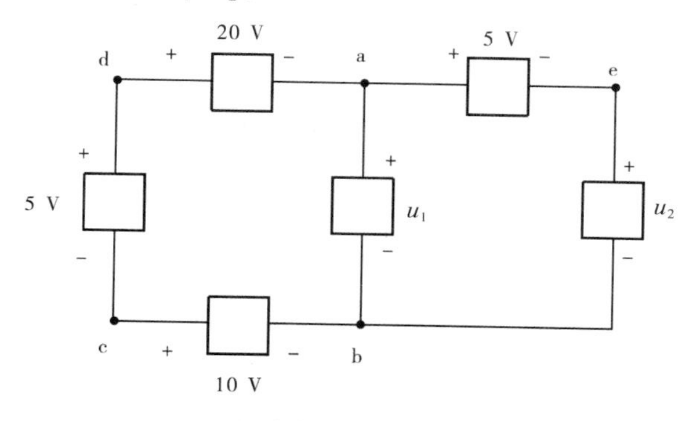

图 1-18　例 1-6 图

解：对 abcda 回路列 KVL 方程求 u_1，取顺时针绕行方向，从 a 点出发可得

$$u_1 - 10\ \text{V} - 5\ \text{V} + 20\ \text{V} = 0$$

解得

$$u_1 = -5\ \text{V}$$

对 aeba 回路列 KVL 方程求 u_2，取顺时针绕行方向，从 a 点出发可得

$$u_2 + 5\ \mathrm{V} - u_1 = 0$$

解得
$$u_2 = -5\ \mathrm{V} + u_1 = -10\ \mathrm{V}$$

求 u_2 也可选用 ebcdae 回路，取顺时针绕行方向，则 KVL 方程为

$$u_2 - 10\ \mathrm{V} - 5\ \mathrm{V} + 20\ \mathrm{V} + 5\ \mathrm{V} = 0$$

解得
$$u_2 = -10\ \mathrm{V}$$

说明电压求解的结果与回路的选择并无关系。

在分析电路时，必须先假定电压的绕行方向，在图上明确标示出来，然后列写方程。支路电压取正号还是负号一律以绕行方向为准。

学习单元五　电压源与电流源

一、电压源

电压源是理想电压源的简称。理想电压源是一个理想的二端元件，其两端电压是一个定值或一定的时间函数，与流过它的电流无关。其中，提供一定时间函数的电压源称为交流电压源，用 u_S 表示，表示符号如图 1-19(a)所示，“+”“-”是其参考极性。提供恒定电压的电压源称为直流电压源，用 U_S 表示，表示符号如图 1-19(b)所示。图 1-19(c)所示为直流电压源的伏安特性曲线，它是一条与电流轴平行且纵坐标为 U_S 的直线，表示其电压恒为 U_S，与电流大小无关。如果一个电压源的电压 $u_S=0$，则此电压源的伏安特性曲线为与电流轴重合的直线，它相当于短路。

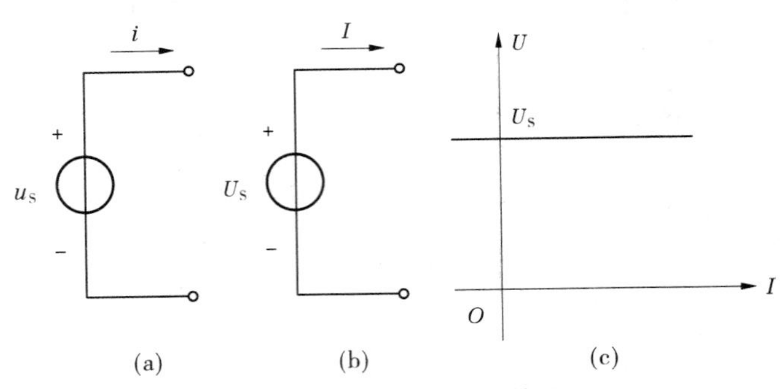

图 1-19　电压源的表示符号

二、实际电压源

实际电压源工作时，由于内部有损耗，其端电压、电流随外部电路情况而改变，由此说明实际电压源有内阻 r。

如图 1-20(a)所示，给实际直流电压源外接一个负载，调节负载的大小，可以发现随着负载的变化，电源的端部电压、电流也在改变，其伏安特性曲线如图 1-20(b)所示。U_{oc} 为输出电流为零时的电压，即电源的端口电压；I_{Sc} 为输出电压为零时的电流，即电源的短路电流；r 为电源的内阻。根据内阻的定义，实际电压源的内阻为

$$r=\frac{U_{oc}}{I_{Sc}} \tag{1-21}$$

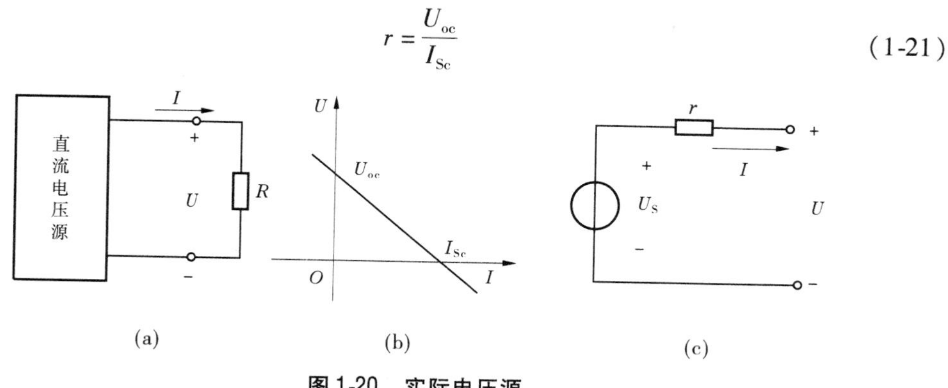

图 1-20　实际电压源

由此可知，实际电压源可等效为一个理想电压源与一个内阻 r 的串联，其电路模型如图 1-20(c)所示。

三、电流源

理想电流源简称电流源。理想电流源是一个理想的二端元件，其端电流保持定值或一定的时间函数，与两端的电压无关。其中，提供恒定电流的电流源称为直流电流源，用 I_S 表示，表示符号如图 1-21(a)所示；提供一定时间函数的电流源称为交流电流源，用 i_S 表示，表示符号如图 1-21(b)所示。图 1-21(c)所示为直流电流源的伏安特性曲线，它是一条与电压轴平行且横坐标为 I_S 的直线，表明其输出电流恒等于 I_S，与电压大小无关。当电压为零，即电流源短路时，它发出的电流仍为 I_S。

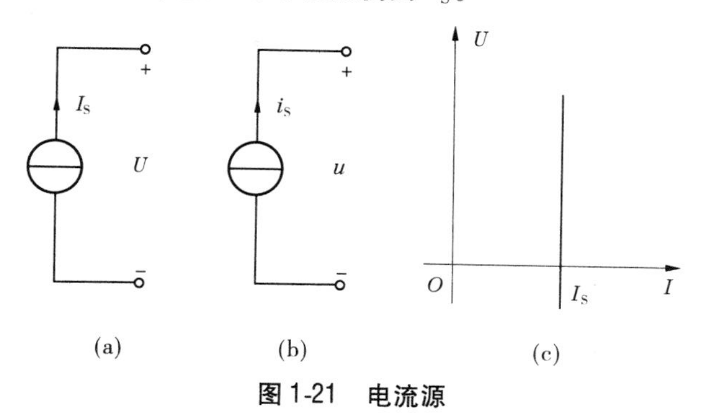

图 1-21　电流源

四、实际电流源

实际电流源工作时，由于内部有损耗，其端电压、电流随外部电路情况变化而变化，说明实际电流源有内阻 r。

如图 1-22(a)所示给实际电流源外接一个负载电阻 R，调节电阻，随着 R 的不同，电源的端部电压、电流也在改变，其伏安特性曲线如图 1-22(b)所示，图中 U_{oc} 为输出电流为零时的电压，即开路端口电压；I_{Sc} 为输出电压为零时的电流，即短路端口电流。由此可知，实际电流源可等效为一个理想电流源与一个内阻 r 的并联，其电路模型如图 1-22(c)所示。

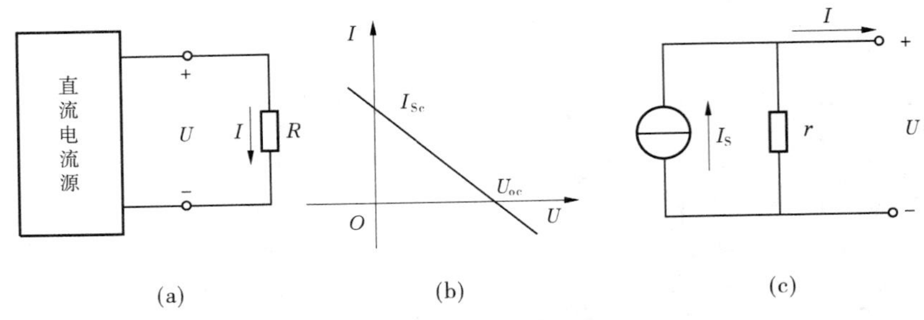

图 1-22　实际电流源

对图 1-22(c)所示电路列基尔霍夫电流方程,可得

$$I = I_S - \frac{U}{r}$$

式中,r 为电源的内阻,其值等于$\frac{U_{oc}}{I_{Sc}}$。

五、电压源与电流源之间的等效变换

对于一个电源来说,既可以用电压源模型来表示,也可以用电流源模型来表示,因为电压源与电流源的外部特性相同,因此电源的这两种电路模型之间可以进行等效变换。两者之间进行等效变换的方法如下:

(1)将图 1-23(a)所示的电压源等效变换为图 1-23(b)所示的电流源时,电流源的电流大小 $I_S = \frac{U_S}{R_0}$(电压源的短路电流),I_S 流出的方向与 U_S 的正极相对应,内阻仍为 R_0 不变。

(2)将图 1-23(b)所示的电流源等效变换为图 1-23(a)所示的电压源时,电压源的电压大小 $U_S = I_S R_0$(电流源的开路电压),U_S 的正极与 I_S 流出的方向相对应,内阻仍为 R_0 不变。

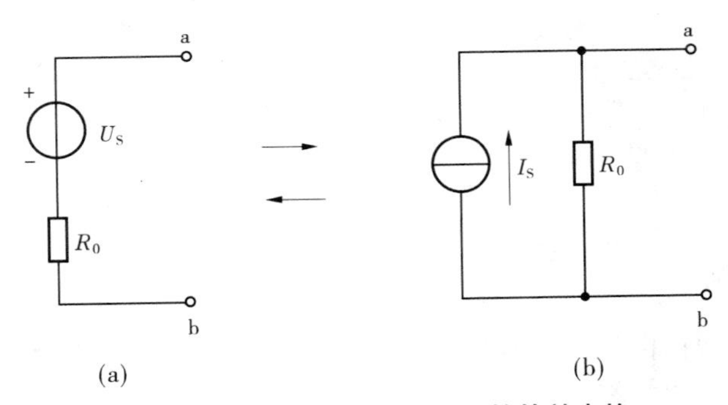

图 1-23　实际电压源与电流源的等效变换

【例 1-7】　求图 1-24(a)所示电路的电流 I。

解:图 1-24(a)的电路可简化为图 1-24(d)所示的等效电路,简化过程如图 1-24(b)、(c)、(d)所示,由简化后的电路结合基尔霍夫电压定律(KVL),规定顺时针为绕行方向可得方程:

$$4\ \text{V} + I \times (1\ \Omega + 2\ \Omega + 7\ \Omega) = 9\ \text{V}$$

求得

$$I = 0.5\ \text{A}$$

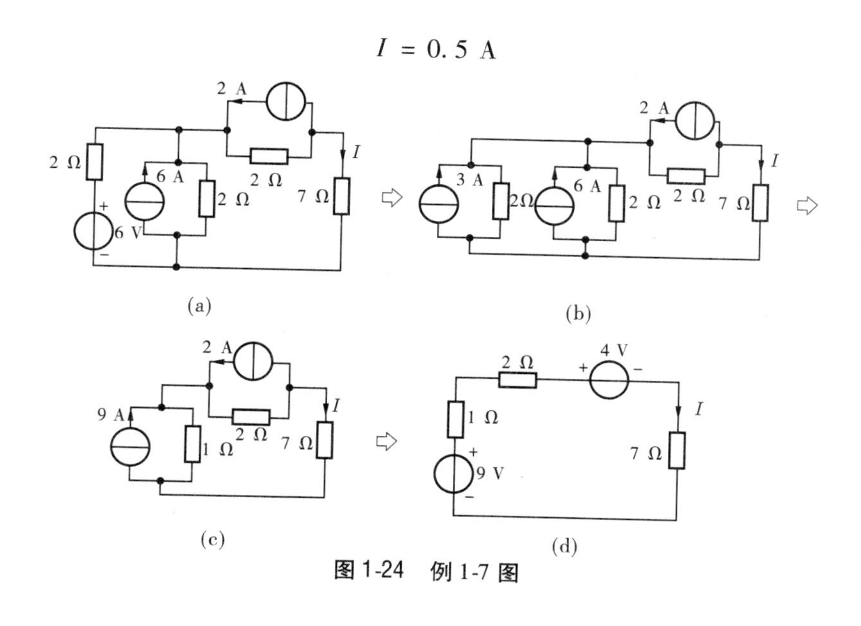

图 1-24　例 1-7 图

小　结

1. 电路的作用与组成

电路就是电流的路径，是各种电气器件按一定方式连接起来组成的总体。较复杂的电路称为网络。实际上，电路与网络这两个名词并无明显的区别，一般可以通用。

2. 在电路分析中，常见的理想元件有 4 类：电阻元件以消耗电能为主要特征；电容元件以储存电场能量为主要特征；电感元件以储存磁场能量为主要特征；电源（包括电压源和电流源）以供给电能为主要特征。具有两个端钮的理想元件通称为二端电路元件。

3. 有关电路的一些名词

（1）串联和并联：一些二端元件成串相连、中间没有分支时称为串联；一些二端元件的两个端钮分别连在一起时称为并联。

（2）支路和节点：每一个二端元件称为一条支路，两条及两条以上支路的连接点称为节点。

（3）回路和网孔：由几条支路组成的闭合路径称为回路。网孔是回路的一种，将电路画在平面上，内部不另含有支路的回路称为网孔。

4. 电流及其参考方向

如果在极短时间 $\mathrm{d}t$ 内通过某处的电荷量为 $\mathrm{d}q$，则此时该处的电流 i 为

$$i = \frac{\mathrm{d}q}{\mathrm{d}t}$$

其中，电量的单位为库仑（C）、时间单位为秒（s）、电流单位为安培（A）。习惯上规定正电荷运动的方向为电流的方向。

电流的参考方向在分析与计算电路时，可任意规定某一方向作为电流数值为正的方向，称为参考方向，用箭头表示在电路图上，并标以电流符号 i。

5. 电压、电位、电动势

(1) 电压。

设电荷量为 dq 的电荷在电场力作用下从 a 点移动到 b 点电场力做功为 dW，则此两点间的电压大小为

$$u_{ab} = \frac{dW}{dq}$$

电压即表明单位正电荷在电场力作用下转移时减少的电能，减少电能体现为电位的降低，所以电压的方向是电位降低的方向。

(2) 电位。

电压与电位的关系为：a、b 两点之间的电压等于这两点电位之差，即

$$u_{ab} = \varphi_a - \varphi_b$$

(3) 电动势。

电动势表明了单位正电荷在电源力作用下转移时增加的电能，用符号 e 表示，即

$$e = \frac{dW_S}{dq}$$

式中，dq 为转移的电荷；dW_S(S 表示电源) 为转移过程中电荷增加的电能。

增加电能体现为电位的升高，所以电动势的方向是电位升高的方向。

6. 电功率与电能

(1) 电功率。

单位时间内电场力所做的功称为电功率，即

$$p = \frac{dW}{dt} = u\frac{dq}{dt} = ui$$

直流电路中：

$$P = UI$$

功率的 SI 单位是瓦特(W)，常用的单位还有千瓦(kW)、兆瓦(MW)、毫瓦(mW)或微瓦(μW)。

当电压和电流的参考方向为关联方向时，则上两式带正号，即

$$p = ui \quad 或 \quad P = UI$$

当两者的参考方向为非关联方向时，则上两式带负号，即

$$p = -ui \quad 或 \quad P = -UI$$

(2) 电能。

当已知设备的功率为 p 时，则在 t s 内消耗的电能为

$$W = \int_{t_0}^{t} p dt$$

电能就是电场力所做的功，单位是焦耳(J)，它等于功率 1 W 的用电设备在 1 s 内消耗的电能。在工程上，直接用千瓦时(kWh)做单位，俗称“度”。

$$1 \text{ kWh} = 1\,000 \text{ W} \times 3\,600 \text{ s} = 3\,600\,000 \text{ J} = 3.6 \text{ MJ}$$

7. 欧姆定律

线性电阻元件的伏安特性表达式为

$$u = Ri$$

8. 基尔霍夫电流定律(KCL)

任一节点,在任意时刻,所有支路流出、流入节点的电流之和恒为零。其数学表达式为

$$\sum i = 0$$

在上式中,按电流的参考方向列写方程,规定流出节点的电流取“+”号,流入节点的电流取“-”号。当然,也可以做相反规定,结果是等效的。

9. 基尔霍夫电压定律(KVL)

基尔霍夫电压定律(KVL)的数学表达式为

$$\sum u = 0$$

10. 电压源与电流源之间的等效变换

对于一个电源来说,既可以用电压源模型来表示,也可以用电流源模型来表示,因为电压源与电流源的外部特性相同,因此电源的这两种电路模型之间可以进行等效变换。

习　题

1-1　各元件的参数如图 1-25 所示,试求:①各元件的电流和电压的实际方向;②各元件的电流和电压参考方向是否关联;③计算各元件的功率,并说明元件是吸收功率还是产生功率。

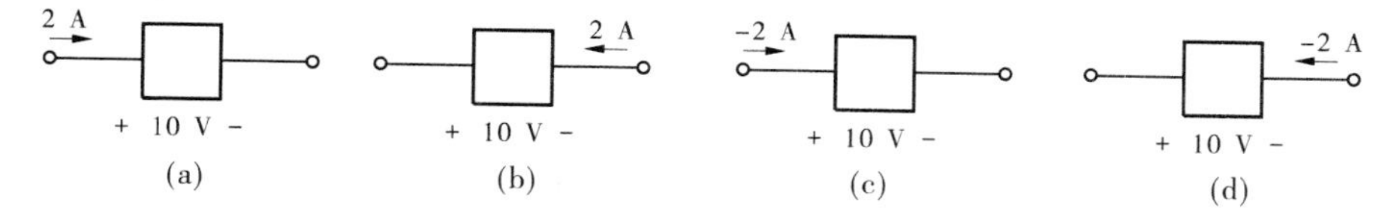

图 1-25

1-2　在图 1-26 所示的电路中,①元件 A 吸收 10 W 功率,求其电压 U_a;②元件 B 产生 10 W 功率,求其电流 I_b;③元件 C 产生 10 W 功率,求其电流 I_c;④元件 D 产生 10 mW 功率,求其电流 I_d。

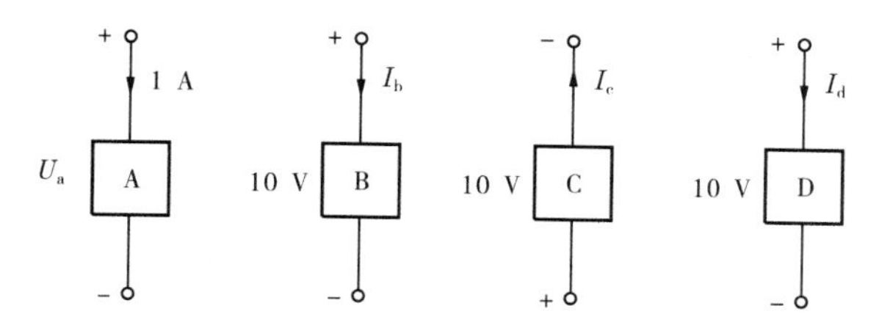

图 1-26

1-3　某学院有 10 间大教室,每间大教室配有 16 只额定功率为 40 W、额定电压为 220 V 的日光灯,平均每天用 4 h,问每月(按 30 d 计算)该学院这 10 间大教室共用多少电?

1-4　求图 1-27 所示的各电路中的 R、U 及 I。

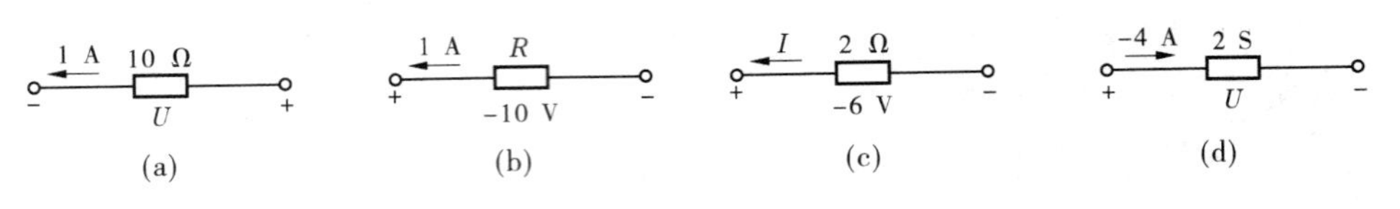

图 1-27

1-5 求图 1-28 所示的各电路中未知量。

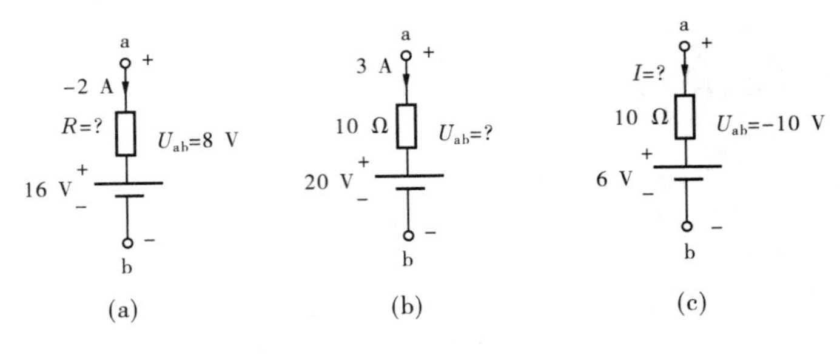

图 1-28

1-6 在图 1-29 所示电路中,试求:①有几个节点,几条支路,几个回路?②用基尔霍夫电流定律对节点 a 和 b 列电流方程,用基尔霍夫电压定律对回路 1、2 及 3 列电压方程。

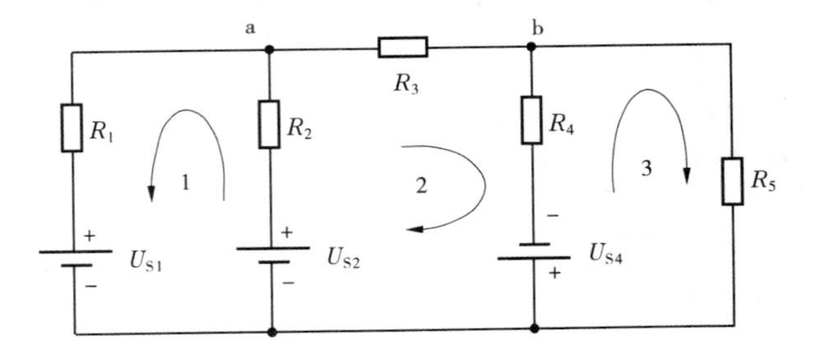

图 1-29

1-7 试分别求出图 1-30(a)中 a、b 端钮的开路电压和图 1-30(b)中 a、b 端钮的短路电流。

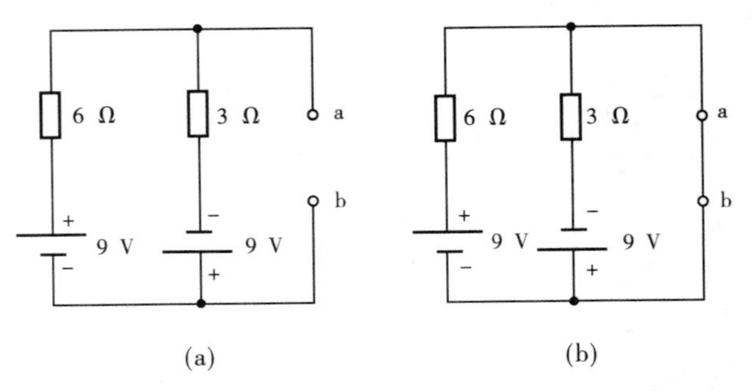

图 1-30

1-8 试求图 1-31 所示电路在开关 S 断开和闭合时 a 点的电位 φ_a。

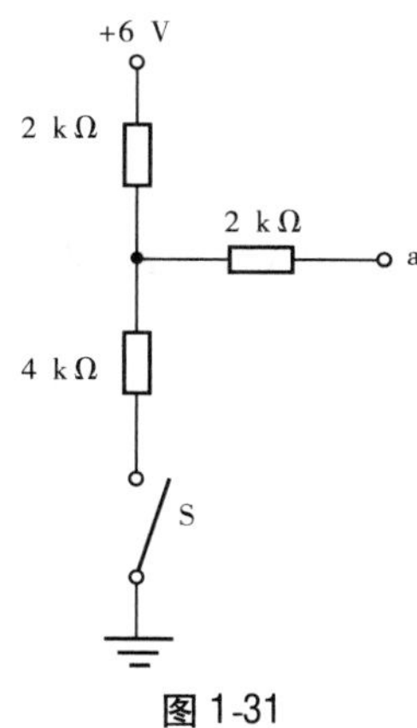

图 1-31

1-9　试求图 1-32 所示的各二端网络的等效电路。

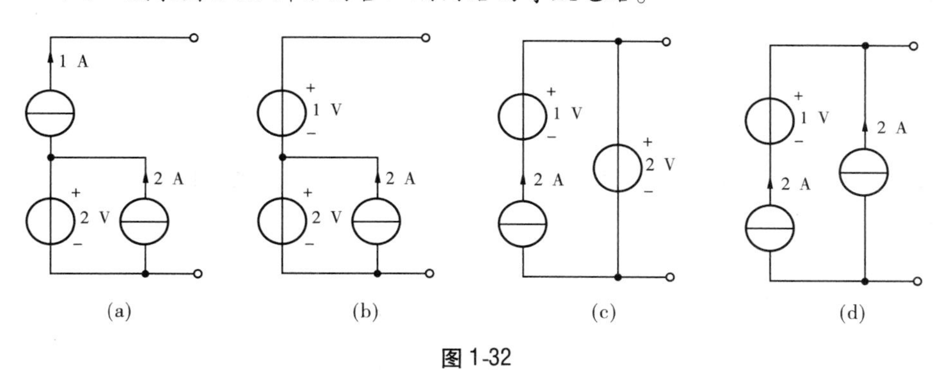

图 1-32

模块二　电路的分析方法与定理

目的和要求：熟练掌握电阻串、并联化简和相关计算；掌握电阻星形连接与三角形连接的等效变换；熟悉用网络方程（支路电流法、网孔电流法、节点电压法）分析计算复杂电路；熟练掌握叠加定理的应用；学会应用戴维南定理分析电路的方法；了解受控源的概念。

学习单元一　电阻的串联和并联

如图 2-1 所示，任何一个复杂的网络，向外引出两个端钮，网络内部没有独立源的二端网络，称为无源二端网络。

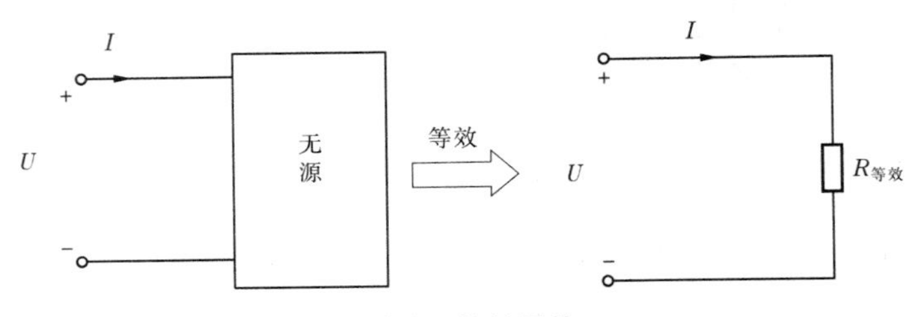

图 2-1　等效网络

无源二端网络在关联参考方向下端口电压与端口电流的比值，叫作等效电阻（输入电阻）。

一个二端网络的端口电压、电流关系和另一个二端网络的端口电压、电流关系相同，这两个网络叫作等效网络。

等效变换可以把由多个元件组成的电路化简为只有少数几个元件甚至一个元件组成的电路，从而使分析的问题得到简化。利用电路的等效变换分析电路是电路分析中经常使用的方法，在电路理论中有着重要的地位。

一、电阻的串联

如图 2-2 所示，在电路中，把几个电阻元件首尾依次连接起来，中间没有分支，在电源的作用下流过各电阻的是同一电流。这种连接方式叫作电阻的串联。

如图 2-2（a）所示，根据 KVL，电源的端电压 U 等于三个电阻上的电压 U_1、U_2、U_3 之和，即

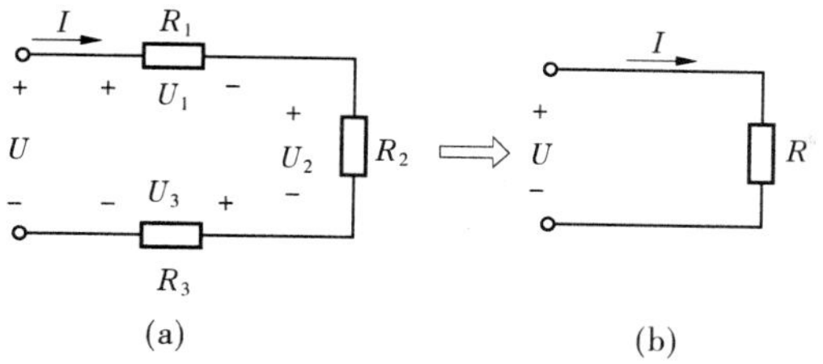

图 2-2　电阻的串联

$$U = U_1 + U_2 + U_3 = (R_1 + R_2 + R_3)I \tag{2-1}$$

如果令 $R = R_1 + R_2 + R_3$，则

$$U = RI \tag{2-2}$$

其中 R 为串联电阻的等效电阻，也称为输入电阻，也就是说几个电阻串联可以等效为一个电阻(见图 2-2(b))，并且图 2-2(a)、(b)有相同的电压电流关系。

等效电阻的概念可以推广到有 n 个串联电阻的电路，即

$$R = R_1 + R_2 + \cdots + R_k + \cdots + R_n = \sum_{k=1}^{n} R_k \tag{2-3}$$

式(2-3)就是串联电阻的等效电阻计算公式。

由图 2-2(a)可知，各电阻上所分得的电压为

$$\left.\begin{aligned} U_1 &= R_1 I = R_1 \frac{U}{R_i} = \frac{R_1}{R_1 + R_2 + R_3}U \\ U_2 &= R_2 I = R_2 \frac{U}{R_i} = \frac{R_2}{R_1 + R_2 + R_3}U \\ U_3 &= R_3 I = R_3 \frac{U}{R_i} = \frac{R_3}{R_1 + R_2 + R_3}U \end{aligned}\right\}$$

可见各个串联电阻的电压与电阻值成正比，即总电压按各个串联电阻值进行分配。

推广到任一串联电阻，有

$$U_k = R_k I = \frac{R_k}{R}U \tag{2-4}$$

式(2-4)为串联电阻的分压公式。

串联的每个电阻的功率也与它们的电阻成正比。

【例 2-1】　两个电阻 R_1、R_2 串联，总电阻 100 Ω，总电压为 60 V，欲使 $U_2 = 12$ V，试求 R_1、R_2。

解：电流　$I = \frac{U}{R} = \frac{60}{100} = 0.6(\text{A})$

$$R_2 = \frac{U_2}{I} = \frac{12}{0.6} = 20(\Omega)$$

$$R_1 = 100 - 20 = 80(\Omega)$$

【例 2-2】　如图 2-3 所示，用一个满刻度偏转电流为 50 μA、电阻 R_g 为 2 kΩ 的表头制成 100 V 量程的直流电压表，应串联多大的附加电阻 R_f？

解：满刻度时表头电压为

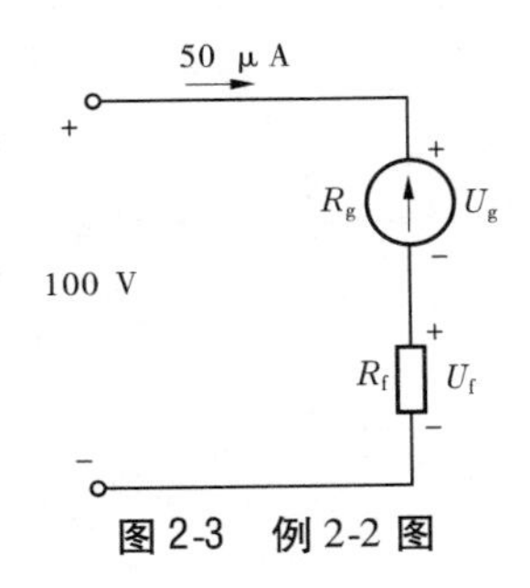

图 2-3　例 2-2 图

$$U_g = R_g I = 2 \times 10^3 \times 50 \times 10^{-6} = 0.1(\mathrm{V})$$

附加电阻电压为

$$U_f = 100 - 0.1 = 99.9(\mathrm{V})$$

代入分压公式，有

$$99.9 = \frac{R_f}{2 + R_f} \times 100$$

解得

$$R_f = 1\ 998\ \mathrm{k\Omega}$$

二、电阻的并联

在电路中，将几个电阻分别接到电位不同的两点上，承受同一电压作用的连接方式叫作电阻的并联。其特点是加在各电阻上的电压是同一个电压。

如图 2-4(a)所示，根据 KCL，电源电流(或称总电流)等于三个并联电阻所分得的电流之和，即

$$\begin{aligned} I = I_1 + I_2 + I_3 &= \frac{U}{R_1} + \frac{U}{R_2} + \frac{U}{R_3} \\ &= \left(\frac{1}{R_1} + \frac{1}{R_2} + \frac{1}{R_3}\right)U = (G_1 + G_2 + G_3)U \end{aligned} \tag{2-5}$$

(a)　　(b)

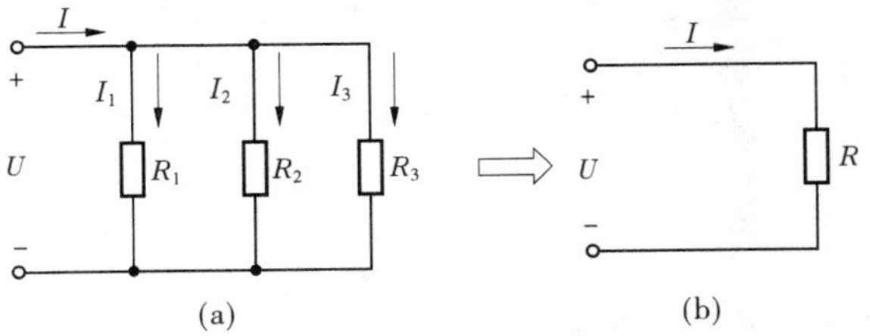

图 2-4　电阻的并联

如果令 $G = G_1 + G_2 + G_3$，则

$$I = GU \tag{2-6}$$

其中 G 为并联电阻的等效电导，也就是说几个电阻并联可以等效为一个电阻(见图 2-4(b))，并且图 2-4(a)、(b)有相同的电压电流关系。

等效电导的概念可以推广到有 n 个并联电阻的电路，即

$$G = G_1 + G_2 + \cdots + G_k + \cdots + G_n = \sum_{k=1}^{n} G_k \tag{2-7}$$

式(2-7)就是并联电阻的等效电导的计算公式。

式(2-7)还可以写成等效电阻计算式：

$$\frac{1}{R} = \frac{1}{R_1} + \frac{1}{R_2} + \frac{1}{R_3} + \cdots + \frac{1}{R_k} + \cdots + \frac{1}{R_n} = \sum_{k=1}^{n} \frac{1}{R_k} \tag{2-8}$$

由图 2-4(a)可知，电阻并联时，各电阻上所分得的电流为

$$\left.\begin{aligned}I_1 &= G_1U = G_1\frac{I}{G} = \frac{G_1}{G_1+G_2+G_3}I\\ I_2 &= \frac{G_2}{G_1+G_2+G_3}I\\ I_3 &= \frac{G_3}{G_1+G_2+G_3}I\end{aligned}\right\}$$

可见各个并联电阻中的电流与电导值成正比,即总电流按各个并联电导值进行分配。

推广到任一并联电阻,有

$$I_k = G_kU = \frac{G_k}{G}I \tag{2-9}$$

式(2-9)为并联电阻的分流公式。

【例 2-3】 $R_1 = 500\ \Omega$ 和 R_2 并联,总电流 $I = 1\ \text{A}$。试求等效电阻及每个电阻的电流。设 R_2 分别为:①600 Ω;②500 Ω。

解:(1)$R_2 = 600\ \Omega$ 时,并联的等效电阻为

$$R = \frac{R_1R_2}{R_1+R_2} = \frac{600\times500}{600+500} = 272.7(\Omega)$$

两个电阻的电流各为

$$I_1 = \frac{R_2}{R_1+R_2}I = \frac{600}{600+500}\times1 = 0.545\ 5(\text{A})$$

$$I_2 = \frac{R_1}{R_1+R_2}I = \frac{500}{600+500}\times1 = 0.454\ 5(\text{A})$$

(2)$R_2 = 500\ \Omega$ 时,并联的等效电阻为

$$R = \frac{R_1R_2}{R_1+R_2} = \frac{500\times500}{500+500} = 250(\Omega)$$

两个电阻的电流各为

$$I_1 = \frac{R_2}{R_1+R_2}I = \frac{500}{500+500}\times1 = 0.5(\text{A})$$

$$I_2 = \frac{R_1}{R_1+R_2}I = \frac{500}{500+500}\times1 = 0.5(\text{A})$$

三、电阻的混联

在电路中,既有电阻的串联又有电阻的并联,这种电阻的连接方式叫作电阻的混联。

在电阻混联的电路中,若已知总电压 U(或总电流 I),求各电阻上的电压和电流,其求解步骤为:

(1)分析清楚电阻的串、并联关系,求出它们的等效电阻;

(2)运用欧姆定律求出总电流(或总电压);

(3)运用电阻串联的分压公式和电阻并联的分流公式,求出各电阻上的电压和电流。

【例 2-4】 进行电工实验时,常用滑线变阻器接成分压器电路来调节负载电阻上电压的高低。图 2-5 中 R_1 和 R_2 是滑线变阻器,R_L 是负载电阻。已知滑线变阻器额定值是

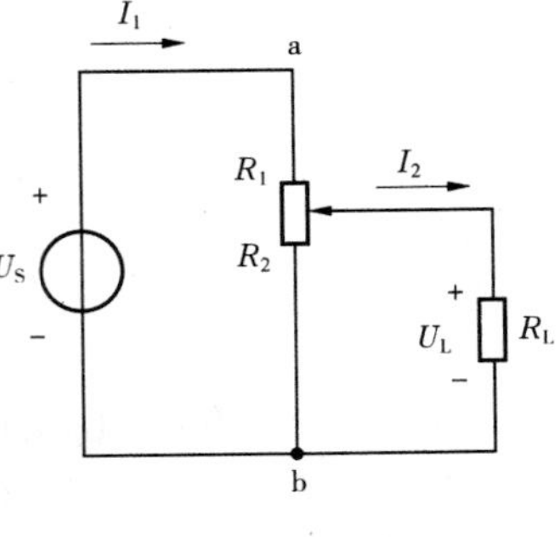

图 2-5 例 2-4 图

100 Ω、3 A，端钮 a、b 上输入电压 $U_S = 220$ V，$R_L = 50$ Ω。试问：

(1) 当 $R_2 = 50$ Ω 时，输出电压 U_L 是多少？

(2) 当 $R_2 = 75$ Ω 时，输出电压 U_L 是多少？滑线变阻器能否安全工作？

解:(1) 当 $R_2 = 50$ Ω 时，R_{ab} 为 R_2 和 R_L 并联后与 R_1 串联而成，故端钮 a、b 的等效电阻为

$$R_{ab} = R_1 + \frac{R_2 R_L}{R_2 + R_L} = 50 + \frac{50 \times 50}{50 + 50} = 75(\Omega)$$

滑线变阻器 R_1 段流过的电流为

$$I_1 = \frac{U_S}{R_{ab}} = \frac{220}{75} = 2.93(\text{A})$$

负载电阻流过的电流可由电流分配公式求得，即

$$I_2 = \frac{R_2}{R_2 + R_L} I_1 = \frac{50}{50 + 50} \times 2.93 = 1.47(\text{A})$$

$$U_L = R_L I_2 = 50 \times 1.47 = 73.5(\text{V})$$

(2) 当 $R_2 = 75$ Ω 时，计算方法同上，可得

$$R_{ab} = 25 + \frac{75 \times 50}{75 + 50} = 55(\Omega)$$

$$I_1 = \frac{220}{55} = 4(\text{A})$$

$$I_2 = \frac{75}{75 + 50} \times 4 = 2.4(\text{A})$$

$$U_L = 50 \times 2.4 = 120(\text{V})$$

因 $I_1 = 4$ A，大于滑线变阻器额定电流 3 A，R_1 段电阻有被烧坏的危险。

学习单元二　电阻的星形网络与三角形网络的等效变换

一、概念

如图 2-6 所示，三个电阻元件的一端连在一起，另一端分别连接到电路三个节点的连接方式叫作星形连接，也叫 Y 连接(T 连接)。

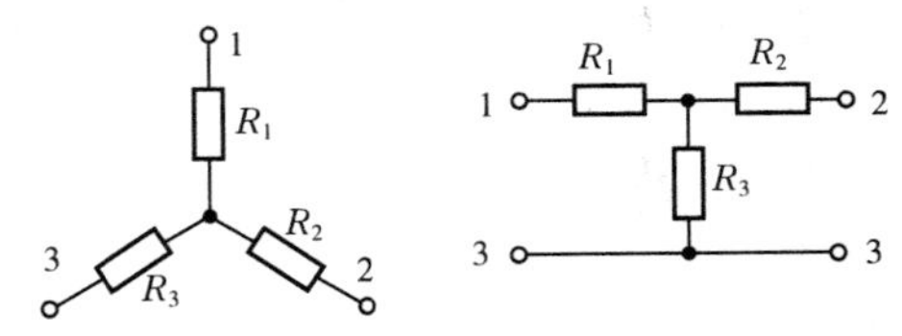

图 2-6 电阻的星形连接

如图 2-7 所示，三个电阻元件首尾相连，接成一个三角形的连接方式叫作三角形连

接，也叫△连接（π 连接）。

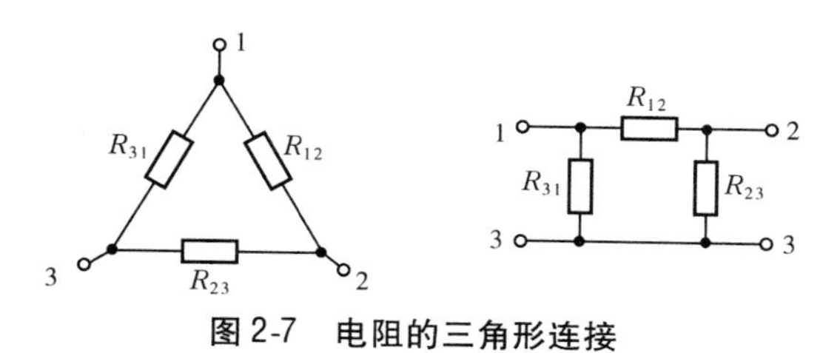

图 2-7　电阻的三角形连接

二、星形与三角形连接电阻的等效变换

星形与三角形连接电阻等效变换的条件是它们具有相同的端钮电压电流关系。由此，可以求出两种连接方式等效变换的关系式。

图 2-8(a)为已知，求图 2-8(b)，有

$$\left.\begin{aligned} R_1 &= \frac{R_{12}R_{31}}{R_{12}+R_{23}+R_{31}} \\ R_2 &= \frac{R_{23}R_{12}}{R_{12}+R_{23}+R_{31}} \\ R_3 &= \frac{R_{31}R_{23}}{R_{12}+R_{23}+R_{31}} \end{aligned}\right\} \tag{2-10}$$

式(2-10)就是已知三角形连接的电阻确定等效星形连接的电阻的关系式。

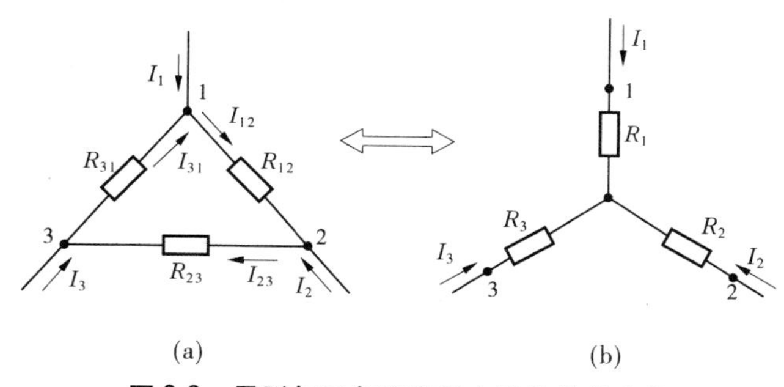

图 2-8　星形与三角形连接电阻的等效变换

同样，可以得到已知星形连接的电阻确定等效三角形连接的电阻的关系式：

$$\left.\begin{aligned} R_{12} &= \frac{R_1R_2+R_2R_3+R_3R_1}{R_3} = R_1+R_2+\frac{R_1R_2}{R_3} \\ R_{23} &= \frac{R_1R_2+R_2R_3+R_3R_1}{R_1} = R_2+R_3+\frac{R_2R_3}{R_1} \\ R_{31} &= \frac{R_1R_2+R_2R_3+R_3R_1}{R_2} = R_3+R_1+\frac{R_3R_1}{R_2} \end{aligned}\right\} \tag{2-11}$$

证明略。

对于对称情况，设三角形连接的电阻 $R_{12}=R_{23}=R_{31}=R_{\triangle}$，则星形连接的电阻为

$$R_{Y} = R_1 = R_2 = R_3 = \frac{R_{\triangle}}{3}$$

反之：
$$R_{\triangle} = R_{12} = R_{23} = R_{31} = 3R_{Y}$$

【例 2-5】 图 2-9(a)所示电路中，已知 $U_S = 225\ \text{V}$, $R_0 = 1\ \Omega$, $R_1 = 40\ \Omega$, $R_2 = 36\ \Omega$, $R_3 = 50\ \Omega$, $R_4 = 55\ \Omega$, $R_5 = 10\ \Omega$，试求各电阻的电流。

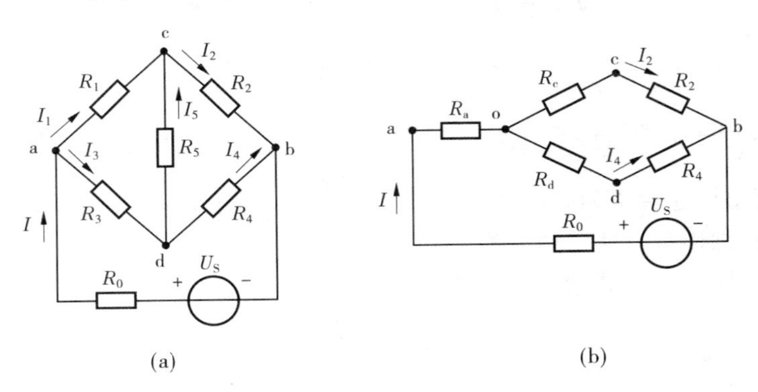

图 2-9　例 2-5 图

解：将△形连接的 R_1、R_3、R_5 等效变换为 Y 形连接的 R_a、R_c、R_d，如图 2-9(b)所示，代入式(2-10)，求得

$$R_a = \frac{R_3R_1}{R_5 + R_3 + R_1} = \frac{50 \times 40}{10 + 50 + 40} = 20(\Omega)$$

$$R_c = \frac{R_1R_5}{R_5 + R_3 + R_1} = \frac{40 \times 10}{10 + 50 + 40} = 4(\Omega)$$

$$R_d = \frac{R_5R_3}{R_5 + R_3 + R_1} = \frac{10 \times 50}{10 + 50 + 40} = 5(\Omega)$$

图 2-9(b)是电阻混联网络，串联的 R_c、R_2 的等效电阻 $R_{c2} = 40\ \Omega$，串联的 R_d、R_4 的等效电阻 $R_{d4} = 60\ \Omega$，二者并联的等效电阻为

$$R_{ob} = \frac{40 \times 60}{40 + 60} = 24(\Omega)$$

R_a 与 R_{ob} 串联，a、b 间桥式电阻的等效电阻为

$$R_i = 20 + 24 = 44(\Omega)$$

桥式电阻的端口电流为

$$I = \frac{U_S}{R_0 + R_i} = \frac{225}{1 + 44} = 5(\text{A})$$

R_2、R_4 的电流各为

$$I_2 = \frac{R_{d4}}{R_{c2} + R_{d4}}I = \frac{60}{40 + 60} \times 5 = 3(\text{A})$$

$$I_4 = \frac{R_{c2}}{R_{c2} + R_{d4}}I = \frac{40}{40 + 60} \times 5 = 2(\text{A})$$

为了求得 R_1、R_3、R_5 的电流，从图 2-9(b)求得

$$U_{ac} = R_a I + R_c I_2 = 20 \times 5 + 4 \times 3 = 112(\mathrm{V})$$

回到图2-9(a)电路，得

$$I_1 = \frac{U_{ac}}{R_1} = \frac{112}{40} = 2.8(\mathrm{A})$$

$$I_3 = I - I_1 = 5 - 2.8 = 2.2(\mathrm{A})$$

由KCL得

$$I_5 = I_3 - I_4 = 2.2 - 2 = 0.2(\mathrm{A})$$

三、星形连接与三角形连接应用实例

在工业制造领域，大型机械用的是三相交流电，大型机械设备的核心控制部件就是电动机，电动机内部线圈的连接采用星形连接或三角形连接（见图2-10）。

(a) 三相变压器

(b) 三相异步电动机

图2-10　星形连接与三角形连接应用实例

学习单元三　支路电流法

本模块学习单元一是将电路利用串、并联简化成单回路电路，然后求出未知的电压和电流。而对于复杂电路，则需要用到以下几个学习单元介绍的线性电路的一般分析方法。

支路电流法就是选取支路电流为未知量，根据KCL、KVL列关于支路电流的方程，然后联立求解求出各支路电流的方法。若电路有b条支路、n个节点和m个网孔，则将会有$n-1$个独立的KCL方程和m个独立的KVL方程，并且$m = b-(n-1)$。

利用支路电流法解题的一般步骤如下：

第1步，选定各支路电流参考方向，如图2-11所示。各节点KCL方程如下：

$$\begin{array}{llllllll}
1 & I_1 & & -I_3 & +I_4 & & & =0 \\
2 & -I_1 & -I_2 & & & +I_5 & & =0 \\
3 & & I_2 & +I_3 & & & -I_6 & =0 \\
4 & & & & -I_4 & -I_5 & +I_6 & =0
\end{array}$$

可见，上述四个节点的KCL方程相互是不独立的。

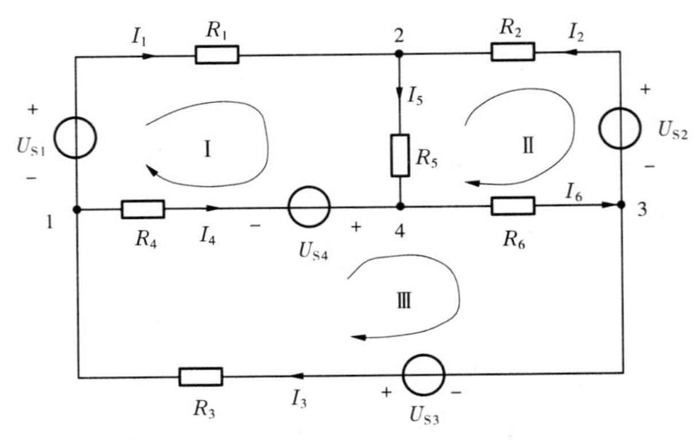

图 2-11　支路电流法

第 2 步,对独立节点列 KCL 方程。如果选图 2-11 所示电路中的节点 4 为参考节点,则节点 1、2、3 为独立节点,其对应的 KCL 方程必将独立,即

$$
\begin{aligned}
&1 \quad I_1 - I_3 + I_4 = 0\\
&2 \quad -I_1 - I_2 + I_5 = 0\\
&3 \quad I_2 + I_3 - I_6 = 0
\end{aligned}
$$

依此类推,节点数为 n 就列 $n-1$ 个 KCL 方程。

第 3 步,对 $b-(n-1)$ 个独立回路列关于支路电流的 KVL 方程:

$$
\begin{aligned}
&\text{I} \quad R_1I_1 + R_5I_5 + U_{S4} - R_4I_4 - U_{S1} = 0\\
&\text{II} \quad -R_2I_2 + U_{S2} - R_6I_6 - R_5I_5 = 0\\
&\text{III} \quad R_4I_4 - U_{S4} + R_6I_6 - U_{S3} + R_3I_3 = 0
\end{aligned}
$$

第 4 步,联立求解。支路电流法具备所列方程直观的优点,是一种常用的求解电路的方法。但由于需列出等于支路数 b 的 KCL 方程和 KVL 方程,当电路支路数较多时,所列方程数目多,计算工作量大。因此,设法减少方程数目,就成为其他网络方程法的出发点。

【例 2-6】　如图 2-12 所示电路中,$U_{S1}=130\ \text{V}$、$R_1=1\ \Omega$为直流发电机的模型,电阻负载 $R_3=24\ \Omega$,$U_{S2}=117\ \text{V}$、$R_2=0.6\ \Omega$ 为蓄电池组的模型。试求各支路电流和各元件的功率。

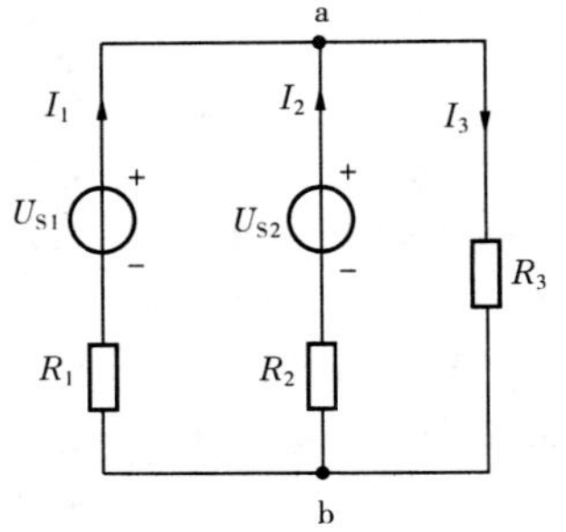

图 2-12　例 2-6 图

解:以支路电流为变量,应用 KCL、KVL 列出方程式,并将已知数据代入,即得

$$
\left.\begin{aligned}
-I_1 - I_2 + I_3 &= 0\\
I_1 - 0.6I_2 &= 130 - 117\\
0.6I_2 + 24I_3 &= 117
\end{aligned}\right\}
$$

解得:$I_1=10\ \text{A}$,$I_2=-5\ \text{A}$,$I_3=5\ \text{A}$。

I_2 为负值,表明它的实际方向与所选参考方向相反,这个电池组在充电时是负载。

U_{S1}发出的功率为　　$U_{S1}I_1=130\times10=1\ 300(\text{W})$

U_{S2}发出的功率为　　$U_{S2}I_2=117\times(-5)=-585(\text{W})$

即 U_{S2}接收功率为 585 W。

各电阻接收的功率为

$$I_1^2R_1 = 10^2 \times 1 = 100(\mathrm{W})$$
$$I_2^2R_2 = (-5)^2 \times 0.6 = 15(\mathrm{W})$$
$$I_3^2R_3 = 5^2 \times 24 = 600(\mathrm{W})$$
$$1\,300 = 585 + 100 + 15 + 600$$

功率平衡，表明计算正确。

【例 2-7】 如图 2-13 所示电路，用支路电流法求各支路电流及各元件功率。

解：2 个电流变量 I_1 和 I_2，只需列 2 个方程。

对节点 a 列 KCL 方程：

$$I_2 = 2 + I_1$$

对图 2-13 所示回路列 KVL 方程：

$$5I_1 + 10I_2 = 5$$

解得：$I_1 = -1$ A，$I_2 = 1$ A。

$I_1 < 0$ 说明其实际方向与图示方向相反。

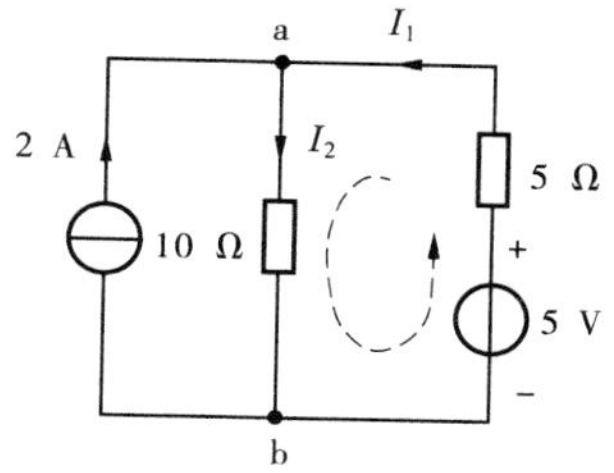

图 2-13 例 2-7 图

各元件的功率：

5 Ω 电阻的功率 $P_1 = 5I_1^2 = 5 \times (-1)^2 = 5(\mathrm{W})$

10 Ω 电阻的功率 $P_2 = 10I_2^2 = 10 \times 1^2 = 10(\mathrm{W})$

5 V 电压源的功率 $P_3 = -5I_1 = -5 \times (-1) = 5(\mathrm{W})$

因为 2 A 电流源与 10 Ω 电阻并联，故其两端的电压为

$$U = 10I_2 = 10 \times 1 = 10(\mathrm{V})$$

功率为

$$P_4 = -2U = -2 \times 10 = -20(\mathrm{W})$$

由以上的计算可知，2 A 电流源发出 20 W 功率，其余 3 个元件总共吸收的功率也是 20 W，可见电路功率平衡。

学习单元四 网孔电流法

对于一个有 b 条支路、n 个节点和 m 个网孔的电路，用支路电流法求解需要列写 $n-1$ 个 KCL 方程和 m 个 KVL 方程联立求解，由于方程数目多、工作量大，所以需要设法减少方程的个数。一般是设法消掉 KCL 方程，只列 KVL 方程；或者设法消掉 KVL 方程，只列 KCL 方程。前者就是网孔电流法，后者就是节点电压法，两种方法的方程个数都比支路电流法方程个数少。

一、网孔电流

在平面电路中为减少未知量（方程）的个数，可以假想每个网孔中有一个网孔电流。若网孔电流已求得，则各支路电流可用网孔电流线性组合表示，如图 2-14 所示。

$$I_a = I_1$$
$$I_b = -I_1 + I_2$$

$$I_c = -I_2$$

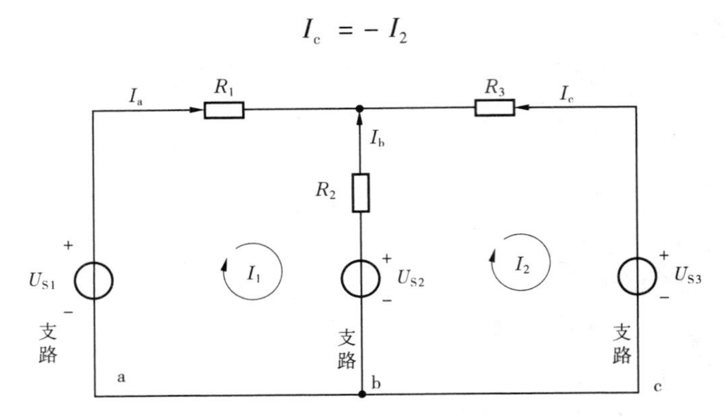

图 2-14 网孔电流

网孔电流是在独立回路中闭合的，对每个相关节点均流进一次、流出一次，所以 KCL 自动满足。若以网孔电流为未知量列方程来求解电路，只需对平面电路中的几个网孔列写 KVL 方程。

二、网孔电流法方程的推导

以网孔电流为未知量列写电路方程分析电路的方法称为网孔电流法。网孔电流法的独立方程数为 $b-(n-1)$。与支路电流法相比，方程数可减少 $n-1$ 个。

如图 2-14 所示，选取网孔的绕行方向与网孔电流的参考方向一致，对网孔列写电压方程，有

$$\left.\begin{aligned} R_1I_1 + R_2I_1 - R_2I_2 + U_{S2} - U_{S1} = 0 \\ R_2I_2 - R_2I_1 + R_3I_2 + U_{S3} - U_{S2} = 0 \end{aligned}\right\} \quad (2\text{-}12)$$

经整理后，得

$$\left.\begin{aligned} (R_1 + R_2)I_1 - R_2I_2 = U_{S1} - U_{S2} \\ -R_2I_1 + (R_2 + R_3)I_2 = U_{S2} - U_{S3} \end{aligned}\right\}$$

可以进一步写成

$$\left.\begin{aligned} R_{11}I_1 + R_{12}I_2 = U_{S11} \\ R_{21}I_1 + R_{22}I_2 = U_{S22} \end{aligned}\right\} \quad (2\text{-}13)$$

式(2-13)就是当电路具有两个网孔时网孔方程的一般形式。其中：

(1) $R_{11}=R_1+R_2$，$R_{22}=R_2+R_3$ 分别是网孔 1 与网孔 2 的电阻之和，称为各网孔的自电阻。因为选取自电阻的电压与电流为关联参考方向，所以自电阻都取正号。

(2) $R_{12}=R_{21}=-R_2$ 是网孔 1 与网孔 2 公共支路的电阻，称为相邻网孔的互电阻。互电阻可以是正号，也可以是负号。当流过互电阻的两个相邻网孔电流的参考方向一致时，互电阻取正号，反之取负号。

(3) $U_{S11}=U_{S1}-U_{S2}$，$U_{S22}=U_{S2}-U_{S3}$ 分别是各网孔中电压源电压的代数和，称为网孔电源电压。凡参考方向与网孔绕行方向一致的电源电压取负号，反之取正号。

推广到具有 m 个网孔的平面电路，其网孔方程的规范形式为

$$
\left.\begin{aligned}
R_{11}I_1 + R_{12}I_2 + \cdots + R_{1m}I_m &= U_{S11}\\
R_{21}I_1 + R_{22}I_2 + \cdots + R_{2m}I_m &= U_{S22}\\
&\vdots\\
R_{k1}I_1 + R_{k2}I_2 + \cdots + R_{km}I_m &= U_{Skk}\\
&\vdots\\
R_{m1}I_1 + R_{m2}I_2 + \cdots + R_{mm}I_m &= U_{Smm}
\end{aligned}\right\} \tag{2-14}
$$

式中，R_{kk}为自电阻（总为正），$k=1,2,\cdots,m$（任选绕行方向）；R_{jk}为互电阻，$j=1,2,\cdots,m$，当流过互电阻两个网孔电流方向相同时，R_{jk}前面取正号，流过互电阻两个网孔电流方向相反时，R_{jk}前面取负号，两个网孔之间没有公共支路或有公共支路但其电阻为零时 $R_{jk}=0$。

三、网孔电流法解题步骤及其应用

网孔分析法的一般步骤如下：

(1)选定 $m=b-(n-1)$ 个独立网孔，标明回路电流及方向；

(2)对 m 个网孔，以网孔电流为未知量，列写其 KVL 方程；

(3)求解上述方程，得到 m 个网孔电流；

(4)求各支路电流(用网孔电流表示)；

(5)其他分析。

【例 2-8】 如图 2-15 所示，为三网孔电路，试用网孔电流法求解网孔电流以及支路电流 I_a、I_b。

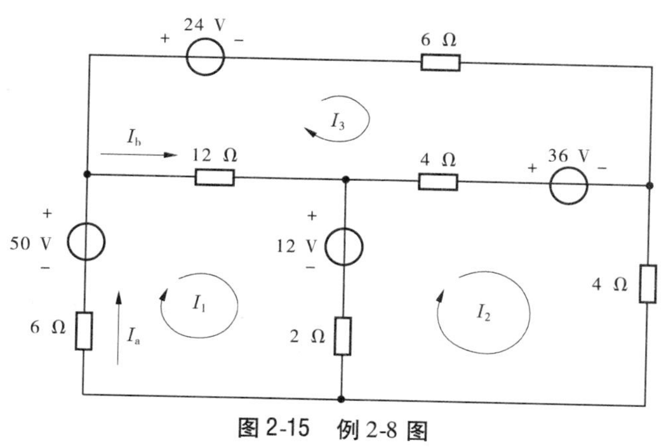

图 2-15　例 2-8 图

解：选择各网孔电流的参考方向，如图 2-15 所示。计算各网孔的自电阻和相关网孔的互电阻及每一网孔的电源电压：

$$R_{11}=6+12+2=20(\Omega),\quad R_{12}=R_{21}=-2\ \Omega$$

$$R_{22}=2+4+4=10(\Omega),\quad R_{23}=R_{32}=-4\ \Omega$$

$$R_{33}=6+4+12=22(\Omega),\quad R_{13}=R_{31}=-12\ \Omega$$

$$U_{S11}=50-12=38(\mathrm{V}),\quad U_{S22}=12-36=-24(\mathrm{V})$$

$$U_{S33}=-24+36=12(\mathrm{V})$$

按式(2-13)列网孔方程组：

$$20I_1 - 2I_2 - 12I_3 = 38$$
$$-2I_1 + 10I_2 - 4I_3 = -24$$
$$-12I_1 - 4I_2 + 22I_3 = 12$$

解得网孔电流和支路电流为

$$I_1 = 3\ \text{A}, I_2 = -1\ \text{A}, I_3 = 2\ \text{A}$$
$$I_a = I_1 = 3\ \text{A}, I_b = I_1 - I_3 = 1\ \text{A}$$

学习单元五　节点电压法

一、节点电压法的推导

对于一个有 b 条支路、n 个节点和 m 个网孔的电路，用支路法求解时需要列写 $n-1$ 个 KCL 方程和 m 个 KVL 方程联立求解，但由于方程数目多，给求解带来不便。节点电压法是解决这一问题的有效方法之一。此方法已广泛应用于电路的计算机辅助分析和电力系统的计算，是实际应用中最普遍的一种求解方法。

在电路中选一节点为参考点，设其电位为零，其余各节点到参考点的电压就叫作该节点的电压。当节点电压为已知时，任一支路电压，即为该支路所连的两个节点电压之差。

节点电压法是以独立节点与参考节点之间的电压为变量（未知量），将各支路电流通过支路伏安关系用未知节点电压来表示，依据 KCL 和欧姆定律对除参考点外的节点（独立节点）列写节点电流方程，从而求解电路各未知量的方法。

节点电压法适用于结构复杂、非平面电路、独立回路选择麻烦，以及节点少、回路多的电路的分析求解。对于 n 个节点、m 条支路的电路，节点电压法仅需 $n-1$ 个独立方程，比支路电流法少 m 个方程。

如图 2-16 所示是具有 3 个节点的电路，下面以该图为例说明用节点电压法进行解题的电路分析和求解步骤，导出节点电压方程式的一般形式。

若选 0 点为参考点，节点电压的参考方向都规定为独立节点指向参考节点，其余 2 个独立节点的节点电压为 U_1、U_2，设各支路电流和参考方向如图 2-16 所示，根据支路的电压—电流关系（VCR），列出各支路的电流和节点电压方程：

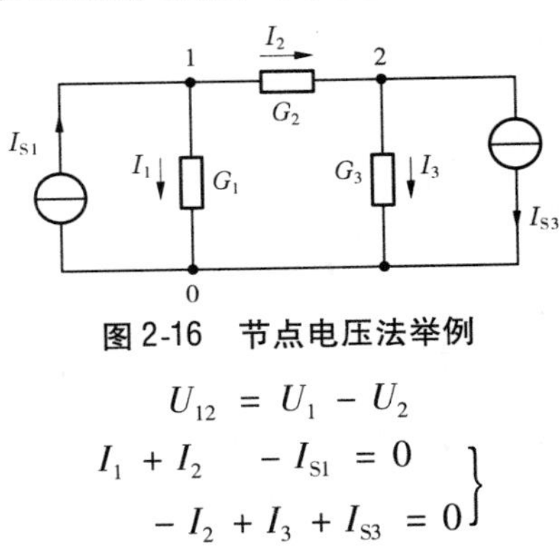

图 2-16　节点电压法举例

$$U_{12} = U_1 - U_2$$
$$\left.\begin{aligned} I_1 + I_2 \quad - I_{S1} &= 0 \\ -I_2 + I_3 + I_{S3} &= 0 \end{aligned}\right\}$$

将 $I_1=G_1U_1, I_2=G_2(U_1-U_2), I_3=G_3U_2$ 代入整理得

$$\left.\begin{aligned}(G_1+G_2)U_1-G_2U_2&=I_{S1}\\-G_2U_1+(G_2+G_3)U_2&=-I_{S3}\end{aligned}\right\}$$

还可以进一步写成：

$$\left.\begin{aligned}G_{11}U_1+G_{12}U_2&=I_{S11}\\G_{21}U_1+G_{22}U_2&=I_{S22}\end{aligned}\right\}\tag{2-15}$$

这就是具有两个独立节点的电路的节点方程的一般形式。其中：

G_{11}为节点1的自电导，是与节点1相连接的各支路电导的总和。

G_{22}为节点2的自电导，是与节点2相连接的各支路电导的总和。

$G_{12}=G_{21}$为节点1、2间的互电导，是连接在节点1和节点2之间的各支路电导之和的负值。

I_{S11}、I_{S22}分别表示流入节点1和2的电流源的电流的代数和，且流入为正、流出为负。

节点电压法的解题步骤如下：

(1)选定参考节点，标出各独立节点序号，将独立节点电压作为未知量，其参考方向由独立节点指向参考节点；

(2)若电路中存在与电阻串联的电压源，则将其等效变换为电导与电流源的并联；

(3)列出节点方程：

$$\left.\begin{aligned}G_{11}U_1+G_{12}U_2+\cdots+G_{1(n-1)}U_{n-1}&=I_{S11}\\G_{21}U_1+G_{22}U_2+\cdots+G_{2(n-1)}U_{n-1}&=I_{S22}\\&\vdots\\G_{(n-1)1}U_1+G_{(n-1)2}U_2+\cdots+G_{(n-1)(n-1)}U_{n-1}&=I_{S(n-1)(n-1)}\end{aligned}\right\}\tag{2-16}$$

(4)联立求解方程，解得各节点电压；

(5)指定各支路方向，并由节点电压求得各支路电压；

(6)应用支路的VCR，由支路电压求得各支路电流。

【例2-9】 用节点电压法求图2-17中的各支路电流。

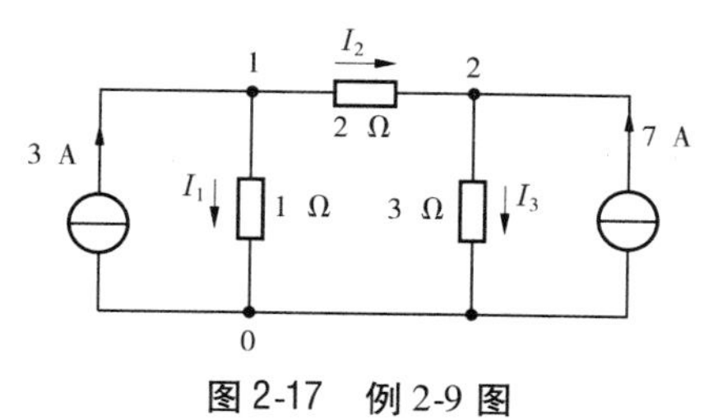

图2-17 例2-9图

解：取节点0为参考点，节点1、2的电压为U_1、U_2，由式(2-16)得

$$\left.\begin{aligned}\left(\frac{1}{1}+\frac{1}{2}\right)U_1-\frac{1}{2}U_2&=3\\-\frac{1}{2}U_1+\left(\frac{1}{2}+\frac{1}{3}\right)U_2&=7\end{aligned}\right\}$$

解得：$U_1=6\ \text{V}, U_2=12\ \text{V}$。

所以,各支路电流为

$$I_1 = \frac{U_1}{1} = \frac{6}{1} = 6(\mathrm{A})$$

$$I_2 = \frac{U_1 - U_2}{2} = \frac{6 - 12}{2} = -3(\mathrm{A})$$

$$I_3 = \frac{U_2}{3} = \frac{12}{3} = 4(\mathrm{A})$$

二、弥尔曼定理

弥尔曼定理是节点电压法的特殊情况,也是最简单的节点电压法,适合只有两个节点的电路。

如图 2-18 所示,选节点 0 为参考点,设各支路电流的参考方向如图 2-18 所示,则节点电压方程为

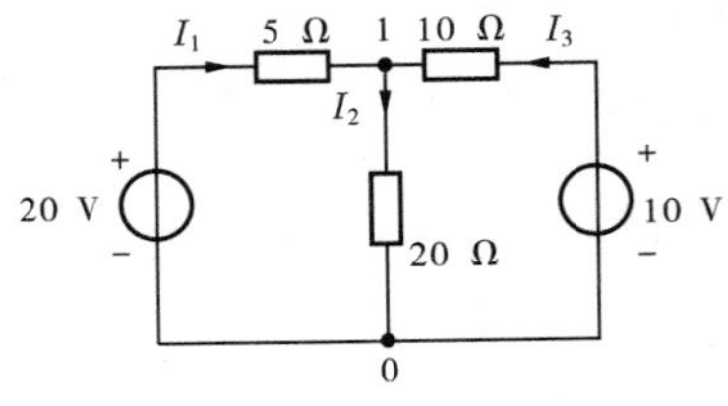

图 2-18 弥尔曼定理

$$\left(\frac{1}{5} + \frac{1}{20} + \frac{1}{10}\right)U_1 = \frac{20}{5} + \frac{10}{10}$$

解得:$U_1 = 14.3\ \mathrm{V}$。

各支路电流为

$$I_1 = \frac{20 - U_1}{5} = 1.14(\mathrm{A})$$

$$I_2 = \frac{U_1}{20} = 0.72(\mathrm{A})$$

$$I_3 = \frac{10 - U_1}{10} = -0.43(\mathrm{A})$$

推广至一般情况,节点数 $n = 2$ 的电路(见图 2-19)中,有

$$(G_1 + G_2 + G_3 + G_4)U_1 = I_{S1} - I_{S2} + I_{S3}$$

即

$$U_1 = \frac{\sum I_{Si}}{\sum G_i} \tag{2-17}$$

式中,$\sum G_i$ 为各支路电导之和;$\sum I_{Si}$ 为各电流源流入节点 1 的电流的代数和,可以将其写为 $\sum (G_i U_{Si})$,则

$$U_1 = \frac{\sum (G_i U_{Si})}{\sum G_i} \tag{2-18}$$

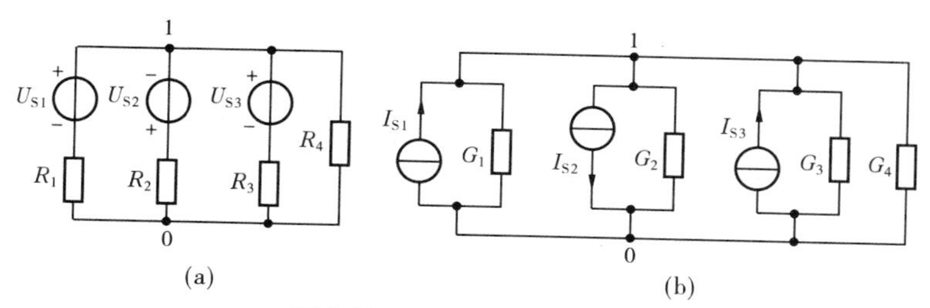

图 2-19　弥尔曼定理分析图

式(2-17)、式(2-18)称为弥尔曼定理。

【例 2-10】　用节点电压法求图 2-20 所示电路中各支路电流。

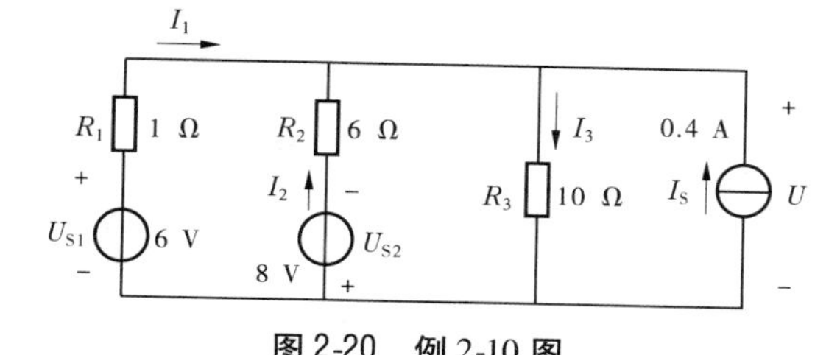

图 2-20　例 2-10 图

解:

$$U=\frac{\dfrac{U_{S1}}{R_1}-\dfrac{U_{S2}}{R_2}+I_S}{\dfrac{1}{R_1}+\dfrac{1}{R_2}+\dfrac{1}{R_3}}=\frac{\dfrac{6}{1}-\dfrac{8}{6}+0.4}{\dfrac{1}{1}+\dfrac{1}{6}+\dfrac{1}{10}}=4(\mathrm{V})$$

求出 U 后,可用欧姆定律求各支路电流:

$$I_1=\frac{U_{S1}-U}{R_1}=\frac{6-4}{1}=2(\mathrm{A})$$

$$I_2=\frac{-U_{S2}-U}{R_2}=\frac{-8-4}{6}=-2(\mathrm{A})$$

$$I_3=\frac{U}{R_3}=\frac{4}{10}=0.4(\mathrm{A})$$

学习单元六　叠加定理

叠加定理是线性电路中一条十分重要的定理。叠加定理可以表述如下:

对于线性电路,任一瞬间、任一支路的电流或电压响应,恒等于各个独立电源单独作用时在该支路产生响应的代数和。

如图 2-21(a)所示电路中有两个独立电源,现在要求解电路中电流 I_1。

根据 KCL、KVL 可以列出方程 $U_S=R_2(I_1-I_S)+R_1I_1$,解得 I_1,有

$$I_1=\frac{U_S}{R_1+R_2}+\frac{R_2I_S}{R_1+R_2}$$

可以改写成:

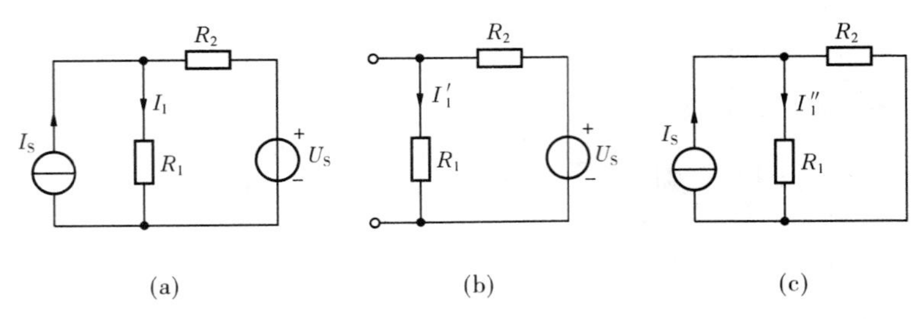

图 2-21　叠加定理

$$I_1 = I_1' + I_1''$$

其中
$$I_1' = \frac{U_S}{R_1 + R_2},\quad I_1'' = \frac{R_2 I_S}{R_1 + R_2}$$

式中,I_1' 为电流源 $I_S = 0$ 时,电压源 U_S 单独作用时产生的响应;I_1'' 为电压源 $U_S = 0$ 时,电流源 I_S 单独作用时产生的响应。电压源为零时相当于短路,电流源为零时相当于开路。电压源 U_S 和电流源 I_S 分别单独作用时电路如图 2-21(b)、(c)所示。

从图 2-21(b)得
$$I_1' = \frac{U_S}{R_1 + R_2}$$

从图 2-21(c)得
$$I_1'' = \frac{R_2 I_S}{R_1 + R_2}$$

与上面的结论一致,即验证了叠加定理。

使用叠加定理时,应注意以下几条:

(1)叠加定理只适用于线性电路求电压和电流,不能用叠加定理求功率(功率为电源的二次函数,即电压和电流的乘积),不适用于非线性电路。

(2)应用时电路的结构参数必须前后一致。

(3)电压源为零,相当于在电压源处用短路代替;电流源为零时,相当于在电流源处用开路代替。电路中所有电阻都不变动。

(4)叠加时注意在参考方向下求代数和。叠加时各电路中的电压和电流的参考方向与原电路中的参考方向相同时取“+”号,相反时取“-”号。

(5)含受控源线性电路可叠加,受控源应始终保留。

【例 2-11】　如图 2-21(a)所示,已知 $I_S = 5\ \text{A}$,$U_S = 10\ \text{V}$,$R_1 = 6\ \Omega$,$R_2 = 4\ \Omega$,试用叠加定理求支路电流 I_1。

解:做出电压源和电流源单独作用的电路,如图 2-21(b)、(c)所示。

在图 2-21(b)中有

$$I_1' = \frac{U_S}{R_1 + R_2} = \frac{10}{6 + 4} = 1(\text{A})$$

在图 2-21(c)中有
$$I_1'' = \frac{R_2 I_S}{R_1 + R_2} = \frac{4 \times 5}{6 + 4} = 2(\text{A})$$

所以
$$I_1 = I_1' + I_1'' = 1 + 2 = 3(\text{A})$$

【例 2-12】　求图 2-22 中的电压 U。

解:首先做各独立源单独作用电路图,如图 2-22(b)、(c)所示。

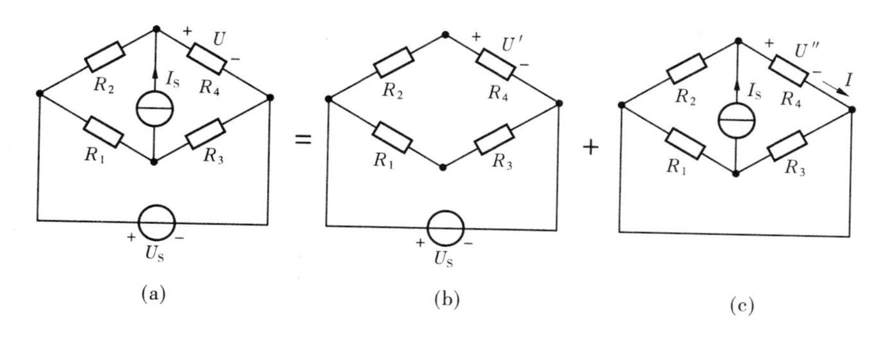

图 2-22 例 2-12 图

在图 2-22(b) 中由分压关系有 $U' = \dfrac{R_4}{R_2 + R_4} U_S$

在图 2-22(c) 中由分流关系有 $I = \dfrac{R_2}{R_2 + R_4} I_S$，则

$$U'' = R_4 I = \frac{R_2 R_4}{R_2 + R_4} I_S$$

因此

$$U = U' + U'' = \frac{R_4}{R_2 + R_4} U_S + \frac{R_2 R_4}{R_2 + R_4} I_S = \frac{R_4}{R_2 + R_4}(U_S + R_2 I_S)$$

【工程实例】 封装好的电路如图 2-23 所示，已知下列实验数据：当 $u_S = 1$ V，$i_S = 1$ A 时，响应 $i = 2$ A；当 $u_S = -1$ V，$i_S = 2$ A 时，响应 $i = 1$ A。求 $u_S = -3$ V，$i_S = 5$ A 时，响应 i 为多少？

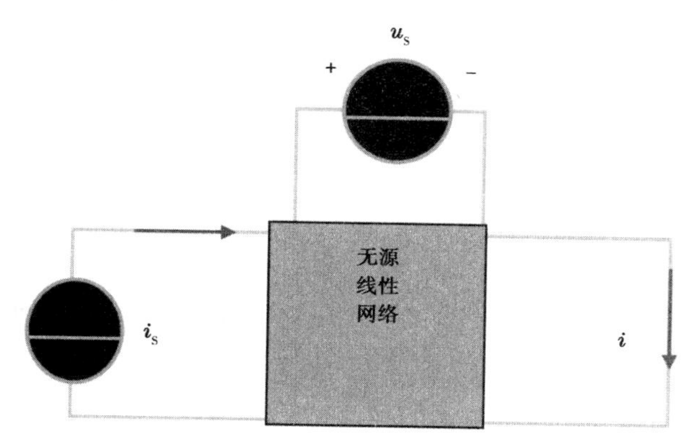

图 2-23 叠加定理应用实例

解：根据叠加定理，有 $i = k_1 i_S + k_2 u_S$，代入实验数据，得

$$\left.\begin{aligned} k_1 + k_2 &= 2 \\ 2k_1 - k_2 &= 1 \end{aligned}\right\}$$

解得：$k_1 = 1$，$k_2 = 1$。

则有

$$i = 1 \times u_S + 1 \times i_S = -3 + 5 = 2(\text{A})$$

学习单元七　戴维南定理

实际工程中，常常碰到只需研究某一支路的电压、电流或功率的问题。对所研究的支路来说，电路的其余部分就成为一个有源二端网络，可等效变换为较简单的含源支路(电压源与电阻串联或电流源与电阻并联支路)，使分析和计算简化。戴维南定理正是给出了等效含源支路及其计算方法。

一、戴维南定理的概念

戴维南定理指出：任一线性含独立电源的二端网络，对外电路而言，总可以等效为一个理想电压源与电阻串联的电压源模型，该理想电压源的电压等于原二端网络端口处的开路电压 U_{oc}，其串联电阻的阻值等于原二端网络去掉内部独立电源之后，从端口处得到的等效电阻 R_0。

戴维南定理可用图形描述，如图 2-24 所示。其中 R_0 的计算方法，我们主要采用设二端网络内所有独立电源为零(电压源用短路代替，电流源用开路代替)，用电阻串、并联或三角形与星形网络等效变换加以简化，从而求出 R_0 的数值。

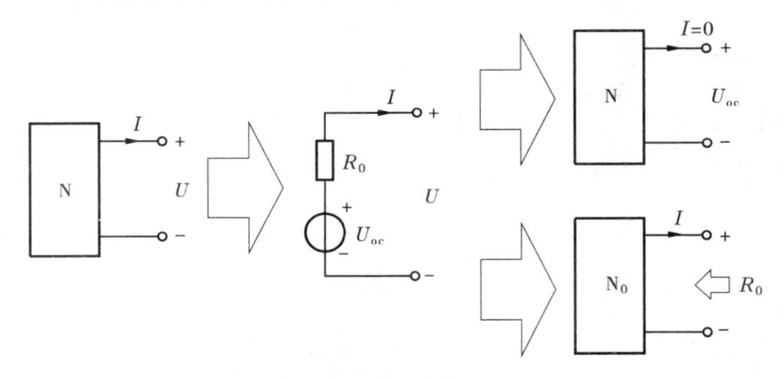

图 2-24　戴维南定理图示

二、戴维南定理的应用

戴维南定理常用来分析电路中某一支路的电流和电压。其解题步骤可归纳为：

(1)将待求支路与原有源二端网络分离，对断开的两个端钮分别标以记号(如 A、B)。

(2)对有源二端网络求解其开路电压 U_{oc}。

(3)把有源二端网络进行除源处理(恒压源短路、恒流源开路)，对无源二端网络求其入端电阻 R_0。

(4)让开路电压等于等效电源的 U_S，入端电阻等于等效电源的内阻 R_0，则利用戴维南等效电路求出。此时再将断开的待求支路接上，最后根据欧姆定律或分压、分流关系求出电路的待求响应。

【例 2-13】　求图 2-25(a)所示电路的戴维南等效电路。

解：在图 2-25(a)所示电路中求 a、b 两点的开路电压 U_{oc} 时，可以用前面介绍的支路电流法、网孔电流法、节点电压法、叠加定理等进行，考虑简便计算，采用叠加法，仅涉及常用的分压、分流关系即可,无须列写电路方程组解方程。

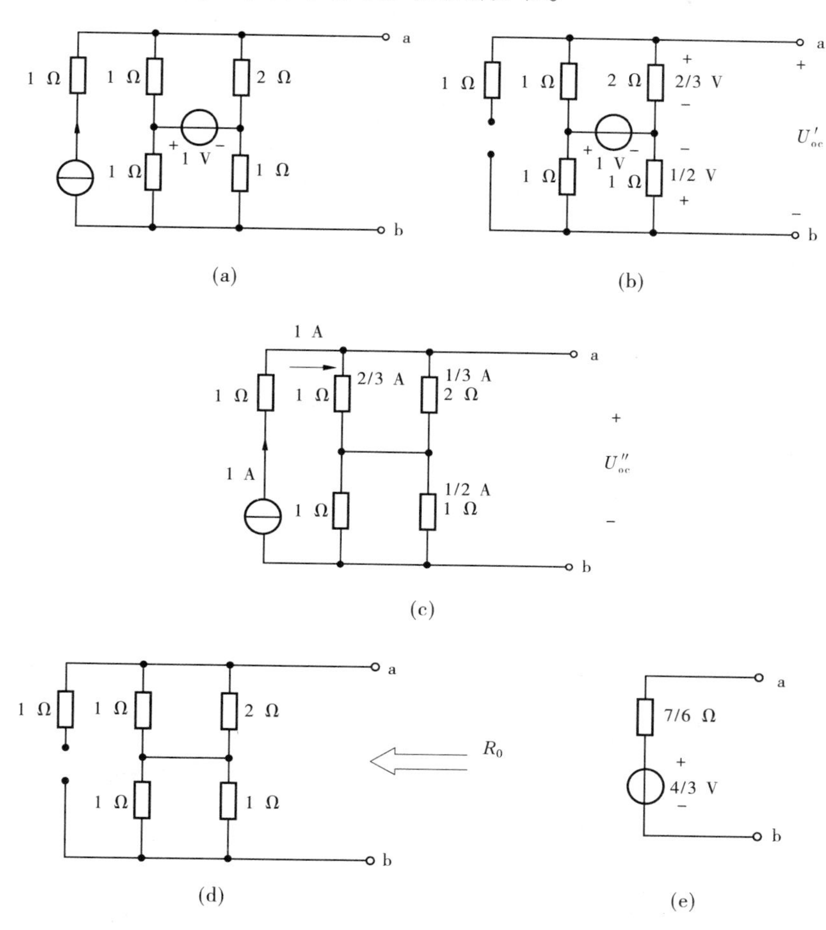

图 2-25　例 2-13 图

当 1 V 电压源单独作用时,如图 2-25(b)所示,利用分压公式有

$$U'_{oc} = \frac{2}{3} - \frac{1}{2} = \frac{1}{6}(\text{V})$$

当 1 A 电流源单独作用时,如图 2-25(c)所示,利用分流公式有

$$U''_{oc} = 2 \times \frac{1}{3} + \frac{1}{2} \times 1 = \frac{7}{6}(\text{V})$$

当 1 V 电压源和 1 A 电流源共同作用时,如图 2-25(a)所示,由叠加定理得

$$U_{oc} = U'_{oc} + U''_{oc} = \frac{4}{3}\ \text{V}$$

在图 2-25(a)所示电路中令独立源为零时,便成为图 2-25(d)所示的无源电阻网络,等效电阻为

$$R_0 = \frac{7}{6}\ \Omega$$

所以,图 2-25(a)所示的戴维南等效电路应如图 2-25(e)所示。

学习单元八　受控源　（选学）

前面提到的电源如发电机和电池，因能独立地为电路提供能量，所以被称为独立电源。而有些电路元件，如晶体管、运算放大器、集成电路等，虽不能独立地为电路提供能量，但在其他信号控制下仍然可以提供一定的电压或电流，这类元件被称为受控电源（受控源）。

受控电源提供的电压或电流由电路中其他元件（或支路）的电压或电流控制。

如图 2-26 所示，受控电源按控制量和被控制量的关系分为四种类型：电压控制电压源（VCVS）、电压控制电流源（VCCS）、电流控制电压源（CCVS）、电流控制电流源（CCCS）。

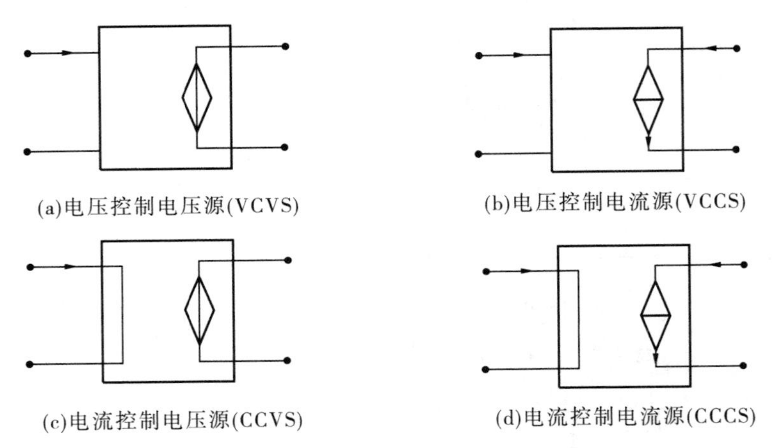

图 2-26　受控电源分类

注意：判断电路中受控电源的类型时，应看它的符号形式，而不应以它的控制量作为判断依据。图 2-27 所示电路中，由符号形式可知，电路中的受控电源为电流控制电压源，大小为 $10I$，其单位为伏特而非安培。

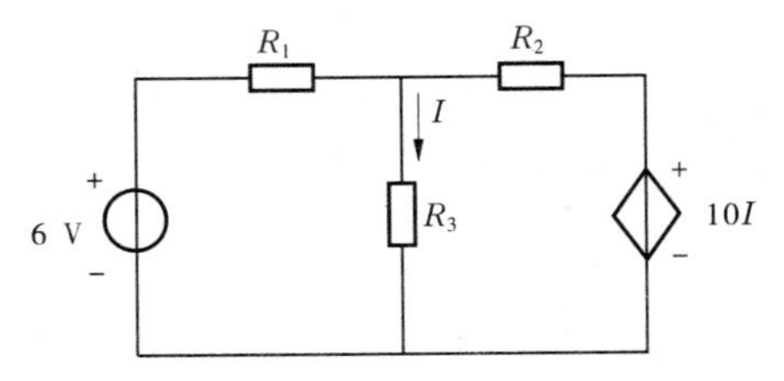

图 2-27　含有受控源的电路

小　结

1. 电阻串联可以等效为一个电阻，即

$$R = \sum_{k=1}^{n} R_k$$

其分压公式为

$$U_k = R_k I = \frac{R_k}{R} U$$

电阻并联可以等效为一个电阻，即

$$\frac{1}{R} = \sum_{k=1}^{n} \frac{1}{R_k} \quad 或 \quad G = \sum_{k=1}^{n} G_k$$

其分流公式为

$$I_k = G_k U = \frac{G_k}{G} I = \frac{R}{R_k} I$$

2. 星形与三角形连接的电阻可以等效变换，在对称情况下有

$$R_Y = \frac{R_\triangle}{3} \quad 或 \quad R_\triangle = 3R_Y$$

3. 分析方法

支路电流法。若电路有 b 条支路、n 个节点和 m 个网孔，则将有 $n-1$ 个独立的 KCL 方程和 m 个独立的 KVL 方程，并且 $b=(n-1)+m$。

网孔电流法。以网孔电流为未知量列写 KVL 方程，有 m 个网孔的独立方程数为 $b-(n-1)$。

节点电压法。以独立节点对参考节点的电压（称为节点电压）为网络变量（未知量）求解电路的方法。有 n 个节点就列 $n-1$ 个独立的 KCL 方程。

支路电流法、网孔电流法和节点电压法的比较：

（1）方程数的比较见表 2-1。

表 2-1　方程数的比较

分析方法	KCL 方程	KVL 方程	方程总数
支路电流法	$n-1$	$b-(n-1)$	b
网孔电流法	0	$b-(n-1)$	$b-(n-1)$
节点电压法	$n-1$	0	$n-1$

（2）对于非平面电路，选独立回路不容易，而选独立节点较容易。

（3）网孔电流法、节点电压法易于编程。目前用计算机分析网络（电网、集成电路设计等），采用节点电压法较多。

4. 叠加定理

对于线性电路，任一瞬间、任一处的电流或电压响应，恒等于各个独立电源单独作用时在该处产生响应的代数和。

5. 戴维南定理

任一线性含独立电源的二端网络，对外电路而言，总可以等效为一个理想电压源与电

阻串联构成的实际电源的电压源模型，此实际电源的理想电压源参数等于原二端网络端口处的开路电压 U_{oc}，其串联电阻的阻值等于原二端网络去掉内部独立电源之后，从端口处得到的等效电阻 R_0。

6. 受控源的概念及分类

电压或电流受另一支路电压或电流控制的电源，称为非独立电源或受控源。

根据控制量是电压还是电流，受控的是电压源还是电流源，受控源有以下四种基本形式：电压控制电压源（VCVS）、电压控制电流源（VCCS）、电流控制电压源（简称 CCVS）、电流控制电流源（CCCS）。

习　题

2-1　试求图 2-28 所示的各电路的等效电阻。

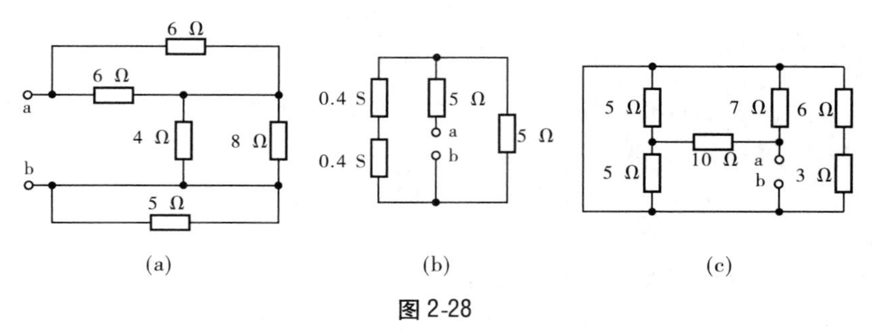

图 2-28

2-2　试求图 2-29 所示电路中开关 S 断开和闭合时的输入电阻 R_{ab}。

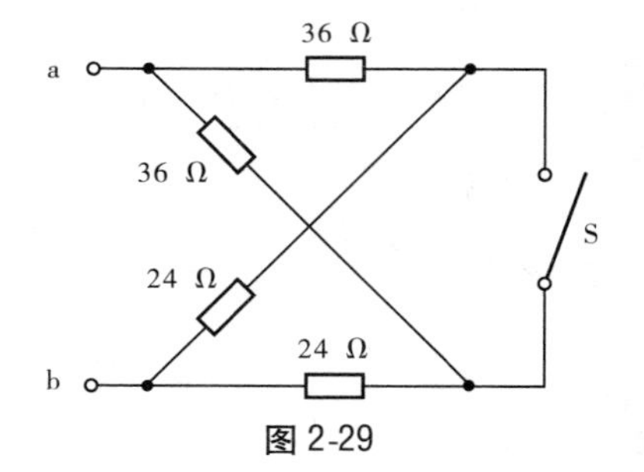

图 2-29

2-3　如图 2-30 所示电路应用哪种方法进行求解最为简便？为什么？

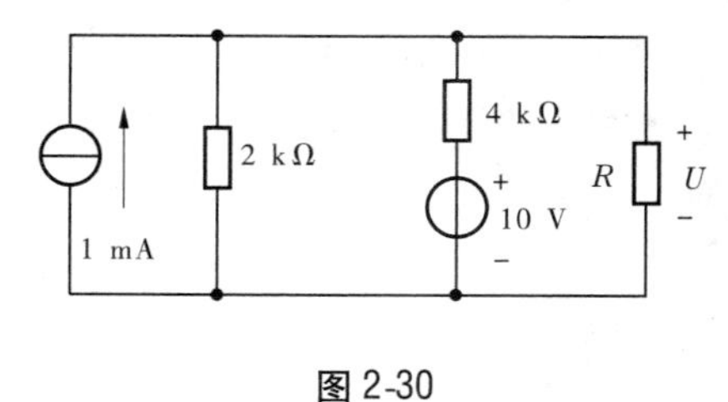

图 2-30

2-4　试述戴维南定理的求解步骤。如何把一个有源二端网络化为一个无源二端网络？在此过程中，有源二端网络内部的电压源和电流源应如何处理？

2-5　已知图 2-31 所示电路中电压 $U=4.5$ V，试应用已经学过的电路求解法求电阻 R。

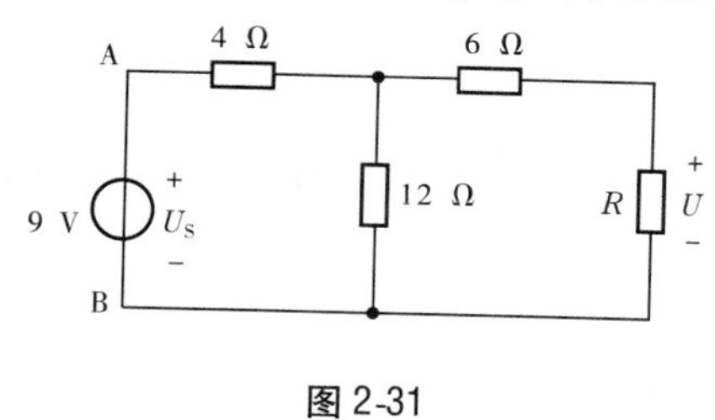

图 2-31

2-6　求解图 2-32 所示电路的戴维南等效电路。

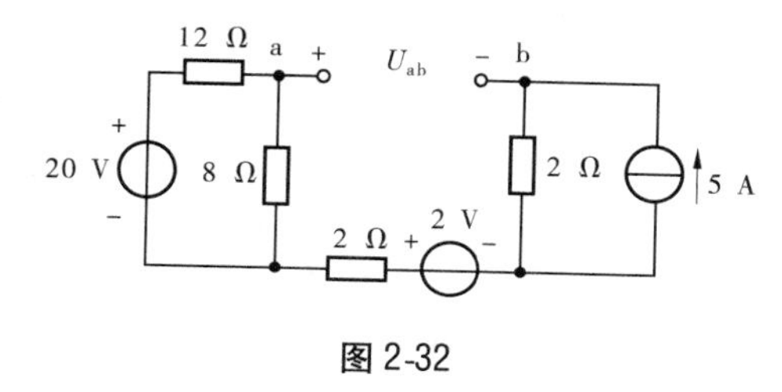

图 2-32

2-7　试用叠加定理求解图 2-33 所示电路中的电流 I。

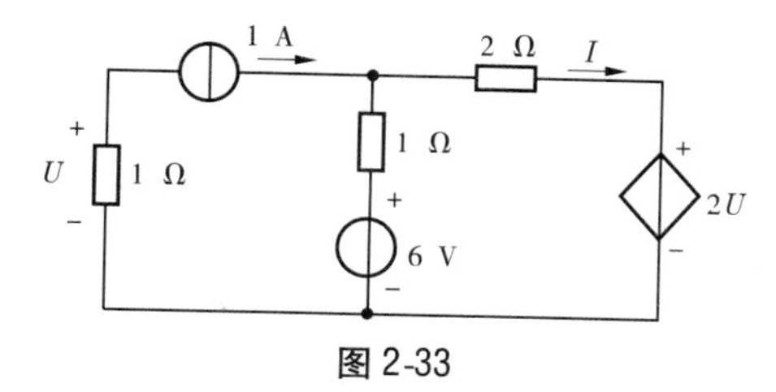

图 2-33

2-8　列出图 2-34 所示电路的节点电压方程。

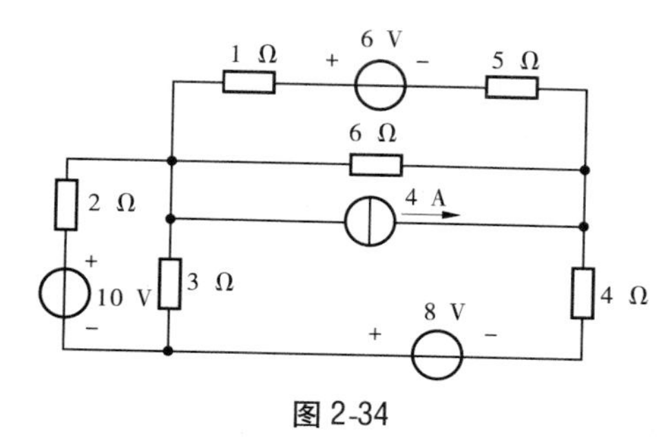

图 2-34

模块三 正弦交流电路

目的和要求：熟练掌握正弦交流电的三要素以及相量表示法；掌握正弦交流电路中电阻、电感、电容元件、RLC串并联电路以及正弦交流电路的分析方法；熟练掌握电路谐振的特点以及谐振条件；熟悉含有耦合电感的正弦交流电路。

正弦交流电路是指电压、电流均为时间的正弦函数的电路。由于交流电可以通过变压器改变电压，而正弦函数又具有其他函数所不具有的一些优点，因此在生产及生活中广泛地使用着正弦交流电。

这一模块主要介绍正弦交流电路的基本概念和基本分析方法以及特殊电路的特点。

学习单元一 正弦量的基本概念

一、正弦量的三要素

随时间按正弦函数规律变化的电压、电流统称正弦量，其变化的幅度、快慢及初始值分别由幅值、角频率和初相位这三要素来确定。

（一）幅值

正弦量在任一瞬间的值称为瞬时值，其中最大的值称为幅值或最大值，用大写字母带下标 m 表示，如 I_m、U_m 分别表示电流、电压的幅值。图 3-1 是正弦电流的波形，它的解析式为

$$i = I_m \sin(\omega t + \theta) \qquad (3\text{-}1)$$

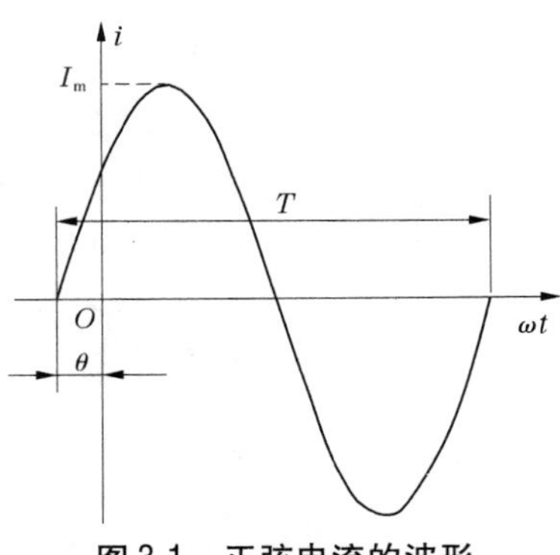

图 3-1 正弦电流的波形

（二）角频率

正弦量在单位时间内变化的弧度数称为角频率，用 ω 表示。正弦量在一个周期 T 内变化了 2π 弧度，所以：

$$\omega = 2\pi f \qquad (3\text{-}2)$$

式中，f 为正弦量的频率，$f=\frac{1}{T}$。

角频率的 SI 单位为弧度每秒（rad/s）。

【例 3-1】 试求工频($f=50$ Hz)正弦量的周期及角频率。

解:

$$T = \frac{1}{f} = \frac{1}{50} = 0.02(\mathrm{s})$$

$$\omega = 2\pi f = 2 \times 3.14 \times 50 = 314(\mathrm{rad/s})$$

(三)初相

式(3-1)中的 $\omega t+\theta$ 称为正弦量的相位或相位角,它表示正弦量变化的进程。其中 θ 为 $t=0$ 时的相位,即

$$\theta = (\omega t + \theta)\big|_{t=0} \tag{3-3}$$

θ 称为初相位或初相。通常规定 $|\theta| \leqslant \pi$。选择不同的计时起点,正弦量的初相可以不同。如果选择正弦量由负值向正值变化之间,瞬时值为零的瞬间为计时起点,则初相 $\theta=0$,其波形如图 3-2 所示,解析式为 $i=I_m\sin\omega t$。

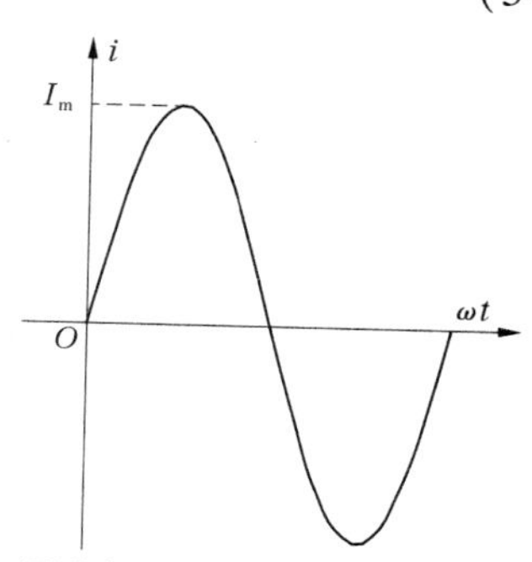

图 3-2 初相为零的正弦波形

【例 3-2】 已知正弦量 $u=10\sin(314t+210°)$ V,$i=-20\sin(100t+45°)$ A,试求正弦量的三要素。

解: $u=10\sin(314t+210°)=10\sin(314t-150°)$ V

$U_m=10$ V, $\omega=314$ rad/s, $\theta_u=-150°$

$i=-20\sin(100t+45°)=20\sin(100t-135°)$ A

$I_m=20$ A,$\omega=100$ rad/s,$\theta_i=-135°$

二、正弦量的相位差

两个同频率的正弦量,比如:

$$i_1 = I_{m1}\sin(\omega t + \theta_1)$$

$$i_2 = I_{m2}\sin(\omega t + \theta_2)$$

它们之间的相位之差称为相位差,用 φ 表示,则

$$\varphi = (\omega t + \theta_1) - (\omega t + \theta_2) = \theta_1 - \theta_2 \tag{3-4}$$

即两个同频率正弦量的相位差,等于它们的初相之差。通常规定 $|\varphi| \leqslant \pi$。

如果 $\varphi>0$,则称为 i_1 超前 i_2,超前的角度为 φ。它表示 i_1 先于 i_2 一段时间(φ/ω)达到零值或最大值(见图 3-3),也可以称为 i_2 滞后于 i_1。

如果 $\varphi=0$,则称为 i_1 与 i_2 同相,如图 3-4(a)所示。

如果 $\varphi<0$,则称为 i_1 滞后 i_2,滞后的角度为 $|\varphi|$。

如果 $\varphi=\frac{\pi}{2}$,则称为 i_1 与 i_2 正交,如图 3-4(b)所示。

如果 $\varphi=\pi$,则称为 i_1 与 i_2 反相,如图 3-4(c)所示。

【例 3-3 】 已知 $u=311\sin(\omega t+60°)$ V,$i=14.1\sin(\omega t-150°)$ A,试问哪一个正弦量超前?超前多少角度?

解:

$$\varphi=\theta_u-\theta_i=60°-(-150°)=210°$$

与 210°角终边相同且绝对值不超过 180°的角为 $-360°+210°=-150°$,所以 i 超前

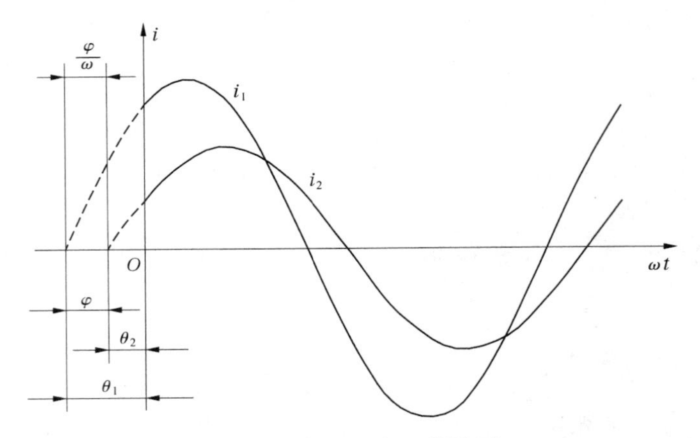

图 3-3　电流 i_1 和 i_2 的波形

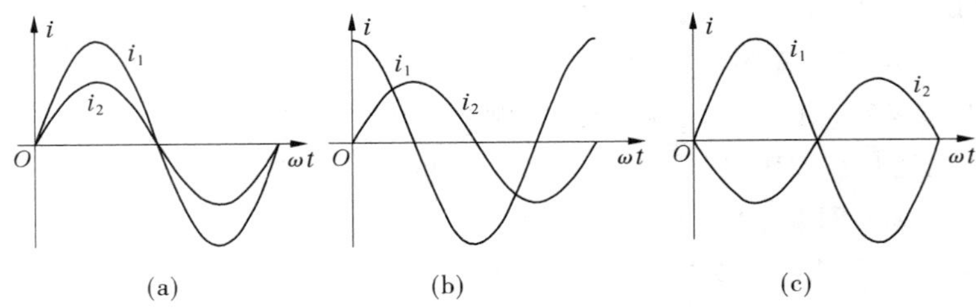

图 3-4　不同相位关系时的电流波形

u,超前的角度为 150°。

学习单元二　有效值

一、周期量的有效值

周期量是指那些随时间周期性变化的电压和电流。假定周期电流 i 和直流电流 I 分别通过两个相同的电阻 R,如果在相同的时间 T(周期电流的周期)内产生的热量相等,则把直流电流 I 的数值称为周期电流的有效值,用大写字母表示。

直流电流在时间 T 内产生的热量为

$$Q = I^2RT$$

周期电流在时间 T 内产生的热量为

$$Q = \int_0^T i^2R\mathrm{d}t$$

如果要两个电流产生的热量相等,即

$$I^2RT = \int_0^T i^2R\mathrm{d}t$$

则周期电流的有效值为

$$I = \sqrt{\frac{1}{T}\int_0^T i^2\mathrm{d}t} \tag{3-5}$$

亦即周期电流的方均根值。同理，周期电压的有效值为

$$U = \sqrt{\frac{1}{T}\int_0^T u^2 \mathrm{d}t} \tag{3-6}$$

二、正弦量的有效值

将正弦电流 $i = I_m \sin\omega t$ 代入式(3-5)，可得

$$\begin{aligned} I &= \sqrt{\frac{1}{T}\int_0^T I_m^2 \sin^2\omega t \mathrm{d}t} = \sqrt{\frac{I_m^2}{T}\int_0^T \frac{1}{2}(1-\cos 2\omega t)\mathrm{d}t} \\ &= \frac{I_m}{\sqrt{2}} \end{aligned} \tag{3-7}$$

同理，正弦电压的有效值为

$$U = \frac{U_m}{\sqrt{2}} \tag{3-8}$$

通常是用有效值来计算正弦电压、电流的，比如交流测量仪表指示的电压或电流均为有效值，电气设备铭牌上的额定值也是指有效值。

【例 3-4】 一正弦电流的初相为 30°，有效值为 5 A，试求它的解析式。

解：

$$I_m = \sqrt{2}I = 5\sqrt{2}\ (\mathrm{A})$$

$$i = 5\sqrt{2}\sin(\omega t + 30°)\ \mathrm{A}$$

学习单元三　正弦量的相量表示法

借助于复数，可简化正弦交流电路的分析计算。因此，先扼要地复习复数的相关知识，再介绍怎样用复数（相量）表示正弦量。

一、复数

（一）复数的表示形式

1. 代数形式

复数 A 可表示为 $A = a + \mathrm{j}b$，式中实数 a 称为实部，实数 b 称为虚部，$\mathrm{j} = \sqrt{-1}$ 称为虚数单位（即为数学中的 i）。

以直角坐标系的横轴为实轴、纵轴为虚轴，该坐标系所在的平面称为复平面。复平面上的点与复数一一对应。复数 $A = a_1 + \mathrm{j}b_1$ 所对应的为图 3-5 中的 A 点，而图 3-5 中的 B 点对应的复数 $B = a_2 + \mathrm{j}b_2$。

复数还与复平面上的矢量一一对应。复数 $A = a + \mathrm{j}b$ 可用图 3-6 中的 OA 矢量表示。矢量的长度 r 称为复数的模，矢量和正实轴的夹角 θ 称为复数的辐角。可以得到：

$$r = \sqrt{a^2 + b^2}, \quad \tan\theta = \frac{b}{a} \tag{3-9}$$

$$a = r\cos\theta, \quad b = r\sin\theta \tag{3-10}$$

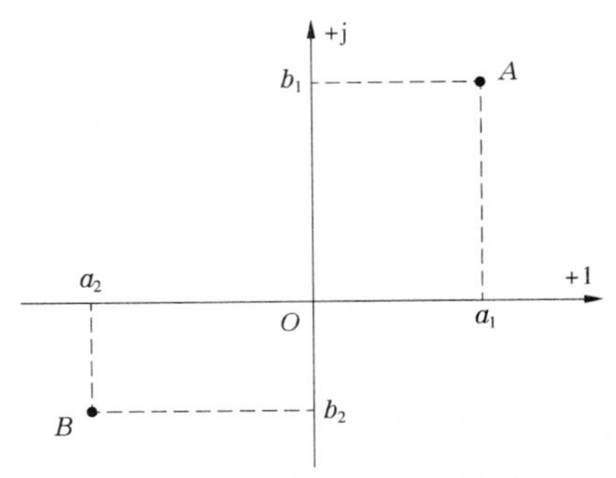

图 3-5 复数与复平面上点的关系

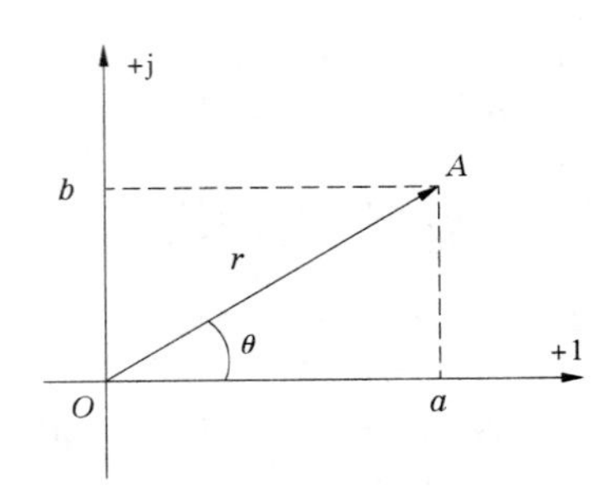

图 3-6 复数的矢量表示

2. 指数形式

由欧拉公式 $e^{j\theta} = \cos\theta + j\sin\theta$ 可得

$$A = a + jb = r\cos\theta + jr\sin\theta = re^{j\theta}$$

即复数的指数形式为

$$A = re^{j\theta}$$

3. 极坐标形式

复数的指数形式可以简写为

$$A = r\angle\theta$$

即为复数的极坐标形式。

(二)复数的加减运算

复数的加减运算必须用代数形式来进行。设

$$A = a_1 + jb_1, \quad B = a_2 + jb_2$$

则有

$$A \pm B = (a_1 \pm a_2) + j(b_1 \pm b_2) \tag{3-11}$$

复数的加减运算也可以用矢量相加减的平行四边形法则或三角形法则用作图法进行,如图 3-7 所示。

(三)复数的乘除运算

复数的乘除运算用极坐标形式来进行。设

$$A = r_1\angle\theta_1, \quad B = r_2\angle\theta_2$$

则有

$$AB = r_1\angle\theta_1 r_2\angle\theta_2 = r_1 r_2\angle(\theta_1 + \theta_2) \tag{3-12}$$

$$\frac{A}{B} = \frac{r_1\angle\theta_1}{r_2\angle\theta_2} = \frac{r_1}{r_2}\angle(\theta_1 - \theta_2) \tag{3-13}$$

【例 3-5】 已知 $A=6+j8$,$B=8-j6$,试求 $A+B$,AB。

解:

$$A+B=(6+j8)+(8-j6)=14+j2$$

$$AB=10\angle 53.1^\circ \times 10\angle -36.9^\circ = 100\angle 16.2^\circ$$

二、正弦量的相量表示法

要表示正弦量 $i=I_m\sin(\omega t+\theta)$,可在复平面上作一矢量 OA,其长度按比例等于该正

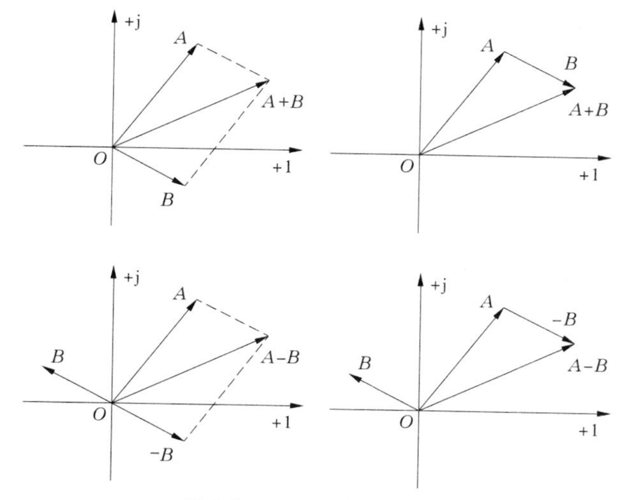

图 3-7　复数加减的矢量图

弦量的幅值 I_m，矢量与正实轴的夹角等于初相 θ，假定矢量以 ω 为角速度绕坐标原点逆时针方向旋转，如图 3-8 所示。这个旋转矢量于各个时刻在纵轴上的投影即该时刻正弦量的瞬时值。这样一来，这个反映了正弦量三要素的旋转矢量便可以完整地表示一个正弦量。考虑到电路中电源的角频率通常是已知的，不必用矢量反映，因此便可用起始位置的矢量来表示正弦量。起始位置的矢量又与一个复数 $I_m\angle\theta$ 对应，因此正弦量 i 便可对应地用复数 $I_m\angle\theta$ 来表示。

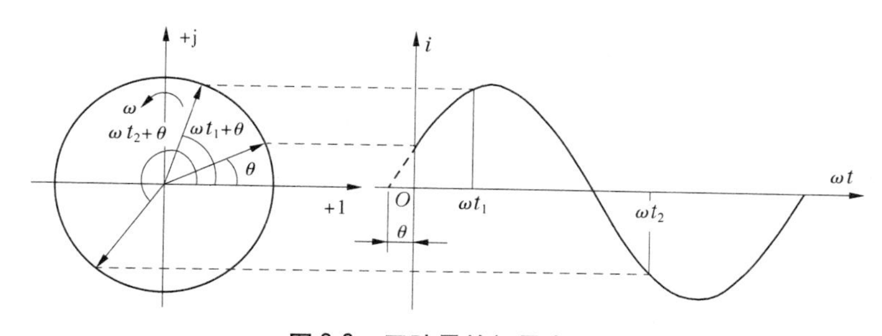

图 3-8　正弦量的相量表示

由于经常用正弦量的有效值，所以便用复数 $I\angle\theta$ 代替复数 $I_m\angle\theta$ 来表示正弦量 i。这个复数的模等于正弦量的有效值，辐角等于正弦量的初相，称它为该正弦量的相量。用正弦量的大写字母加一圆点“·”表示，如 $\dot{I}=I\angle\theta_i$，$\dot{U}=U\angle\theta_u$。

表示正弦量的相量既然是一个复数，自然可在复平面上用图形表示，这样的图形称为相量图。

【例 3-6】　试用相量表示 $u=220\sqrt{2}\sin(\omega t-60^\circ)$ V，$i=10\sin(\omega t+45^\circ)$ A，并绘出相量图。

解：$\dot{U}=220\angle-60^\circ$ V

$\dot{I}=5\sqrt{2}\angle45^\circ$ A

相量图如图 3-9 所示。

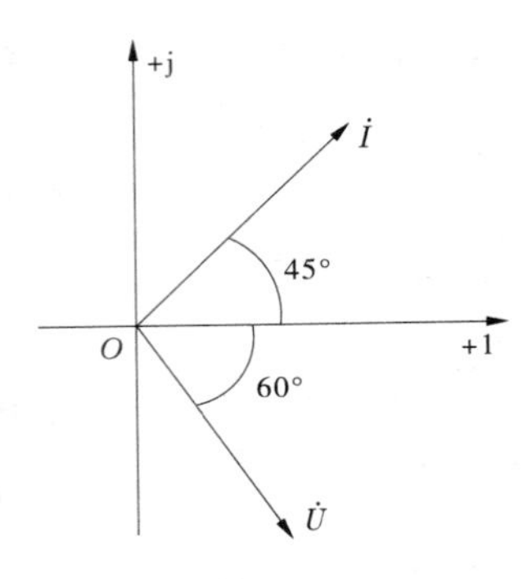

图 3-9 例 3-6 相量图

【例 3-7】 两工频正弦电流的相量 $\dot{I}_1=10\angle 60°$ A，$\dot{I}_2=5\angle-30°$A，试求两电流的解析式。

解：

$$\omega=2\pi f=2\pi\times 50=100\pi(\text{rad/s})$$

$$i_1=\sqrt{2}I_1\sin(\omega t+\theta_1)=10\sqrt{2}\sin(100\pi t+60°)\ \text{A}$$

$$i_2=\sqrt{2}I_2\sin(\omega t+\theta_2)=5\sqrt{2}\sin(100\pi t-30°)\ \text{A}$$

三、同频率正弦量的和与差

可以证明，同频率正弦量的和与差仍为同频率正弦量，其和与差的相量等于正弦量相量的和与差。如：

$$i_1=\sqrt{2}I_1\sin(\omega t+\theta_1)$$

$$i_2=\sqrt{2}I_2\sin(\omega t+\theta_2)$$

$$i=i_1\pm i_2$$

则表示 i 的相量为

$$\dot{I}=\dot{I}_1\pm\dot{I}_2$$

式中，$\dot{I}_1$、$\dot{I}_2$ 分别表示 i_1、i_2 的相量。

【例 3-8】 已知 $u_1=70.7\sqrt{2}\sin(\omega t+45°)$ V，$u_2=42.4\sqrt{2}\sin(\omega t-30°)$ V，试求 $u=u_1+u_2$，并绘出相量图。

解：$\dot{U}_1=70.7\angle 45°$ V，$\dot{U}_2=42.4\angle-30°$ V

$$\dot{U}=\dot{U}_1+\dot{U}_2=70.7\angle 45°+42.4\angle-30°$$

$$=(50+\text{j}50)+(36.7-\text{j}21.2)$$

$$=86.7+\text{j}28.8=91.4\angle 18.4°(\text{V})$$

$$u=91.4\sqrt{2}\sin(\omega t+18.4°)\text{V}$$

相量图如图 3-10 所示。

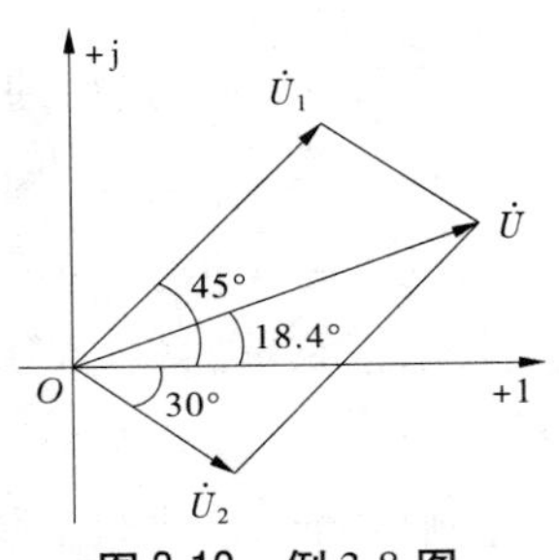

图 3-10 例 3-8 图

学习单元四　正弦电路中的电阻元件

正弦交流电路通常包含了电阻元件、电感元件和电容元件，因此要介绍这三类元件在正弦电路中的情况，本单元先介绍电阻元件。

一、电压与电流关系

如图 3-11 所示，如：

$$i = \sqrt{2}I\sin(\omega t + \theta_i)$$

则

$$u = Ri = R\sqrt{2}I\sin(\omega t + \theta_i)$$

又由

$$u = \sqrt{2}U\sin(\omega t + \theta_u)$$

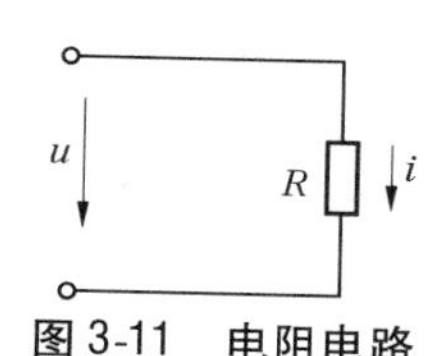

图 3-11　电阻电路

可得以下关系：

$$U = IR,\qquad \theta_u = \theta_i$$

可见电压与电流同相。将以上关系写成相量形式，可得

$$\dot{U} = U\angle\theta_u = RI\angle\theta_i = R\dot{I}$$

或

$$\dot{U} = R\dot{I} \tag{3-14}$$

也可写成：

$$\dot{I} = G\dot{U} \tag{3-15}$$

图 3-12 画出了电阻中电压、电流的波形图和相量图（可省去坐标轴不画）。

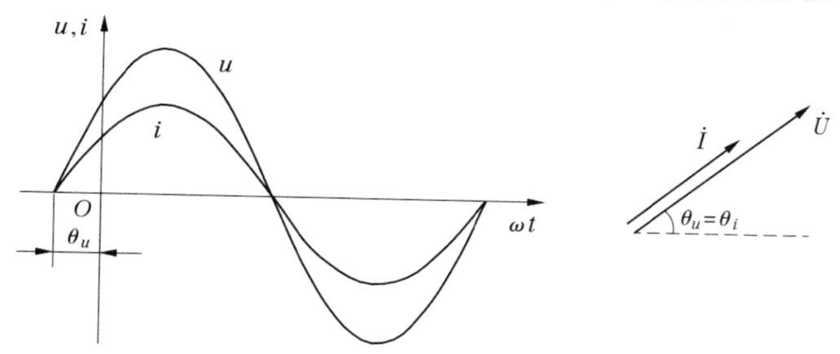

图 3-12　电阻中电压、电流的波形图和相量图

二、功率

在正弦电路中，电路的功率随时间变化，这个随时间变化的功率称为瞬时功率，用小写字母 p 表示。于是

$$p = ui \tag{3-16}$$

代入 u、i 的解析式（设 $\theta_u = \theta_i = 0$），可得电阻元件的瞬时功率：

$$p = ui = \sqrt{2}U\sin\omega t\sqrt{2}I\sin\omega t = 2UI\sin^2\omega t = UI(1-\cos 2\omega t) \tag{3-17}$$

画出曲线如图 3-13 所示。整个曲线在横轴的上方，正如同式（3-17）所表明的那样，

$p \geqslant 0$。因此，电阻是耗能元件。

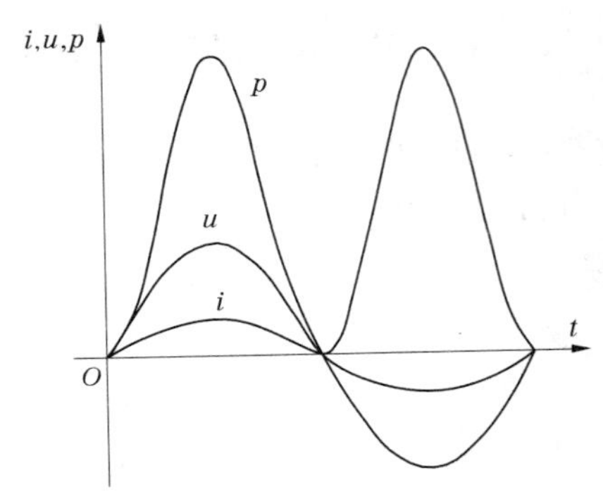

图 3-13 电阻中的功率曲线

瞬时功率在一周期内的平均值，称为平均功率，用大写字母 P 表示，即

$$P = \frac{1}{T}\int_0^T p\mathrm{d}t \tag{3-18}$$

代入式(3-17)，可得

$$P = \frac{1}{T}\int_0^T UI(1 - \cos 2\omega t)\mathrm{d}t = \frac{1}{T}\int_0^T UI\mathrm{d}t - \frac{1}{T}\int_0^T UI\cos 2\omega t\mathrm{d}t = UI$$

代入 $U = RI$ 或 $I = \frac{U}{R}$ 可得

$$P = UI = I^2R = \frac{U^2}{R} \tag{3-19}$$

平均功率反映了电路实际消耗电能的情况，所以又称为有功功率，或简称功率。

【例 3-9】 $R = 50\ \Omega$ 的电阻，它两端的电压 $u = 50\sqrt{2}\sin(\omega t - 45°)$ V，试求：

(1) 通过电阻 R 的电流 i（i 与 u 的参考方向相同）；

(2) 电阻 R 的功率 P；

(3) 作电压、电流的相量图 。

解：(1) $\dot{I} = \frac{\dot{U}}{R} = \frac{50\angle -45°}{50} = 1\angle -45°(\mathrm{A})$

所以

$$i = \sqrt{2}\sin(\omega t - 45°)\mathrm{A}$$

(2) $P = UI = 50 \times 1 = 50(\mathrm{W})$ 或 $P = I^2R = 1^2 \times 50 = 50(\mathrm{W})$

(3) 相量图如图 3-14 所示。

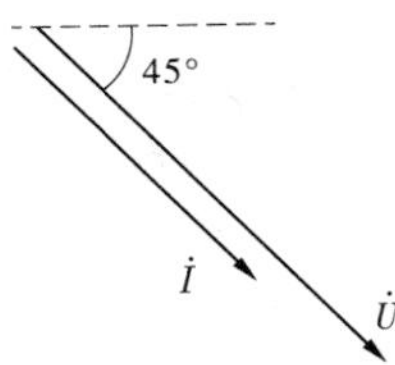

图 3-14 例 3-9 图

学习单元五 正弦电路中的电感元件

在讨论电感元件在正弦交流电路中的情况前，本学习单元先定义电感元件，再介绍它的基本电磁性能。

一、电感

电感元件是实际线圈的理想化模型，即假定它是由无阻导线绕制而成的线圈。通以电流后，在线圈内部产生磁场，形成与线圈交链的磁链，并储存磁场能量。这样，就可用一个理想的二端元件——电感元件来模拟实际线圈，该元件的性能就是储存磁场能量。

如果电感元件的电流 i 与磁链 Ψ 的方向符合右手螺旋法则，电流与磁链的大小呈正比关系，则称为线性电感元件，其比例系数为

$$L = \frac{\Psi}{i} \tag{3-20}$$

L 为一常数，称为线性电感元件的电感。式中磁链的 SI 单位是韦伯(Wb)，电感的 SI 单位是亨利(H)。

线性电感元件又简称电感，其图形符号如图 3-15 所示。除非特别指出，否则本书中出现的电感元件都是线性电感元件。

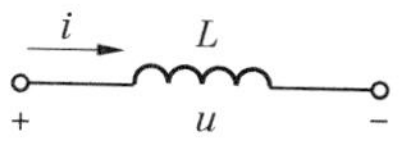

图 3-15　电感元件

二、电压与电流关系

由电磁感应定律可知，当电感元件的磁链 Ψ 随产生它的电流 i 变化时，会在元件两端产生感应电压 u。如选择 u、i 的参考方向相关联(见图 3-15)，i、Ψ 的参考方向符合右手螺旋法则，则

$$\Psi = Li$$

$$u = \frac{\mathrm{d}\Psi}{\mathrm{d}t} = L\frac{\mathrm{d}i}{\mathrm{d}t} \tag{3-21}$$

式(3-21)表明，电感元件的电压正比于电流的变化率，只要电流变化，电压就不会为零。在直流电路中，电感元件中的电流不变，所以电压为零，这时电感元件相当于短路。

三、磁场能量

在电感元件中，由电流产生的磁场能够储存磁场能量，这些能量由电感元件从电路中吸收的电能转变而来。在电压和电流的关联参考方向下，电感元件吸收的功率为

$$p = ui = L\frac{\mathrm{d}i}{\mathrm{d}t}i$$

在 $\mathrm{d}t$ 时间内，电感元件吸收的能量为

$$\mathrm{d}W_L = P\mathrm{d}t = Li\mathrm{d}i$$

当电流从零增大到 i 时，它吸收的能量总共为

$$W_L = \int_0^i Li\mathrm{d}i = \frac{1}{2}Li^2 \tag{3-22}$$

就是这些能量转变为磁场能量由电感元件所储存。式中 L、i 的单位分别为 H、A，则 W_L 的单位为 J。

式(3-22)表明，电感元件所储存的能量随电流变化，当电流增加时，它的储能就增加，它从外部吸收能量；当电流减少时，它的储能就减少，它向外部释放能量。它能够释放的能量等于它所吸收的能量，它并不消耗能量。所以，电感元件是一种储能元件，同时是一

种无源元件。

【例 3-10】 在图 3-16 所示的电路中，已知 $R=10\ \Omega, L=2\ \text{H}, i=4\text{e}^{-3t}-6\text{e}^{-2t}\text{A}$，试求 u。

解：电阻电压为

$$u_R = Ri = 10\times(4\text{e}^{-3t}-6\text{e}^{-2t}) = 40\text{e}^{-3t}-60\text{e}^{-2t}(\text{V})$$

电感电压为

$$u_L = L\frac{\text{d}i}{\text{d}t} = 2\times\frac{\text{d}}{\text{d}t}(4\text{e}^{-3t}-6\text{e}^{-2t}) = -24\text{e}^{-3t}+24\text{e}^{-2t}(\text{V})$$

从而

$$u = u_R+u_L = 40\text{e}^{-3t}-60\text{e}^{-2t}-24\text{e}^{-3t}+24\text{e}^{-2t} = 16\text{e}^{-3t}-36\text{e}^{-2t}(\text{V})$$

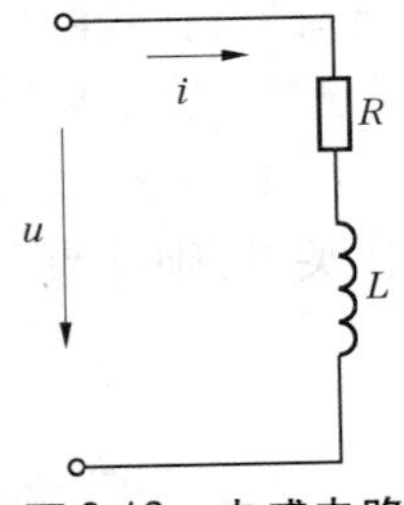

图 3-16 电感电路

四、正弦电路中电感元件的电压与电流关系

如图 3-16 所示，如：

$$i = \sqrt{2}I\sin(\omega t+\theta_i)$$

则
$$u = L\frac{\text{d}i}{\text{d}t} = \sqrt{2}\omega LI\cos(\omega t+\theta_i) = \sqrt{2}\omega LI\sin\left(\omega t+\theta_i+\frac{\pi}{2}\right)$$

又由
$$u = \sqrt{2}U\sin(\omega t+\theta_u)$$

可得以下关系：

$$U = \omega LI, \theta_u = \theta_i+\frac{\pi}{2}$$

可见，电压超前电流$\frac{\pi}{2}$弧度。

设
$$X_L = \omega L = \frac{U}{I} \tag{3-23}$$

则
$$U = IX_L$$

X_L 具有电阻的量纲，可以反映电感元件对电流的阻碍作用，称为感抗。当 L 的单位用 H、ω 的单位用 rad/s 时，X_L 的单位是 Ω，这就是 X_L 的 SI 单位。对于直流，角频率为零，感抗也就为零，电感元件相当于短路。

将以上关系写成相量形式，可得

$$\dot{U} = U\angle\theta_u = X_LI\angle\left(\theta_i+\frac{\pi}{2}\right) = I\angle\theta_iX_L\angle\frac{\pi}{2} = \text{j}X_L\dot{I}$$

或
$$\dot{U} = \text{j}X_L\dot{I} \tag{3-24}$$

图 3-17 所示为电感中电压、电流的波形图和相量图（设 $\theta_i=0$）。

五、电感元件的功率

将电感元件的电压、电流解析式（设 $\theta_i=0$）代入式(3-16)，可得元件的瞬时功率为

$$p = ui = \sqrt{2}U\sin\left(\omega t+\frac{\pi}{2}\right)\sqrt{2}I\sin\omega t = 2UI\sin\omega t\cos\omega t = UI\sin 2\omega t \tag{3-25}$$

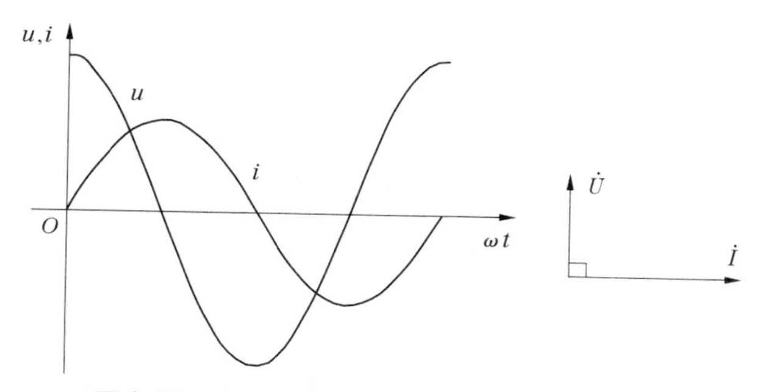

图 3-17　电感中电压、电流的波形图和相量图

这表明电感元件的瞬时功率也是时间的正弦函数，其角频率为电压或电流频率的 2 倍，功率曲线如图 3-18 所示。可以看出，在第一、三个 1/4 周期内，$p>0$，电感吸收能量；在第二、四个 1/4 周期内，$p<0$，电感释放能量。在一个周期内，吸收和释放的能量是相等的，并不消耗能量。因此，电感元件是储能元件。

电感元件的平均功率为

$$P=\frac{1}{T}\int_0^T p\mathrm{d}t=\frac{1}{T}\int_0^T UI\sin 2\omega t\mathrm{d}t=0$$

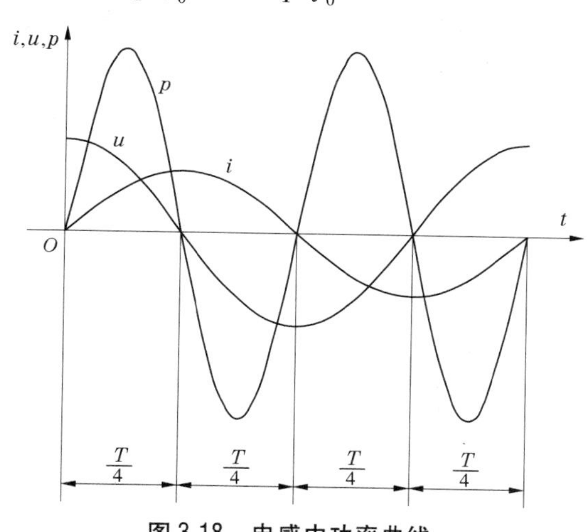

图 3-18　电感中功率曲线

为了反映电感元件与外部交换能量的规模，把电压与电流有效值的乘积称为电感元件的无功功率，用 Q_L 表示。于是：

$$Q_L=UI=I^2X_L=\frac{U^2}{X_L} \tag{3-26}$$

无功功率的 SI 单位是乏(var)，工程上也常用千乏(kvar)。

【例 3-11】　一电感 $L=2$ H，其端电压 $u=220\sqrt{2}\sin(314t-45°)$ V，试求：

(1)电感上的电流 i(i 与 u 的参考方向相同)；

(2)电感上的无功功率 Q_L；

(3)作电压、电流相量图。

解：(1)$X_L=\omega L=314\times 2=628(\Omega)$

$$\dot{I} = \frac{\dot{U}}{jX_L} = \frac{220\angle -45°}{j628} = 0.35\angle -135°(\mathrm{A})$$

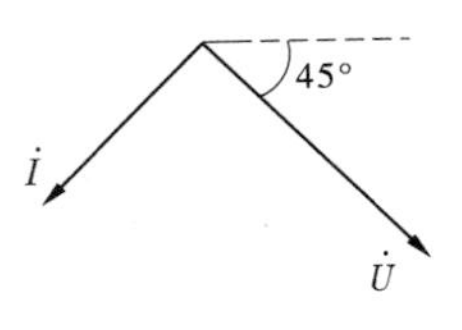

图 3-19 例 3-11 图

于是

$$i = 0.35\sqrt{2}\sin(314t - 135°)\mathrm{A}$$

(2) $Q_L = UI = 220 \times 0.35 = 77(\mathrm{var})$

(3) 相量图如图 3-19 所示。

学习单元六 正弦电路中的电容元件

介绍电容元件在正弦交流电路中的情况前,本学习单元先定义电容元件,再讨论它的基本电磁性能。

一、电容

电容元件是实际电容器的理想化模型。实际电容器由被绝缘介质隔开的两个导体(称为极板)所构成,接上电源后,极板上分别聚集起等量的异性电荷,在介质中建立起电场,并储存有电场能量。电源移去后,电荷可以继续聚集在极板上,电场继续存在。如果忽略电容器的介质损耗和漏电流,就可用一个理想的二端元件来模拟它,这个二端元件就是电容元件,它的性能就是储存电场能量。

如果用 q 表示电容元件每一极板上的电荷量,用 u 表示元件两端的电压,电压的方向规定为由正极板指向负极板,电荷量与电压大小呈正比关系,则称为线性电容元件,其比例系数为

$$C = \frac{q}{u} \tag{3-27}$$

C 为一常数,称为线性电容元件的电容。式中电荷的 SI 单位是库仑(C),电容的 SI 单位是法拉(F)。

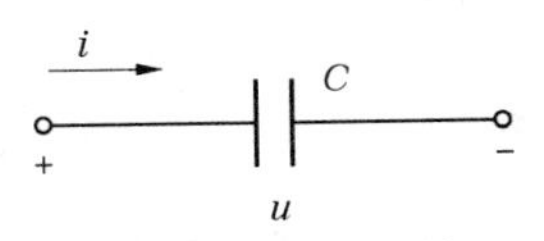

图 3-20 电容元件

线性电容元件又简称电容,其图形符号如图 3-20 所示。

除非特别指出,否则本书中所涉及的电容元件都是线性电容元件。

二、电压与电流关系

电容电路中的电流是由电容元件极板间电压 u 变化产生的。极板上的电荷随电压 u 变化,电荷的转移便产生了电流。选择电流 i 与电压 u 的参考方向相关联,如图 3-20 所示。如果在 $\mathrm{d}t$ 时间内,极板上改变的电荷量为 $\mathrm{d}q$,则

$$q = Cu$$

$$i = \frac{\mathrm{d}q}{\mathrm{d}t} = C\frac{\mathrm{d}u}{\mathrm{d}t} \tag{3-28}$$

式(3-28)表明,电容元件的电流正比于电压的变化率,只要电压变化,电路中就有电流产生。在直流电路中,电容元件的电压不随时间变化,所以电流为零,这时电容元件相

当于开路。由此可见,电容元件具有隔断直流的作用。

不论是电感元件,还是电容元件,由于它们的电压与电流关系均为导数关系,因此它们都称为动态元件。

三、电场能量

在电容元件中,由极板上的电荷建立的电场能够储存电场能量,这些能量由电容元件从电路中吸收的电能转变而来。

在电压和电流的关联参考方向下,电容元件吸收的功率为

$$p = ui = Cu\frac{\mathrm{d}u}{\mathrm{d}t}$$

在 $\mathrm{d}t$ 时间内,电容元件吸收的能量为

$$\mathrm{d}W_C = p\mathrm{d}t = Cu\mathrm{d}u$$

当电压从零增大到 u 时,它吸收的能量总共为

$$W_C = \int_0^u Cu\mathrm{d}u = \frac{1}{2}Cu^2 \tag{3-29}$$

就是这些能量转变为电场能量由电容元件储存。式中,如 C、u 的单位分别为 F、V,则 W_C 的单位为 J。

式(3-29)表明,电容元件所储存的能量随电压变化,当电压增加时,它储存的能量就增加,它从外部吸收能量;当电压减少时,它储存的能量就减少,它向外部释放能量。它能够释放的能量等于它所吸收的能量,它并不消耗能量。所以,电容元件是一种储能元件,同时是一种无源元件。

【例 3-12】 在图 3-21 所示电路中,已知 $R = 10\ \Omega$,$C = 0.5$ F,$i_R = 6\mathrm{e}^{-4t}$ A,试求 i。

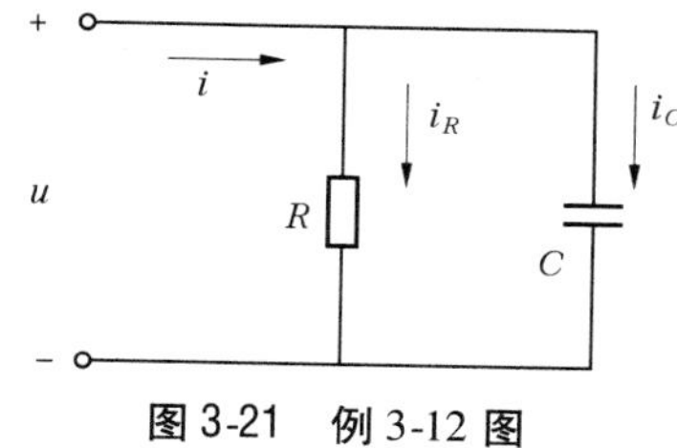

图 3-21 例 3-12 图

解:电阻电压为

$$u = Ri_R = 10 \times 6\mathrm{e}^{-4t} = 60\mathrm{e}^{-4t}(\mathrm{V})$$

亦即电容电压,故

$$i_C = C\frac{\mathrm{d}u}{\mathrm{d}t} = 0.5 \times \frac{\mathrm{d}}{\mathrm{d}t}(60\mathrm{e}^{-4t}) = -120\mathrm{e}^{-4t}(\mathrm{A})$$

从而

$$i = i_R + i_C = 6\mathrm{e}^{-4t} - 120\mathrm{e}^{-4t} = -114\mathrm{e}^{-4t}(\mathrm{A})$$

四、正弦电路中电容元件的电压与电流关系

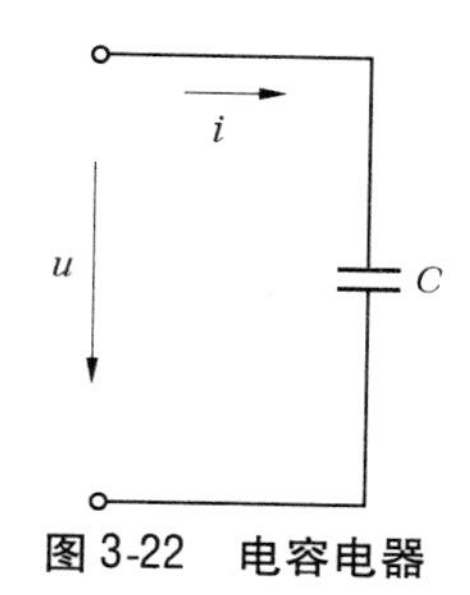

图 3-22 电容电器

如图 3-22 所示,如 $u = \sqrt{2}U\sin(\omega t + \theta_u)$,则

$$i = C\frac{\mathrm{d}u}{\mathrm{d}t} = \sqrt{2}\omega CU\cos(\omega t + \theta_u)$$

$$= \sqrt{2}\omega CU\sin\left(\omega t + \theta_u + \frac{\pi}{2}\right)$$

又由

$$i = \sqrt{2}I\sin(\omega t + \theta_i)$$

可得以下关系：

$$I = \omega CU, \quad \theta_i = \theta_u + \frac{\pi}{2}$$

可见，电流超前电压$\frac{\pi}{2}$弧度。

设

$$X_C = \frac{1}{\omega C} = \frac{U}{I} \tag{3-30}$$

则

$$U = IX_C$$

X_C 具有电阻的量纲，可以反映电容元件对电流的阻碍作用，称为容抗。当 C 的单位用 F、ω 的单位用 rad/s 时，X_C 的单位是 Ω，这就是 X_C 的 SI 单位。对于直流，角频率为零，容抗趋于无穷大，电容元件相当于开路。

将以上关系写成相量形式，可得

$$\dot{U} = U\angle\theta_u = X_C I\angle\left(\theta_i - \frac{\pi}{2}\right) = I\angle\theta_i X_C\angle -\frac{\pi}{2} = -\mathrm{j}X_C\dot{I}$$

或

$$\dot{U} = -\mathrm{j}X_C\dot{I} \tag{3-31}$$

图 3-23 所示为电容中电压、电流的波形图和相量图（设 $\theta_u=0$）。

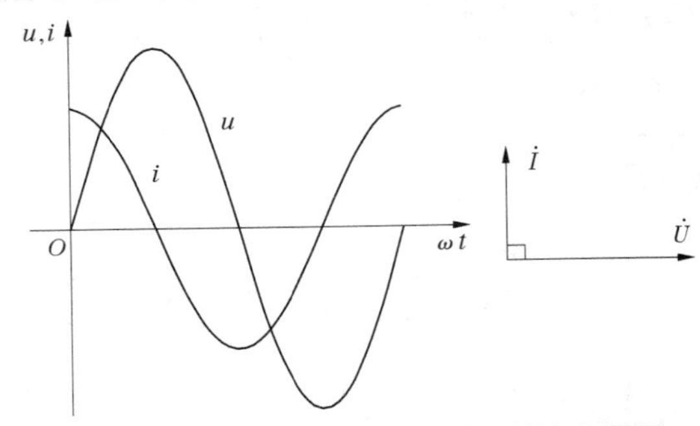

图 3-23　电容中电压、电流的波形图和相量图

五、电容元件的功率

将电容元件的电压、电流解析式（设 $\theta_u=0$）代入式（3-16），可得元件的瞬时功率为

$$p = ui = \sqrt{2}U\sin\omega t\sqrt{2}I\sin\left(\omega t + \frac{\pi}{2}\right) = 2UI\sin\omega t\cos\omega t = UI\sin 2\omega t \tag{3-32}$$

这表明电容元件的瞬时功率是时间的正弦函数，其角频率为电压或电流频率的 2 倍，画出曲线如图 3-24 所示。与电感元件一样，电容元件也不消耗能量，是能够储存电场能量的储能元件。

电容元件的平均功率为

$$P = \frac{1}{T}\int_0^T p\mathrm{d}t = \frac{1}{T}\int_0^T UI\sin 2\omega t\mathrm{d}t = 0$$

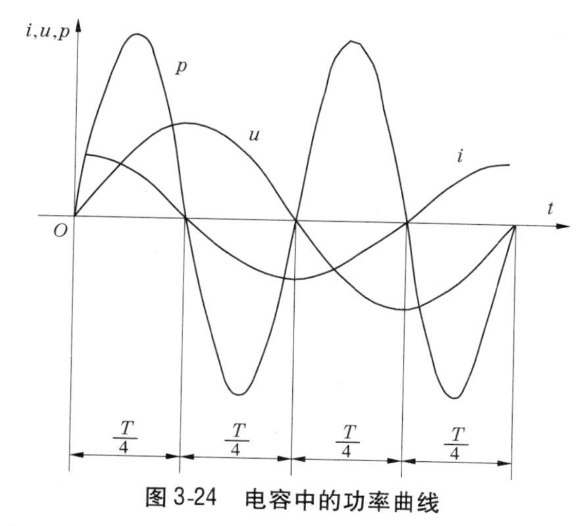

图 3-24　电容中的功率曲线

为了反映电容元件与外部交换能量的规模，把电压与电流有效值乘积的负值称为电容元件的无功功率，用 Q_C 表示。于是：

$$Q_C = -UI = -I^2X_C = -\frac{U^2}{X_C} \tag{3-33}$$

$Q_C<0$ 表示电容元件是发出无功功率的，Q_C 的 SI 单位是乏（var）或千乏（kvar）。

【例 3-13】　一电容 $C=100\ \mu F$，其端电压 $u=220\sqrt{2}\sin(1\ 000t-60°)$ V，试求：

（1）电容上的电流 i（i 与 u 参考方向相同）；

（2）电容上的无功功率；

（3）作电压、电流相量图。

解：（1）$X_C=\frac{1}{\omega C}=\frac{1}{1\ 000\times 100\times 10^{-6}}=10(\Omega)$

$$\dot{I}=\frac{\dot{U}}{-\mathrm{j}X_C}=\frac{220\angle -60°}{-\mathrm{j}10}=22\angle 30°(\mathrm{A})$$

于是

$$i=22\sqrt{2}\sin(1\ 000t+30°)\ \mathrm{A}$$

（2）$Q_C=-UI=-220\times 22=-4\ 840(\mathrm{var})$

（3）相量图如图 3-25 所示。

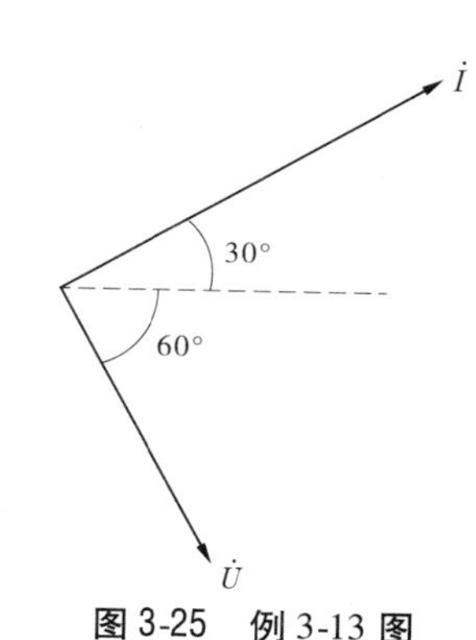

图 3-25　例 3-13 图

学习单元七　相量形式的基尔霍夫定律

在正弦电路中，电压和电流的瞬时值都应满足基尔霍夫定律，即

$$\sum i=0,\quad \sum u=0$$

将电压、电流用相量表示，便得出基尔霍夫定律的相量形式。

一、相量形式的基尔霍夫电流定律

相量形式的基尔霍夫电流定律为

$$\sum \dot{I} = 0 \tag{3-34}$$

即正弦电路中流入(或流出)任一节点的各支路电流相量的代数和恒等于零。

二、相量形式的基尔霍夫电压定律

相量形式的基尔霍夫电压定律为

$$\sum \dot{U} = 0 \tag{3-35}$$

即在正弦电路的任一回路中,各段电压相量的代数和恒等于零。

【例 3-14】 在图 3-26(a)所示电路中,已知电流表 A_1 和 A_2 的读数都是 5 A,试求电流表 A 的读数。

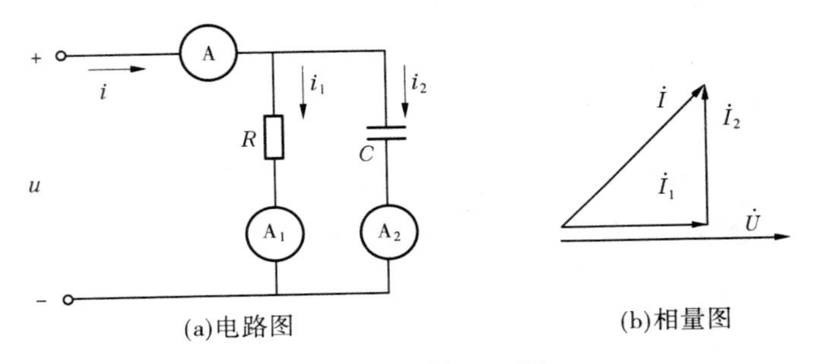

图 3-26 例 3-14 图

解:方法一

设 $\dot{U} = U\angle 0°$,则

$$\dot{I}_1 = 5\angle 0°\ \text{A} \quad (\text{与 } \dot{U} \text{ 同相})$$

$$\dot{I}_2 = 5\angle 90°\ \text{A} \quad (\text{超前 } \dot{U}\, 90°)$$

由 KCL 得:$\dot{I} = \dot{I}_1 + \dot{I}_2 = 5\angle 0° + 5\angle 90° = 5 + \text{j}5 = 5\sqrt{2}\angle 45°(\text{A})$

电流表 A 的读数为 $5\sqrt{2}$ A。

方法二

在复平面上,以 $\dot{U}$ 为参考相量沿正实轴方向画出(实轴可不画),再根据 $\dot{I} = \dot{I}_1 + \dot{I}_2$ 作电流的相量图,如图 3-26(b)所示。由相量图可得

$$I = \sqrt{I_1^2 + I_2^2} = \sqrt{5^2 + 5^2} = 5\sqrt{2}(\text{A})$$

即电流表 A 的读数为 $5\sqrt{2}$ A。

【例 3-15】 在图 3-27(a)所示电流中,已知电压表 V 和 V_1 的读数分别为 50 V 和 40 V,试求电压表 V_2 的读数。

解:方法一

设 $\dot{I} = I\angle 0°$ A,则

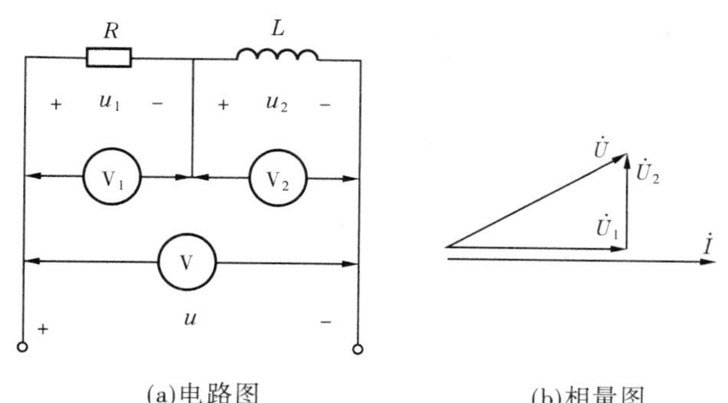

(a)电路图 (b)相量图

图 3-27 例 3-15 图

$$\dot{U}=50\angle\varphi\ \text{V}\quad(\text{初相设为}\ \varphi)$$

$$\dot{U}_1=40\angle0^\circ\ \text{V}\quad(\text{与}\ \dot{I}\ \text{同相})$$

$$\dot{U}_2=U_2\angle90^\circ\ \text{V}\quad(\text{超前}\ \dot{I}\ 90^\circ)$$

由 KVL 得

$$\dot{U}=\dot{U}_1+\dot{U}_2$$

即

$$50\angle\varphi=40\angle0^\circ+U_2\angle90^\circ$$

因为等式两边的实部与虚部分别相等,所以:

$$50\cos\varphi=40,\qquad 50\sin\varphi=U_2$$

$$\cos\varphi=0.8,\qquad \sin\varphi=0.6$$

$$U_2=50\times0.6=30(\text{V})$$

电压表 V_2 的读数为 30 V。

方法二

在复平面上,沿正实轴方向画出电流相量 $\dot{I}$ 作为参考相量,再根据:

$$\dot{U}=\dot{U}_1+\dot{U}_2$$

作电压的相量图,如图 3-27(b)所示。由相量图可得

$$U_2=\sqrt{U^2-U_1^2}=\sqrt{50^2-40^2}=30(\text{V})$$

与方法一的结果相同。

学习单元八 *RLC* 串联电路

RLC 串联电路的研究具有典型意义,单一参数电路、单一参数元件的串联电路都可视为 *RLC* 串联电路的特例。

一、电压与电流关系

在图 3-28 所示的 *RLC* 串联电路中,设 $i=\sqrt{2}\sin(\omega t+\theta_i)$,则

$$\dot{I}=I\angle\theta_i$$

各元件的电压相量分别为

$$\dot{U}_R = R\dot{I}$$

$$\dot{U}_L = \mathrm{j}X_L\dot{I}$$

$$\dot{U}_C = -\mathrm{j}X_C\dot{I}$$

由 KVL 得：

$$\dot{U} = \dot{U}_R + \dot{U}_L + \dot{U}_C = R\dot{I} + \mathrm{j}X_L\dot{I} - \mathrm{j}X_C\dot{I} = \dot{I}[R + \mathrm{j}(X_L - X_C)] \quad (3\text{-}36)$$

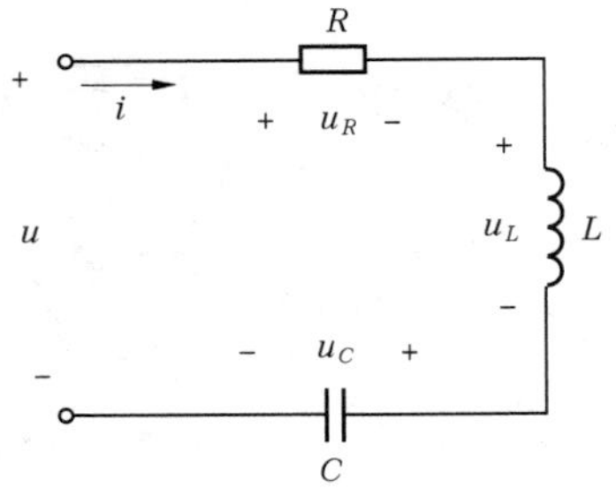

图 3-28 RLC 串联电路

设 $$Z = R + \mathrm{j}(X_L - X_C) = R + \mathrm{j}X$$

称为阻抗。

其中 $$X = X_L - X_C$$

称为电抗。

于是 $$\dot{U} = Z\dot{I} \quad (3\text{-}37)$$

其中 $$\dot{U} = U\angle\theta_u$$

阻抗是复数，其极坐标形式为

$$Z = |Z|\angle\varphi \quad (3\text{-}38)$$

其中 $$|Z| = \sqrt{R^2 + X^2}$$

$$\varphi = \arctan\frac{X}{R} \quad (3\text{-}39)$$

式中，$|Z|$称为阻抗模，φ 称为阻抗角。Z、$|Z|$和 X 的 SI 单位都是 Ω。

二、电路的性质

由式(3-37)、式(3-38)可得

$$\theta_u = \varphi + \theta_i \quad 或 \quad \varphi = \theta_u - \theta_i$$

故 φ 为电压与电流的相位差。

(1)当 $X>0$，即 $X_L>X_C$ 时，$\varphi>0$，此时电压超前电流，电路的性质为电感性。

(2)当 $X=0$，即 $X_L=X_C$ 时，$\varphi=0$，此时电压与电流同相，电路发生谐振(谐振电路将在以后章节中讨论)，电路的性质为电阻性。

(3)当 $X<0$，即 $X_L<X_C$ 时，$\varphi<0$，此时电压滞后电流，电路的性质为电容性。

电路的相量图如图 3-29 所示。

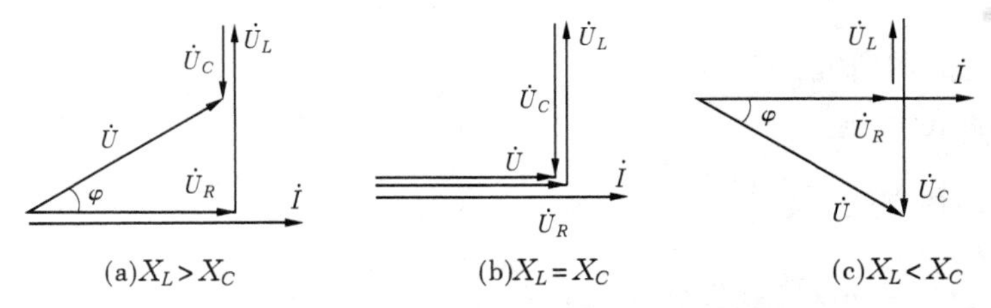

图 3-29 RLC 串联电路的相量图

【例 3-16】　在图 3-28 所示电路中，$R = 30\ \Omega$，$L = 254\ \text{mH}$，$C = 80\ \mu\text{F}$，$u = 220\sqrt{2}\sin(314t + 10°)\ \text{V}$，试求：

(1) i、u_R、u_L、u_C；

(2) 绘出电压、电流相量图。

解：(1)

$$Z = R + \text{j}(X_L - X_C)$$
$$= 30 + \text{j}\left(314 \times 254 \times 10^{-3} - \frac{1}{314 \times 80 \times 10^{-6}}\right)$$
$$= 30 + \text{j}(80 - 40) = 30 + \text{j}40 = 50\angle 53.1°(\Omega)$$
$$\dot{I} = \frac{\dot{U}}{R} = \frac{220\angle 10°}{50\angle 53.1°} = 4.4\angle -43.1°(\text{A})$$
$$\dot{U}_R = R\dot{I} = 30 \times 4.4\angle -43.1° = 132\angle -43.1°(\text{V})$$
$$\dot{U}_L = \text{j}X_L\dot{I} = \text{j}80 \times 4.4\angle -43.1°(\text{V})$$
$$\dot{U}_C = -\text{j}X_C\dot{I} = -\text{j}40 \times 4.4\angle -43.1°(\text{V})$$

它们的时间函数为

$$i = 4.4\sqrt{2}\sin(314t - 43.1°)\ \text{A}$$
$$u_R = 132\sqrt{2}\sin(314t - 43.1°)\ \text{V}$$
$$u_L = 352\sqrt{2}\sin(314t + 46.9°)\ \text{V}$$
$$u_C = 176\sqrt{2}\sin(314t - 133.1°)\ \text{V}$$

(2) 相量图如图 3-30 所示。

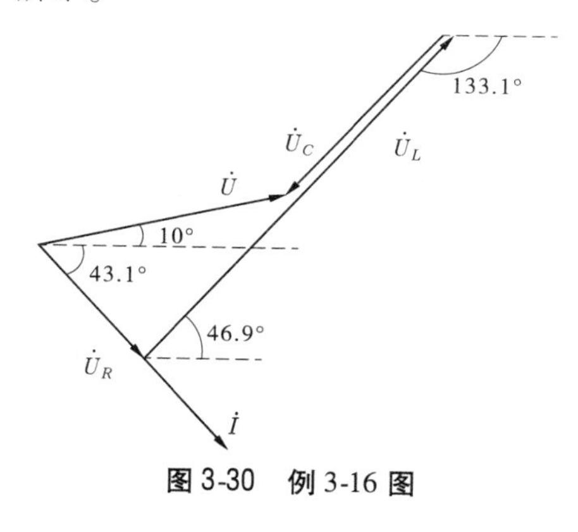

图 3-30　例 3-16 图

【例 3-17】　在图 3-31(a)所示电路中，已知输入电压 $\dot{U} = 10\angle 0°\ \text{V}$，$f = 500\ \text{Hz}$，$C = 0.1\ \mu\text{F}$，$R = 2\ \text{k}\Omega$，试求：

(1) $\dot{U}_2$；

(2) 绘出电压、电流相量图。

解：(1) $Z = R - \text{j}X_C = 2\,000 - \text{j}\dfrac{1}{2\pi \times 500 \times 0.1 \times 10^{-6}} = 3\,760\angle -58°(\Omega)$

$$\dot{U}_2 = R\dot{I} = R\frac{\dot{U}}{Z} = 2\ 000 \times \frac{10\angle 0°}{3\ 760\angle -58°} = 5.3\angle 58°(\mathrm{V})$$

(2)相量图如图 3-31(b)所示。

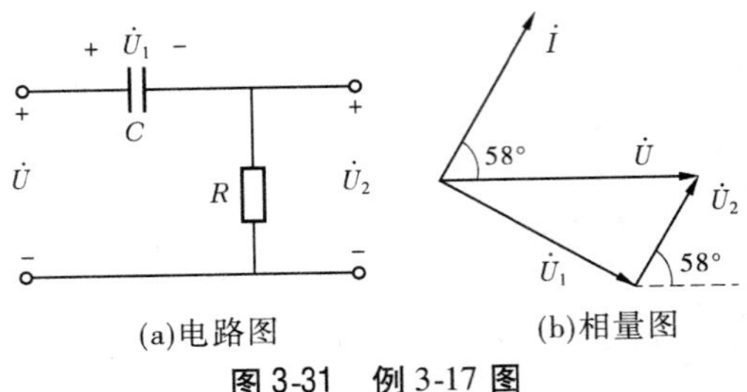

图 3-31 例 3-17 图

学习单元九 *RLC* 并联电路

一、电压与电流关系

在图 3-32 所示的 *RLC* 并联电路中,设 $u = \sqrt{2}U\sin(\omega t + \theta_u)$,则 $\dot{U} = U\angle\theta_u$,各支路的电流为

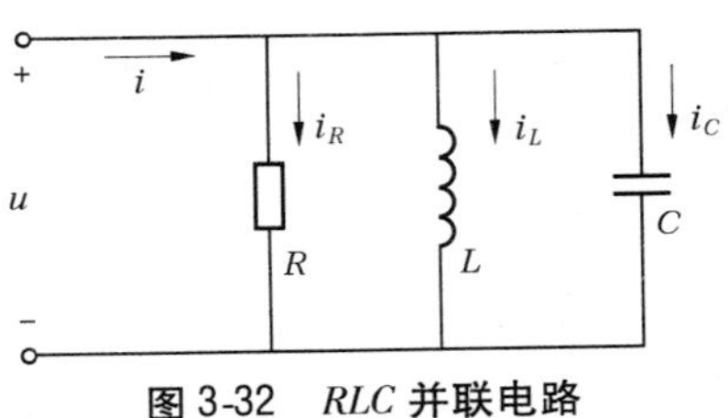

图 3-32 *RLC* 并联电路

$$\dot{I}_R = \frac{\dot{U}}{R} = G\dot{U}$$

$$\dot{I}_L = \frac{\dot{U}}{\mathrm{j}X_L} = -\mathrm{j}B_L\dot{U}$$

$$\dot{I}_C = \frac{\dot{U}}{-\mathrm{j}X_C} = \mathrm{j}B_C\dot{U}$$

$$\dot{I} = \dot{I}_R + \dot{I}_L + \dot{I}_C = \dot{U}[G + \mathrm{j}(B_C - B_L)] = \dot{U}(G + \mathrm{j}B)$$

式中,$G = \frac{1}{R}$ 称为电导,$B_L = \frac{1}{X_L}$ 称为感纳,$B_C = \frac{1}{X_C}$ 称为容纳,$B = B_C - B_L$ 称为电纳。

设

$$Y = G + \mathrm{j}B = G + \mathrm{j}(B_C - B_L) \tag{3-40}$$

称为导纳,于是:

$$\dot{I} = Y\dot{U} \tag{3-41}$$

其中 $\dot{I} = I\angle\theta_i$。导纳是复数,其极坐标形式为

$$Y = |Y|\angle\varphi' \tag{3-42}$$

其中

$$\left.\begin{aligned}|Y| &= \sqrt{G^2 + B^2}\\ \varphi' &= \arctan\frac{B}{G}\end{aligned}\right\} \tag{3-43}$$

式中，$|Y|$ 称为导纳模，φ' 称为导纳角。Y、$|Y|$和 B 的 SI 单位都是 S。

二、电路的性质

由式(3-41)可得：

$$\theta_i = \varphi' + \theta_u,\quad \varphi' = \theta_i - \theta_u$$

故 φ'为电流与电压的相位差。

(1)当 $B>0$，即 $B_C>B_L$ 时，$\varphi'>0$，此时电流超前电压，电路为电容性。

(2)当 $B=0$，即 $B_C=B_L$ 时，$\varphi'=0$，此时电流与电压同相，电路为电阻性。

(3)当 $B<0$，即 $B_C<B_L$ 时，$\varphi'<0$，此时电流滞后电压，电路为电感性。

电路的相量图如图 3-33 所示。

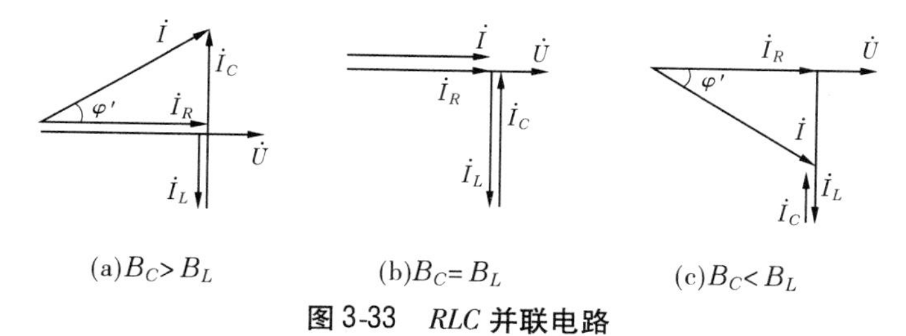

(a)$B_C>B_L$　(b)$B_C=B_L$　(c)$B_C<B_L$

图 3-33 *RLC* 并联电路

【例 3-18】 在图 3-32 所示电路中，已知 $R=25\ \Omega$，$L=2\ \text{mH}$，$C=5\ \mu\text{F}$，$u=4\sqrt{2}\sin(5\,000t+30°)$ V，试求：

(1) $\dot I$、$\dot I_R$、$\dot I_L$ 和 $\dot I_C$；

(2)绘出电压、电流相量图。

解：(1)导纳为

$$\begin{aligned}Y &= G + \text{j}(B_C + B_L) = \frac{1}{R} + \text{j}\left(\omega C - \frac{1}{\omega L}\right)\\ &= \frac{1}{25} + \text{j}\left(5\,000\times 5\times 10^{-6} - \frac{1}{5\,000\times 2\times 10^{-3}}\right)\\ &= 0.04 + \text{j}(0.025 - 0.1)\\ &= 0.085\angle -61.9°(\text{S})\end{aligned}$$

$$\dot I = Y\dot U = 0.085\angle -61.9°\times 4\angle 30° = 0.34\angle -31.9°(\text{A})$$

各元件电流为

$$\dot I_R = G\dot U = 0.04\times 4\angle 30°(\text{A})$$

$$\dot I_L = -\text{j}B_L\dot U = -\text{j}0.1\times 4\angle 30° = 0.4\angle -60°(\text{A})$$

$$\dot{I}_C = jB_C\dot{U} = j0.025 \times 4\angle 30° = 0.1\angle 120°(A)$$

(2) 相量图如图 3-34 所示。

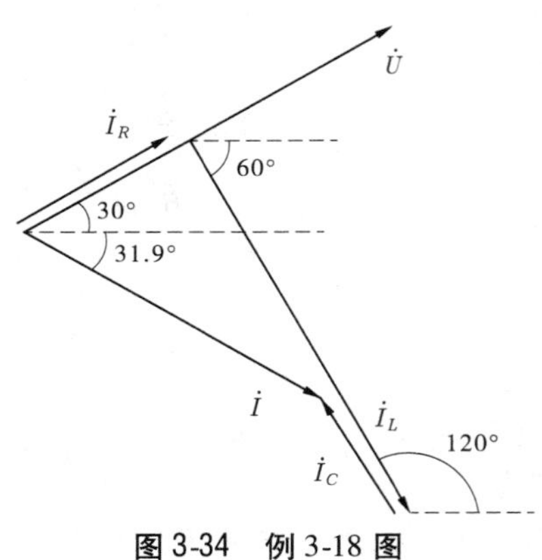

图 3-34 例 3-18 图

学习单元十 阻抗和导纳

一、阻抗和导纳

(一) 阻抗

在一个由电阻、电感及电容元件组成的无源二端网络中，设端口电压、电流分别为

$$u = \sqrt{2}U\sin(\omega t + \theta_u)$$

$$i = \sqrt{2}I\sin(\omega t + \theta_i)$$

如图 3-35 所示。它们对应的相量为

$$\dot{U} = U\angle\theta_u \qquad \dot{I} = I\angle\theta_i$$

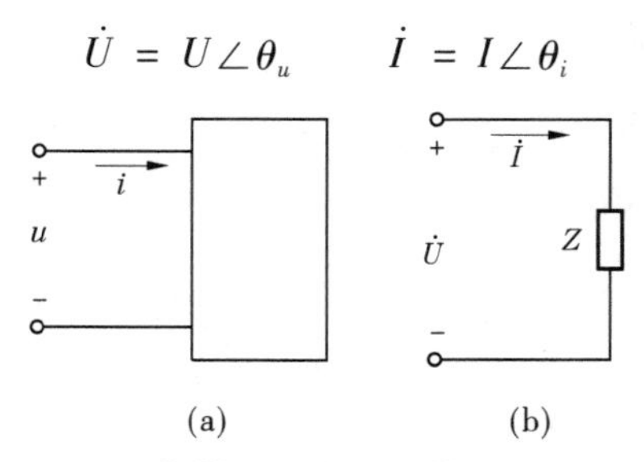

图 3-35 二端网络的阻抗

电压相量与电流相量之比，用 Z 表示

即
$$Z = \frac{\dot{U}}{\dot{I}}$$

或
$$|Z|\angle\varphi = \frac{U\angle\theta_u}{I\angle\theta_i} \tag{3-44}$$

Z 是一个复数，称为阻抗，$|Z|$ 是阻抗模，φ 是阻抗角。由式(3-44)可得

$$|Z| = \frac{U}{I} \qquad \varphi = \theta_u - \theta_i \tag{3-45}$$

阻抗 Z 的代数形式为

$$Z = R + \mathrm{j}X \tag{3-46}$$

实部 R 称为电阻，虚部 X 称为电抗，与阻抗模 $|Z|$ 构成一个直角三角形，称为阻抗三角形，如图 3-36 所示。它们之间的关系为

$$|Z| = \sqrt{R^2 + X^2}$$

$$\varphi = \arctan\frac{X}{R} \tag{3-47}$$

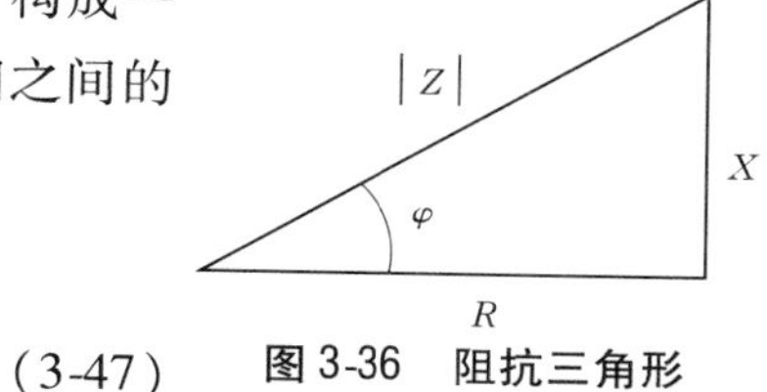

图 3-36 阻抗三角形

Z、$|Z|$、R 和 X 的 SI 单位都是 Ω，阻抗的图形符号与电阻相似，见图 3-35(b)。这样，阻抗 Z 亦即无源二端网络的电路模型。

(二)导纳

阻抗的倒数称为导纳，用 Y 表示，即

$$Y = \frac{1}{Z} \tag{3-48}$$

Y 是一个复数，可表示为

$$Y = G + \mathrm{j}B = |Y|\angle\varphi' \tag{3-49}$$

实部 G 称为电导，虚部 B 称为电纳，$|Y|$ 称为导纳模，它们及 Y 的 SI 单位都是 S。φ' 称为导纳角。G、B 与 $|Y|$、φ' 间的关系就是复数的代数形式与极坐标形式间的关系，不再赘述。

对于如图 3-35(a)所示的二端网络，可得

$$Y = \frac{1}{Z} = \frac{\dot{I}}{\dot{U}} \quad 或 \quad |Y|\angle\varphi' = \frac{I\angle\theta_i}{U\angle\theta_u} \tag{3-50}$$

于是

$$|Y| = \frac{I}{U}$$

$$\varphi' = \theta_i - \theta_u \tag{3-51}$$

$Y = \frac{\dot{I}}{\dot{U}}$ 与式(3-44)一样，都可称为欧姆定律的相量形式。

二、阻抗与导纳的等效变换

对于同一个无源二端网络，既可用一个等效阻抗，又可用一个等效导纳表示。在保持端口电压和电流不变的条件下，如：

$$Z = R + \mathrm{j}X = |Z|\angle\varphi$$

$$Y = G + \mathrm{j}B = |Y|\angle\varphi'$$

分别表示为如图 3-37(a)、(b)所示的电路，则有

$$|Y| = \frac{1}{|Z|}$$

$$\varphi' = -\varphi$$

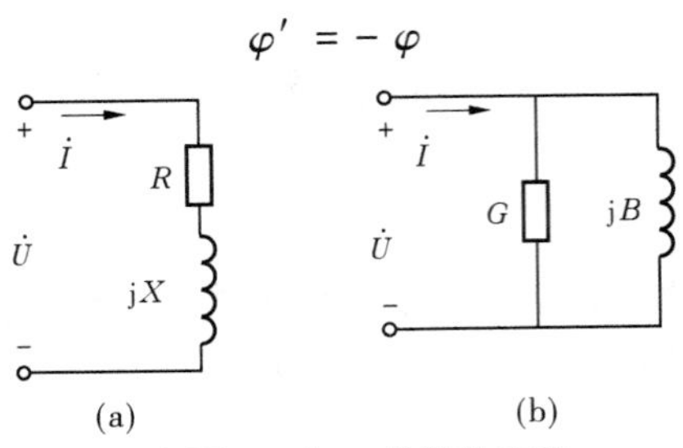

图 3-37　Z 与 Y 的等效变换

要将 Z 等效变换为 Y，只需：

$$Y = \frac{1}{Z} = \frac{1}{R + jX} = \frac{R}{R^2 + X^2} - j\frac{X}{R^2 + X^2} = G + jB$$

即

$$G = \frac{R}{R^2 + X^2}, \qquad B = -\frac{X}{R^2 + X^2} \tag{3-52}$$

同理，要将 Y 等效变换为 Z，只需：

$$Z = \frac{1}{Y} = \frac{1}{G + jB} = \frac{G}{G^2 + B^2} - j\frac{B}{G^2 + B^2} = R + jX$$

即

$$R = \frac{G}{G^2 + B^2}, \quad X = \frac{-B}{G^2 + B^2} \tag{3-53}$$

式(3-52)和式(3-53)就是阻抗与导纳等效变换的条件。

【例 3-19】　在一 RLC 串联电路中，已知 $R = 40\ \Omega$，$X_L = 80\ \Omega$，$X_C = 50\ \Omega$，试求其等效导纳 Y。

解：

$$Z = R + j(X_L - X_C) = 40 + j(80 - 50) = 40 + j30 = 50\angle 36.9°(\Omega)$$

$$Y = \frac{1}{Z} = \frac{1}{50\angle 36.9°} = 0.02\angle -36.9° = 0.016 - j0.012(S)$$

【例 3-20】　在一 RL 并联电路中，已知 $R = \frac{1}{40}\ \Omega$，$X_L = \frac{1}{30}\ \Omega$，试求其等效阻抗 Z。

解：

$$Y = G - jB_L = \frac{1}{R} - j\frac{1}{X_L} = 40 - j30 = 50\angle -36.9°(S)$$

$$Z = \frac{1}{Y} = \frac{1}{50\angle -36.9°} = 0.02\angle 36.9° = 0.016 + j0.012(\Omega)$$

学习单元十一　分析正弦交流电路的相量法

正弦交流电路的分析计算与直流电路的分析计算一样，也是应用基尔霍夫定律和欧姆定律来进行的。在正弦交流电路中，基尔霍夫定律和欧姆定律的相量形式与直流电路中相应的表达式相似，因而同样可以推出类似于直流电路的分析计算方法。只要把电路中无源元件用阻抗或导纳表示，正弦量用相量表示，那么分析计算直流电路的方法都可以推广到正弦交流电路，这样的分析计算方法称为相量法。

【例 3-21】 在图 3-38(a)所示电路中，已知 $R=8\ \Omega, X_L=6\ \Omega, X_C=10\ \Omega, u=220\sqrt{2}\sin(\omega t+60^\circ)$ V，试求各支路电流相量 $\dot{I}_1$、$\dot{I}_2$、$\dot{I}$，并绘出相量图。

解：

$$Z_1 = R + jX_L = 8 + j6 = 10\angle 36.9^\circ(\Omega)$$

$$Z_2 = -jX_C = -j10 = 10\angle -90^\circ(\Omega)$$

$$\dot{I}_1 = \frac{\dot{U}}{Z_1} = \frac{220\angle 60^\circ}{10\angle 36.9^\circ} = 22\angle 23.1^\circ(\mathrm{A})$$

$$\dot{I}_2 = \frac{\dot{U}}{Z_2} = \frac{220\angle 60^\circ}{10\angle -90^\circ} = 22\angle 150^\circ(\mathrm{A})$$

$$\dot{I} = \dot{I}_1 + \dot{I}_2 = 22\angle 23.1^\circ + 22\angle 150^\circ$$

$$= 20.2 + j8.6 - 19.1 + j11 = 1.1 + j19.6 = 19.6\angle 86.8^\circ(\mathrm{A})$$

相量图如图 3-38(b)所示。

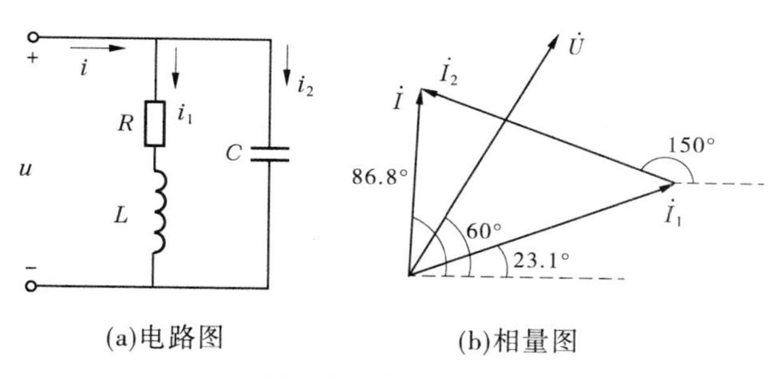

(a)电路图　　(b)相量图

图 3-38　例 3-21 图

【例 3-22】 在图 3-39(a)所示电路中，$u=100\sqrt{2}\sin\omega t$ V，$R_1=20\ \Omega, R_2=\omega L=\dfrac{1}{\omega C}=60\ \Omega$，试求各支路电流相量 $\dot{I}_1$、$\dot{I}_2$、$\dot{I}_3$，并绘出相量图。

解：

$$Z_1 = R_1 = 20\ \Omega$$

$$Z_2 = R_2 - jX_C = 60 - j60 = 60\sqrt{2}\angle -45^\circ(\Omega)$$

$$Z_3 = jX_L = j60 = 60\angle 90^\circ(\Omega)$$

$$Z_{ab} = \frac{Z_2 Z_3}{Z_2 + Z_3} = \frac{60\sqrt{2}\angle -45^\circ \times 60\angle 90^\circ}{60 - j60 + j60} = 60\sqrt{2}\angle 45^\circ = 60 + j60(\Omega)$$

$$Z = Z_1 + Z_{ab} = 20 + 60 + j60 = 80 + j60 = 100\angle 36.9^\circ(\Omega)$$

$$\dot{I}_1 = \frac{\dot{U}}{Z} = \frac{100\angle 0^\circ}{100\angle 36.9^\circ} = 1\angle -36.9^\circ(\mathrm{A})$$

$$\dot{I}_2 = \frac{Z_3}{Z_2 + Z_3}\dot{I}_1 = \frac{60\angle 90^\circ}{60 - j60 + j60} \times 1\angle -36.9^\circ = 1\angle 53.1^\circ(\mathrm{A})$$

$$\dot{I}_3 = \frac{Z_2}{Z_2 + Z_3}\dot{I}_1 = \frac{60\sqrt{2}\angle -45^\circ}{60 - \mathrm{j}60 + \mathrm{j}60} \times 1\angle -36.9^\circ = \sqrt{2}\angle -81.9^\circ(\mathrm{A})$$

相量图如图3-39(b)所示。

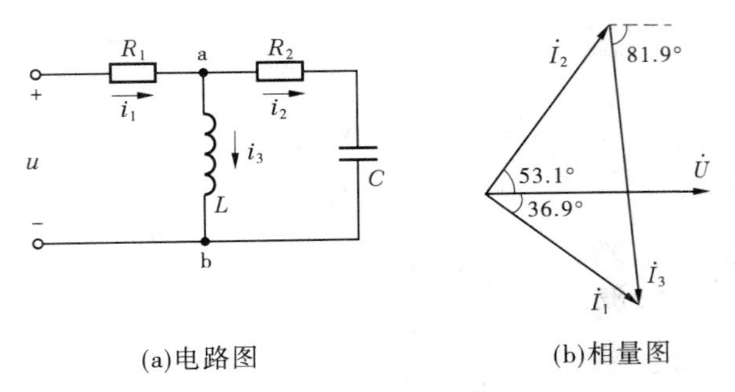

(a)电路图 (b)相量图

图3-39 例3-22图

【例3-23】 在图3-40所示电路中,已知 $\dot{U}_{S1}=220\angle 0^\circ$ V,$\dot{U}_{S2}=220\angle -20^\circ$ V,$X_{L1}=20\ \Omega$,$X_{L2}=10\ \Omega$,$R=40\ \Omega$,试用节点电压法求各支路电流。

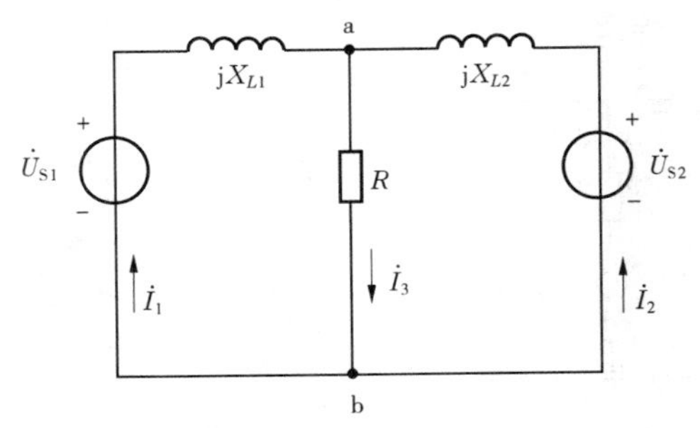

图3-40 例3-23图

解: $$\dot{U}_{ab} = \frac{\dfrac{\dot{U}_{S1}}{Z_1} + \dfrac{\dot{U}_{S2}}{Z_2}}{\dfrac{1}{Z_1} + \dfrac{1}{Z_2} + \dfrac{1}{Z_3}} = \frac{\dfrac{220\angle 0^\circ}{\mathrm{j}20} + \dfrac{220\angle -20^\circ}{\mathrm{j}10}}{\dfrac{1}{\mathrm{j}20} + \dfrac{1}{\mathrm{j}10} + \dfrac{1}{40}} = 213.8\angle -22.8^\circ(\mathrm{V})$$

$$\dot{I}_1 = \frac{\dot{U}_{S1} - \dot{U}_{ab}}{Z_1} = \frac{220\angle 0^\circ - 213.8\angle -22.8^\circ}{\mathrm{j}20} = 4.31\angle -15.2^\circ(\mathrm{A})$$

$$\dot{I}_2 = \frac{\dot{U}_{S2} - \dot{U}_{ab}}{Z_2} = \frac{220\angle -20^\circ - 213.8\angle -22.8^\circ}{\mathrm{j}10} = 1.22\angle -51^\circ(\mathrm{A})$$

$$\dot{I}_3 = \frac{\dot{U}_{ab}}{Z_3} = \frac{213.8\angle -22.8^\circ}{40} = 5.35\angle -22.8^\circ(\mathrm{A})$$

在应用相量法时,除用相量解析式计算外,还可利用相量图来分析计算。

【例3-24】 在图3-41(a)所示电路中,已知 $I_1=I_2=10$ A,$U=100$ V,$\dot{U}$ 与 $\dot{I}$ 同相,试求 X_L、X_C 和 R。

解: 以 $\dot{U}_{bc}$ 为参考相量,画在水平方向上,再画相量 $\dot{I} = \dot{I}_1 + \dot{I}_2$,最后画相量 $\dot{U} =$

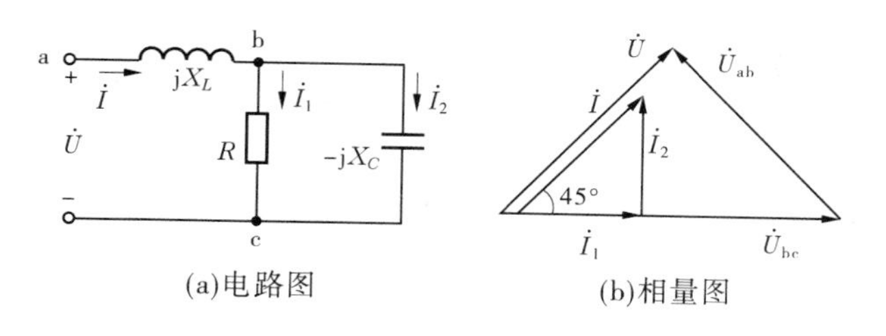

图 3-41　例 3-24 图

$\dot{U}_{ab} + \dot{U}_{bc}$，分别构成两等腰直角三角形，如图 3-41(b)所示，所以

$$U_{ab} = U = 100\ \text{V},\quad U_{bc} = \sqrt{2}U = 100\sqrt{2}(\text{V}),\quad I = \sqrt{2}I_1 = 10\sqrt{2}(\text{A})$$

于是

$$R = X_C = \frac{U_{bc}}{I_1} = \frac{100\sqrt{2}}{10} = 10\sqrt{2}(\Omega)$$

$$X_L = \frac{U_{ab}}{I} = \frac{100}{10\sqrt{2}} = 5\sqrt{2}(\Omega)$$

学习单元十二　正弦交流电路的功率

下面讨论如图 3-42(a)所示无源二端网络的功率，设

$$i = \sqrt{2}I\sin\omega t,\quad u = \sqrt{2}U\sin(\omega t + \varphi)$$

其中，φ 为该无源二端网络等效阻抗的阻抗角，即电压超前电流的相位。

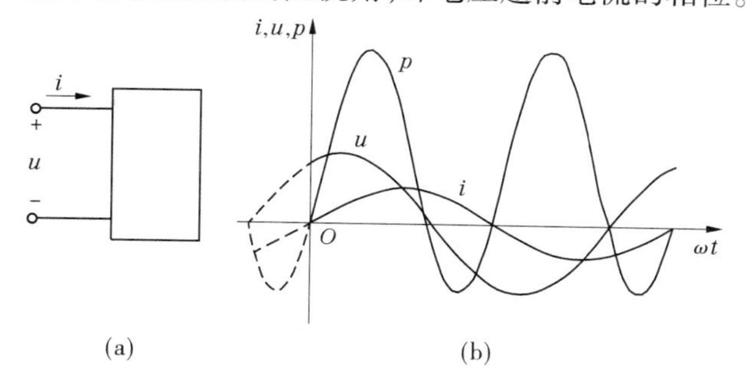

图 3-42　无源二端网络的瞬时功率

一、瞬时功率

二端网络吸收的瞬时功率

$$p = ui = \sqrt{2}U\sin(\omega t + \varphi)\sqrt{2}I\sin\omega t = UI[\cos\varphi - \cos(2\omega t + \varphi)] \tag{3-54}$$

其波形如图 3-42(b)所示。在一个周期里，有两段时间 $p>0$，两段时间 $p<0$。这表明二端网络与外电路往返交换能量，这是由于二端网络中含有储能元件。

二、有功功率、无功功率和视在功率

(一)有功功率和功率因数

将式(3-54)代入式(3-18),可得有功功率:

$$P = \frac{1}{T}\int_0^T UI[\cos\varphi - \cos(2\omega t + \varphi)]\mathrm{d}t = UI\cos\varphi = UI\lambda \tag{3-55}$$

式中,$\lambda = \cos\varphi$ 称为二端网络的功率因数。

由于能量守恒,所以二端网络吸收的有功功率等于各部分吸收的有功功率的代数和。

(二)无功功率

无功功率定义为

$$Q = UI\sin\varphi \tag{3-56}$$

对于电感性二端网络,$\varphi > 0$,$Q > 0$,二端网络接收无功功率;对于电容性二端网络,$\varphi < 0$,$Q < 0$,二端网络发出无功功率。在既有电感又有电容的二端网络中,其无功功率应等于两者的代数和,即

$$Q = Q_L + Q_C$$

一般来说,二端网络吸收的无功功率等于各部分吸收的无功功率的代数和。

(三)视在功率

视在功率定义为

$$S = UI \tag{3-57}$$

其 SI 单位为伏安(VA),工程上也常用千伏安(kVA)。由于电机和变压器的容量是由它们的额定电压和额定电流来决定的,因此可以用视在功率来表示它们的容量。

视在功率、有功功率与无功功率间满足下列关系式:

$$S = \sqrt{P^2 + Q^2} \tag{3-58}$$

$$\tan\varphi = \frac{Q}{P} \tag{3-59}$$

$$\lambda = \cos\varphi = \frac{P}{S} \tag{3-60}$$

正好构成一个直角三角形(见图 3-43),称为功率三角形。

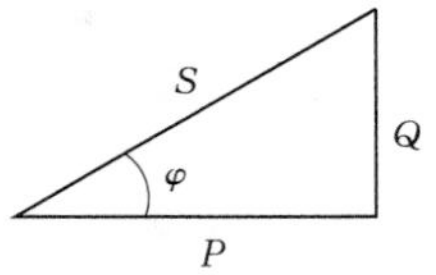

图 3-43 功率三角形

【例 3-25】 试求图 3-44 所示电路的有功功率、无功功率和视在功率,其中 $R_1 = 20\ \Omega$,$R_2 = 10\ \Omega$,$C = 2\ \mathrm{mF}$,$L = 0.1\ \mathrm{H}$,$u = 50\sqrt{2}\sin 100t\ \mathrm{V}$。

解:

$$Z = R_1 + \frac{-\mathrm{j}X_C(R_2 + \mathrm{j}X_L)}{-\mathrm{j}X_C + (R_2 + \mathrm{j}X_L)}$$

$$= 20 + \frac{-\mathrm{j}\dfrac{1}{100 \times 2 \times 10^{-3}} \times (10 + \mathrm{j}100 \times 0.1)}{-\mathrm{j}\dfrac{1}{100 \times 2 \times 10^{-3}} + (10 + \mathrm{j}100 \times 0.1)} = 22.8\angle -15.26°(\Omega)$$

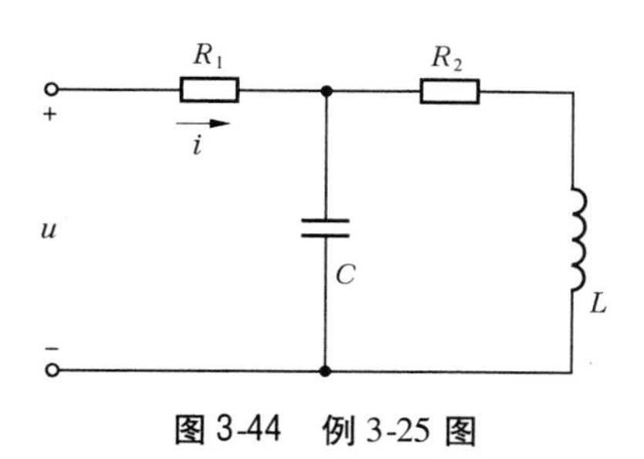

图 3-44　例 3-25 图

$$\dot{I}=\frac{\dot{U}}{Z}=\frac{50\angle 0^\circ}{22.8\angle -15.26^\circ}=2.19\angle 15.26^\circ(\Omega)$$

$$P=UI\cos\varphi=50\times 2.19\cos(-15.26^\circ)=105.64(\mathrm{W})$$

$$Q=UI\sin\varphi=50\times 2.19\sin(-15.26^\circ)=-28.82(\mathrm{var})$$

$$S=UI=50\times 2.19=109.5(\mathrm{VA})$$

【例 3-26】　图 3-45 所示电路可用于测量线圈的参数 R 和 L。已测得电压表、电流表和功率表的读数分别为 100 V、2 A 和 120 W，电源的频率为 50 Hz，试求 R 和 L。

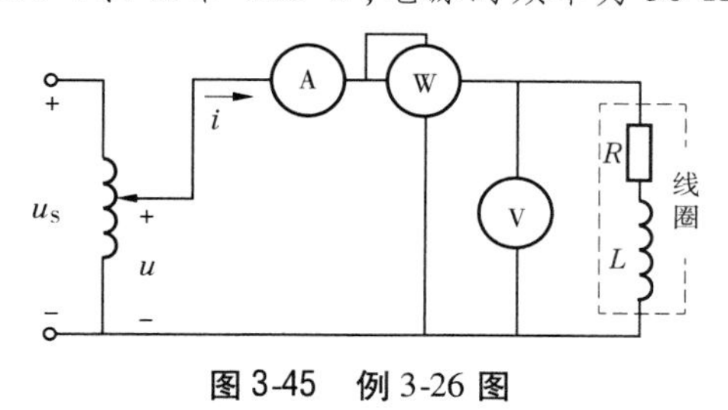

图 3-45　例 3-26 图

解：$R=\frac{P}{I^2}=\frac{120}{2^2}=30(\Omega)$

线圈的阻抗模为

$$|Z|=\frac{U}{I}=\frac{100}{2}=50(\Omega)$$

又有

$$X_L=\sqrt{|Z|^2-R^2}=\sqrt{50^2-30^2}=40(\Omega)$$

所以

$$L=\frac{X_L}{\omega}=\frac{40}{2\pi\times 50}=0.127(\mathrm{H})$$

三、复功率

为了能够用相量来计算电路的功率，特引入复功率。在端口电压相量、电流相量分别为 $\dot{U}=U\angle\theta_u$，$\dot{I}=I\angle\theta_i$ 的二端网络中，其复功率定义为

$$\tilde{S}=\dot{U}\dot{I} \tag{3-61}$$

式中，$\dot{I}^*=I\angle-\theta_i$ 是电流相量 $\dot{I}$ 的共轭复数。复功率的 SI 单位为伏安（VA）。

复功率 $\tilde{S}$ 还可以表示为

$$\tilde{S} = \dot{U}\dot{I}^* = U\angle -\theta_u I\angle -\theta_i = UI\angle(\theta_u - \theta_i) = UI\angle\varphi$$
$$= S\angle\varphi = UI\cos\varphi + \mathrm{j}UI\sin\varphi = P + \mathrm{j}Q \tag{3-62}$$

可见,复功率这个复数的模是网络的视在功率,它的辐角是电压与电流的相位差,它的实部为有功功率,它的虚部为无功功率。

可以得到,电阻元件的复功率为

$$\tilde{S} = UI\angle 0° = UI = I^2R = U^2G$$

电感元件的复功率为

$$\tilde{S} = UI\angle 90° = \mathrm{j}UI = \mathrm{j}I^2X_L$$

电容元件的复功率为

$$\tilde{S} = UI\angle -90° = -\mathrm{j}UI = -\mathrm{j}I^2X_C$$

在整个电路中,复功率是守恒的,即一些支路发出的复功率一定等于其余支路吸收的复功率。由复功率守恒,也必然得到有功功率和无功功率是守恒的。

【例 3-27】 在图 3-46 所示电路中,已知 $R_1 = 40\ \Omega$,$X_L = 30\ \Omega$,$R_2 = 60\ \Omega$,$X_C = 60$,电源电压 $\dot{U}_S = 220\angle 0°\ \mathrm{V}$。试求各支路的电流及复功率。

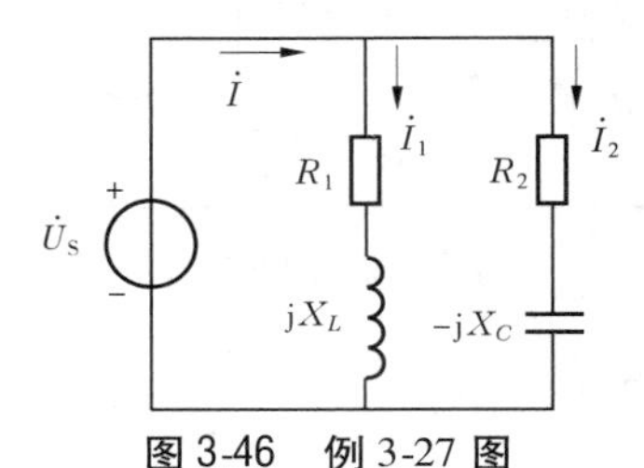

图 3-46 例 3-27 图

解: 1 支路的电流及复功率为

$$\dot{I}_1 = \frac{\dot{U}_S}{R_1 + \mathrm{j}X_L} = \frac{220\angle 0°}{40 + \mathrm{j}30} = 4.4\angle -36.9°(\mathrm{A})$$

$$\tilde{S} = \dot{U}_S\dot{I}_1^* = 220\angle 0° \times 4.4\angle 36.9° = 774 + \mathrm{j}581(\mathrm{VA})$$

2 支路的电流及复功率为

$$\dot{I}_2 = \frac{\dot{U}_S}{R_2 - \mathrm{j}X_C} = \frac{220\angle 0°}{60 - \mathrm{j}60} = 2.59\angle 45°(\mathrm{A})$$

$$\tilde{S} = \dot{U}_S\dot{I}_2^* = 220\angle 0° \times 2.59\angle -45° = 570\angle -45° = 403 - \mathrm{j}403(\mathrm{VA})$$

电源支路的电流及复功率为

$$\dot{I} = \dot{I}_1 + \dot{I}_2 = 4.4\angle -36.9° + 2.59\angle 45° = 5.41\angle -8.61°(\mathrm{A})$$

$$\tilde{S} = \dot{U}_S\dot{I}^* = 220\angle 0° \times 5.41\angle 8.61° = 1\ 190\angle 8.61° = 1\ 177 + \mathrm{j}178(\mathrm{VA})$$

四、功率因数的提高

在正弦交流电路中，由于有功功率为

$$P = UI\cos\varphi = S\cos\varphi$$

因此，当负载的功率因数 $\cos\varphi$ 太低时，电路中电源设备的额定容量就不能被充分利用。

此外，由于电流 $I = \dfrac{P}{U\cos\varphi}$，所以当传输的功率、电压一定时，负载的功率因数越低，则输电线路的电流越大，所引起的线路能量损耗和电压降落越大，影响负载的正常工作。

提高电路的功率因数，就能充分利用电源设备的容量，就能减少输电的电能损耗，改善供电的电压质量。

一般负载都是电感性的，对于这样的负载，常用电容器与负载并联来提高电路的功率因数。可用 RL 串联表示感性负载，如图 3-47(a)所示，画出电路的相量图如图 3-47(b)所示。在未并联电容 C 时，线路电流 $\dot{I}$ 等于负载电流 $\dot{I}_1$，此时功率因数为 $\cos\varphi$；并联电容后，线路电流 $\dot{I} = \dot{I}_1 + \dot{I}_2$，功率因数为 $\cos\varphi'$。因为 $\varphi' < \varphi$，所以 $\cos\varphi' > \cos\varphi$，从而把线路的功率因数提高。

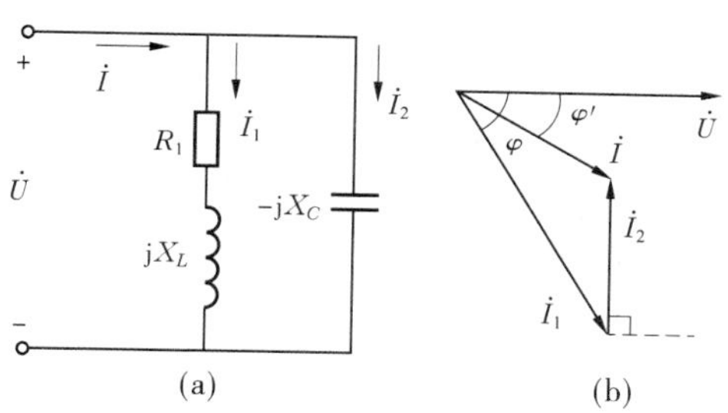

图 3-47 功率因数的提高

如果要将有功功率为 P、端电压为 U 的负载电路的功率因数由 $\cos\varphi$ 提高到 $\cos\varphi'$，则所应并联的电容 C 可计算如下：

$$I_1 = \frac{P}{U\cos\varphi},\quad I = \frac{P}{U\cos\varphi'}$$

$$I_2 = I_1\sin\varphi - I\sin\varphi' = \frac{P}{U}(\tan\varphi - \tan\varphi')$$

$$I_2 = \frac{U}{X_C} = \omega CU$$

化简得

$$\omega CU = \frac{P}{U}(\tan\varphi - \tan\varphi')$$

所以

$$C = \frac{P}{\omega U^2}(\tan\varphi - \tan\varphi') \tag{3-63}$$

学习单元十三　电路的谐振

谐振是正弦交流电路中的一种特殊现象,当含有电感和电容的无源二端网络的等效阻抗或导纳的虚部为零时,就会出现端口电压与电流同相的现象,这种现象称为谐振。这是因为:

$$\dot{U} = Z\dot{I} \text{ 或 } \dot{I} = Y\dot{U}$$

如果 Z 或 Y 的虚部为零,即 $Z=R$ 或 $Y=G$,则

$$\dot{U} = R\dot{I} \text{ 或 } \dot{I} = G\dot{U}$$

所以,$\dot{U}$ 与 $\dot{I}$ 同相。

谐振在无线电和电工技术中得到广泛的应用,但另一方面也要避免谐振可能造成的某种危害。所以,有必要研究谐振现象。

一、串联谐振

(一)串联谐振的条件

在图 3-48 所示的 RLC 串联的正弦电路中,阻抗

$$Z = R + jX = R + j(X_L - X_C)$$

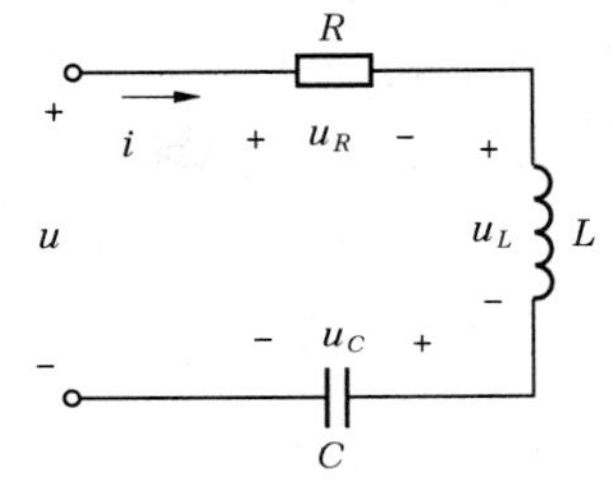

图 3-48　串联谐振电路

只要虚部 $X=0$,即

$$X_L - X_C = 0 \text{ 或 } X_L = X_C$$

亦即

$$\omega L = \frac{1}{\omega C}$$

电路就发生谐振。于是,发生谐振时的角频率为

$$\omega_0 = \frac{1}{\sqrt{LC}} \tag{3-64}$$

称为谐振角频率,而谐振频率为

$$f_0 = \frac{1}{2\pi\sqrt{LC}} \tag{3-65}$$

要实现谐振,在电路参数(L 或 C)固定时,可调节电源的频率;在电源频率固定时,可调节电路参数 R 或 C。

(二)串联谐振的特征

谐振时,阻抗模 $|Z|=R$ 最小,电流 $I=\dfrac{U}{|Z|}=\dfrac{U}{R}$最大。因为:

$$|Z| = \sqrt{R^2 + X^2} \geqslant R$$

故 $X=0$ 时,$|Z|=R$ 为最小,而电压 U 为恒定值,所以电流达极大值。

谐振时,由于 $X_L=X_C$,而

$$\dot{U}_L = jX_L\dot{I}, \qquad \dot{U}_C = -jX_C\dot{I}$$

于是

$$\dot{U}_L + \dot{U}_C = 0$$

所以串联谐振又称为电压谐振。相量图如图3-49所示。

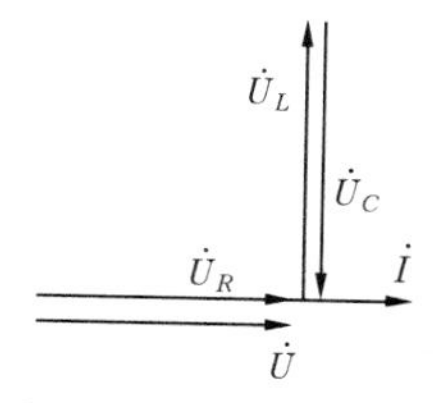

图3-49 串联谐振相量图

(三)特性阻抗和品质因数

谐振时,电路的感抗 X_L 和容抗 X_C 相等,称为电路的特性阻抗,用 ρ 表示。

以 $\omega_0 = \frac{1}{\sqrt{LC}}$ 代入 X_L 和 X_C ,可得

$$X_{L0} = \omega_0 L = \sqrt{\frac{L}{C}} = \rho$$

$$X_{C0} = \frac{1}{\omega_0 C} = \sqrt{\frac{L}{C}} = \rho$$

或

$$\rho = \omega_0 L = \frac{1}{\omega_0 C} = \sqrt{\frac{L}{C}} \tag{3-66}$$

可见,特性阻抗是一个与频率无关只与电路参数有关的常量,其SI单位为Ω。

谐振电路的性能可用谐振电路的特性阻抗 ρ 与电路的电阻 R 的比值来反映,该比值称为电路的品质因数,用 Q 来表示,即

$$Q = \frac{\rho}{R} = \frac{\omega_0 L}{R} = \frac{1}{\omega_0 RC} = \frac{1}{R}\sqrt{\frac{L}{C}} \tag{3-67}$$

这样,电路谐振时的电感电压和电容电压可表达为

$$U_{L0} = \omega_0 LI = \frac{\omega_0 L}{R}U = QU$$

$$U_{C0} = \frac{1}{\omega_0 C}I = \frac{1}{\omega_0 RC}U = QU$$

由于电路的 Q 值通常为50~200,致使电感和电容两端出现大大超过电源电压的过电压,造成电气设备损害,所以在电力系统中应避免谐振的发生。

【例3-28】 图3-48所示电路当正弦电压 u 的频率为79.6 kHz时发生谐振,已知 $L=20$ mH, $R=100$ Ω,试求

(1)电容 C、特性阻抗 ρ 和品质因数 Q;

(2)当 $U=100$ V,谐振时的 U_{L0} 和 U_{C0} 值。

解:(1) $C=\frac{1}{(2\pi f_0)^2 L}=\frac{1}{(2\pi\times 79.6\times 10^3)^2\times 20\times 10^{-3}}=200(\text{pF})$

特性阻抗为

$$\rho = \sqrt{\frac{L}{C}} = \sqrt{\frac{20\times 10^{-3}}{200\times 10^{-12}}} = 10\ 000(\Omega)$$

品质因数为

$$Q = \frac{\rho}{R} = \frac{10\ 000}{100} = 100$$

(2) $$U_{L0}=U_{C0}=QU=100\times100=10\,000(\mathrm{V})$$

二、并联谐振

(一)并联谐振的条件

在图 3-50 所示电路中,电感支路的导纳为

$$Y_1=\frac{1}{R+\mathrm{j}\omega L}=\frac{R}{R^2+(\omega L)^2}-\mathrm{j}\frac{\omega L}{R^2+(\omega L)^2}$$

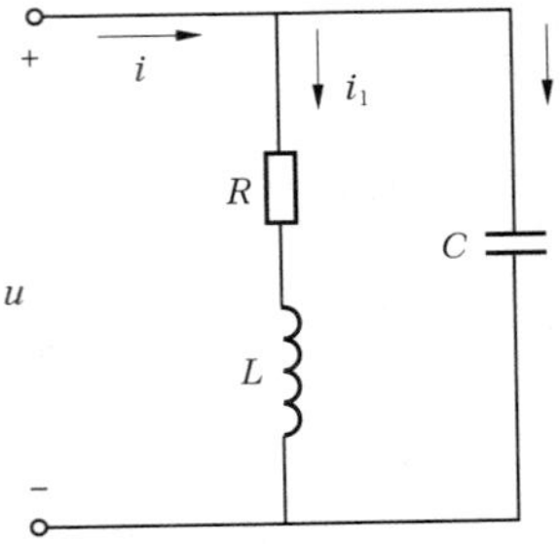

图 3-50　并联谐振电路

电容支路的导纳为

$$Y_2=\frac{1}{-\mathrm{j}\dfrac{1}{\omega C}}=\mathrm{j}\omega C$$

总导纳为

$$Y=Y_1+Y_2=\frac{R}{R^2+(\omega L)^2}+\mathrm{j}\left[\omega C-\frac{\omega L}{R^2+(\omega L)^2}\right]$$

只要虚部为零,即 $\omega C=\dfrac{\omega L}{R^2+(\omega L)^2}$,电路就发生谐振,由此可解得谐振角频率为

$$\omega_0=\frac{1}{\sqrt{LC}}\sqrt{1-\frac{CR^2}{L}} \tag{3-68}$$

谐振频率为

$$f_0=\frac{1}{2\pi\sqrt{LC}}\sqrt{1-\frac{CR^2}{L}} \tag{3-69}$$

此外,还得满足 $1-\dfrac{CR^2}{L}>0$,即 $R<\sqrt{\dfrac{L}{C}}$ 的条件,才能在电路参数一定时,调节电源的频率来实现谐振。

由于通常有 $\omega_0L\gg R$,所以:

$$\omega_0C=\frac{\omega_0L}{R^2+(\omega_0L)^2}\approx\frac{1}{\omega_0L}$$

于是

$$\left.\begin{aligned}\omega_0 &\approx \frac{1}{\sqrt{LC}}\\ f_0 &\approx \frac{1}{2\pi\sqrt{LC}}\end{aligned}\right\} \tag{3-70}$$

与串联谐振的条件相同。

(二)并联谐振的特征

谐振时,导纳模为

$$|Y| = \frac{R}{R^2 + (\omega_0 L)^2} \text{(最小或接近最小)}$$

阻抗模为

$$|Z| = \frac{1}{|Y|} = \frac{R^2 + (\omega_0 L)^2}{R} = \frac{L}{RC} = \frac{\rho}{R}\rho = Q\rho \quad \text{(最大或接近最大)}$$

式中,ρ 为并联谐振电路的特性阻抗,$\rho = \sqrt{\frac{L}{C}}$;$Q$ 为并联谐振电路的品质因数,$Q = \frac{\rho}{R}$。

谐振时,电感支路的电流为

$$I_1 = \frac{U}{\sqrt{R^2 + (\omega_0 L)^2}} \approx \frac{U}{\omega_0 L}$$

电容支路的电流为

$$I_2 = \omega_0 CU$$

代入 $U = I|Z| = IQ\rho, \quad \rho = \sqrt{\frac{L}{C}} \approx \omega_0 L \approx \frac{1}{\omega_0 C}$

可得

$$I_1 \approx \frac{1}{\omega_0 L} IQ\rho = QI$$

$$I_2 \approx \omega_0 CIQ\rho = QI$$

可见两条支路电流的大小近似相等,都为总电流的 Q 倍。所以,并联谐振又称为电流谐振。相量图如图 3-51 所示。

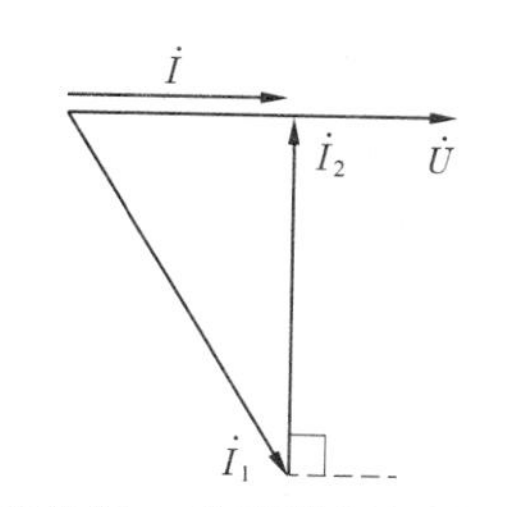

图 3-51 并联谐振相量图

学习单元十四 互感现象

耦合线圈是几个有磁耦合的线圈,当其中一个线圈有交变电流通过时,不仅在线圈本身产生交变磁链和电压,还在其他线圈产生交变磁链和电压,它们也能储存磁场能量,在忽略电阻损耗的情况下,可以用耦合电感元件作为它的电路模型。为了便于讨论,规定每个线圈电流的参考方向与电压参考方向相关联,电流参考方向与其产生的磁链的参考方向符合右手螺旋定则,也为相关联。各线圈之间由磁链耦合,其耦合关系另行说明。

一、耦合线圈的自感和互感

若图 3-52 左边的线圈 1 中通过交变电流 i_1 时,会在线圈 1 中产生交变的磁通,从而在线圈 1 中形成自感磁链 ψ_{11} ,其参考方向如图 3-52 所示,它与电流 i_1 成正比,即 $\psi_{11} = L_1 i_1$, L_1 称为线圈 1 的自感。电流 i_1 产生的磁链中,有一部分(或全部)与右边的线圈 2 交链,从而形成互感磁链 ψ_{21} ,其参考方向如图 3-52 所示,它仍与电流 i_1 成正比,即 $\psi_{21} = M_{21} i_1$, M_{21} 称为线圈 1 与线圈 2 的互感。磁链与电流呈线性关系, L_1 、M_{21} 均为与电流和时间无关的常量。

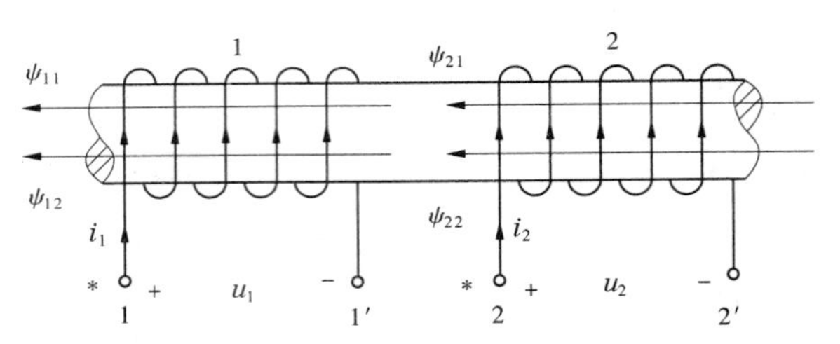

图 3-52 耦合线圈

与此相似,若右边的线圈 2 中通过交变电流 i_2 时,则在线圈 2 中产生自感磁链 ψ_{22} ,其参考方向如图 3-52 所示,它与电流 i_2 成正比,即 $\psi_{22} = L_2 i_2$, L_2 称为线圈 2 的自感。同样地,电流 i_2 产生的磁链中,有一部分(或全部)与左边的线圈 1 交链,从而形成互感磁链 ψ_{12} ,其参考方向如图 3-52 所示,它仍与电流 i_2 成正比,即 $\psi_{12} = M_{12} i_2$, M_{12} 称为线圈 2 与线圈 1 的互感。磁链与电流呈线性关系, L_2 、M_{12} 均为与电流和时间无关的常量。

只要磁场的介质是静止的,根据电磁理论可以证明 $M_{12} = M_{21}$,故可统一用 M 表示,称为互感系数,简称互感。互感与自感一样总是正值,其 SI 单位与自感相同,也是 H。

互感的量值反映了一个线圈在另一个线圈产生磁链的能力。一般情况下,一对耦合线圈的电流产生的磁通只有部分磁通相互交链,而彼此不交链的那一部分磁通称为漏磁通。为了表征耦合线圈耦合的紧密程度,通常用耦合系数 K 表示,K 定义为

$$K = \frac{M}{\sqrt{L_1 L_2}} \tag{3-71}$$

式中,L_1、L_2 为两个线圈的自感;M 为互感。

K 的取值范围为 $0 \leqslant K \leqslant 1$,当 $K = 1$ 时,称为全耦合。显然,耦合系数越大,表明这两个线圈的互感越大。耦合系数的大小取决于线圈的匝数、尺寸、几何形状、骨架材料、线圈之间的相对位置。

二、耦合线圈的总磁链

若一对耦合线圈中同时有电流 i_1 和 i_2 存在,则每个线圈的总磁链包括自感磁链和互感磁链两部分。由图 3-52 可以看出,互感磁链与自感磁链参考方向相同。如果规定总磁链的参考方向与自感磁链的参考方向相同,则总磁链总是“+”的,互感磁链则可能是“+”的,也可能是“-”的。

对于图 3-52,互感磁链与自感磁链参考方向相同,所以互感磁链为“+”,总磁链为

$$\left.\begin{aligned} \psi_1 &= \psi_{11} + \psi_{12} = L_1 i_1 + M i_2 \\ \psi_2 &= \psi_{21} + \psi_{22} = M i_1 + L_2 i_2 \end{aligned}\right\} \tag{3-72}$$

互感磁链的“+”或“-”既与两个线圈的相对位置和绕向有关，也与线圈首尾端的规定有关。为了在看不清线圈绕法和分不清首尾端的情况下，也能确定互感磁链为“+”或“-”，在耦合线圈的端钮上采用同名端的标记方法。例如在图3-52中，互感磁链与自感磁链方向相同，电流 i_1 和 i_2 流入的两个端钮1和2称为同名端，标记以相同的符号“*”。标记了同名端后，根据流入电流的两个端子是否为同名端，就可确定互感磁链为“+”或“-”了。

三、耦合线圈的感应电压

当电流 i_1 和 i_2 随时间变化时，线圈中磁场及其磁链也随时间变化，将在线圈中产生感应电压。按上述每个线圈电压、电流、磁链为关联参考方向的规定，根据电磁感应定律，由式(3-72)可以得出图3-52所示的两个线圈感应电压为

$$\left.\begin{aligned} u_1 &= \frac{\mathrm{d}\psi_1}{\mathrm{d}t} = \frac{\mathrm{d}\psi_{11}}{\mathrm{d}t} + \frac{\mathrm{d}\psi_{12}}{\mathrm{d}t} = L_1\frac{\mathrm{d}i_1}{\mathrm{d}t} + M\frac{\mathrm{d}i_2}{\mathrm{d}t} = u_{11} + u_{12} \\ u_2 &= \frac{\mathrm{d}\psi_2}{\mathrm{d}t} = \frac{\mathrm{d}\psi_{21}}{\mathrm{d}t} + \frac{\mathrm{d}\psi_{22}}{\mathrm{d}t} = M\frac{\mathrm{d}i_1}{\mathrm{d}t} + L_2\frac{\mathrm{d}i_2}{\mathrm{d}t} = u_{21} + u_{22} \end{aligned}\right\} \tag{3-73}$$

在忽略耦合线圈电阻的条件下，一对耦合线圈的电压由式(3-73)描述。每个线圈的总电压由自感电压(u_{11} 或 u_{22})和互感电压(u_{12} 或 u_{21})两部分组成。取线圈的总电压与自感电压、互感电压有相同的参考方向，如图3-52的参考极性所示，则自感电压总是“+”的，互感电压可能是“+”，也可能是“-”的。

互感电压取“+”或“-”的原则：按照电压的参考方向与引起该电压的另一个线圈中电流的参考方向对同名端是否一致来选取，如两者对同名端一致，则为“+”，反之为“-”。简称为对同名端一致原则。

在图3-52中，端钮1、2为同名端。电流从端钮1流入，端钮2电压为正极性，两者对同名端一致，所以式(3-73)的互感电压取“+”号。

四、耦合电感元件

耦合电感元件是从实际耦合线圈抽象出来的理想化的电路模型，其元件符号和电压电流关系分别如图3-53和式(3-74)所示。它由 L_1、L_2 和 M 三个参数表征，是一种线性二端元件。

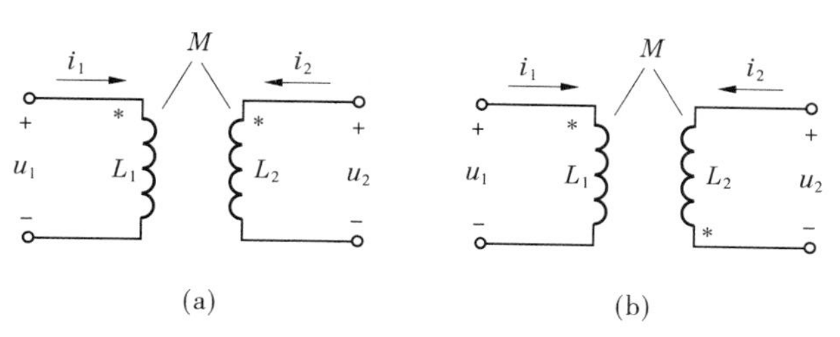

图3-53　耦合电感元件

$$\left.\begin{aligned}u_1 &= u_{11} + u_{12} = L_1\frac{\mathrm{d}i_1}{\mathrm{d}t} + M\frac{\mathrm{d}i_2}{\mathrm{d}t}\\ u_2 &= u_{21} + u_{22} = M\frac{\mathrm{d}i_1}{\mathrm{d}t} + L_2\frac{\mathrm{d}i_2}{\mathrm{d}t}\end{aligned}\right\} \tag{3-74a}$$

$$\left.\begin{aligned}u_1 &= u_{11} + u_{12} = L_1\frac{\mathrm{d}i_1}{\mathrm{d}t} - M\frac{\mathrm{d}i_2}{\mathrm{d}t}\\ u_2 &= u_{21} + u_{22} = -M\frac{\mathrm{d}i_1}{\mathrm{d}t} + L_2\frac{\mathrm{d}i_2}{\mathrm{d}t}\end{aligned}\right\} \tag{3-74b}$$

如上所述,图 3-53(a)对应于式(3-74a),线圈电流的参考方向与另一个线圈电压的参考方向对同名端一致,所以互感电压取“+”号;图 3-53(b)对应于式(3-74b),线圈电流的参考方向与另一个线圈电压的参考方向对同名端非一致,所以互感电压取“-”号。

学习单元十五　耦合电感的正弦交流电路

在计算具有互感的交流电路时,一般仍采用相量表示法,此时 KCL 的形式不变,但在 KVL 表达式中要计入由于互感的作用而引起的互感电压。一般情况下,利用支路电流法、回路电流法求解电路,节点电压法不再适用。

一、耦合电感的串联

耦合电感的串联有两种情况:一种是顺向串联,另一种是反向串联。

顺向串联是把两线圈的异名端相连,如图 3-54(a)所示,当有外加电压时,电流从两线圈的同名端流入。设电压与电流取关联参考方向(如图 3-54(a)中所示),此时,一个线圈的互感电压和另一个线圈的电流的参考方向对同名端一致。串联后的总电压相量为

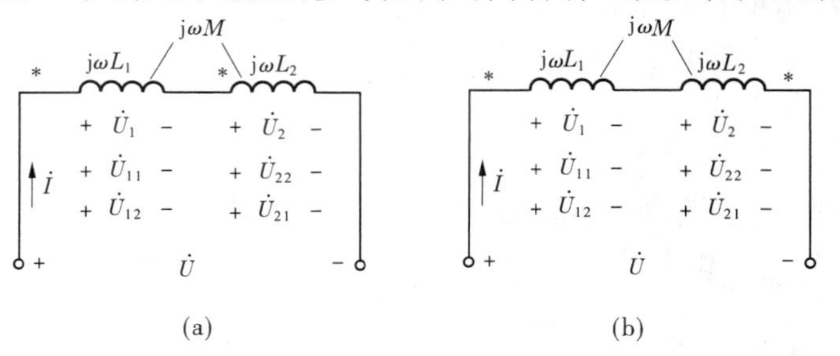

图 3-54　耦合电感的串联

$$\begin{aligned}\dot{U} &= \dot{U}_1 + \dot{U}_2 = (\dot{U}_{11} + \dot{U}_{12}) + (\dot{U}_{21} + \dot{U}_{22})\\ &= (\mathrm{j}\omega L_1\dot{I} + \mathrm{j}\omega M\dot{I}) + (\mathrm{j}\omega M\dot{I} + \mathrm{j}\omega L_2\dot{I})\\ &= \mathrm{j}\omega(L_1 + L_2 + 2M)\dot{I} = \mathrm{j}\omega L\dot{I}\end{aligned} \tag{3-75a}$$

式中,L 为两线圈顺向串联时的等效电感,$L = L_1 + L_2 + 2M$。

反向串联是把两线圈的同名端相连,如图 3-54(b)所示,这时,电流 $\dot{I}$ 从两线圈的异

名端流入。设线圈电压与电流取关联参考方向(如图3-54(b)所示),此时,一个线圈的互感电压和另一个线圈的电流的参考方向对同名端非一致,串联后的总电压相量为

$$\begin{aligned}\dot{U} &= \dot{U}_1 + \dot{U}_2 = (\dot{U}_{11} + \dot{U}_{12}) + (\dot{U}_{21} + \dot{U}_{22}) \\ &= (\mathrm{j}\omega L_1 \dot{I} - \mathrm{j}\omega M\dot{I}) + (-\mathrm{j}\omega M\dot{I} + j\omega L_2 \dot{I}) \\ &= \mathrm{j}\omega(L_1 + L_2 - 2M)\dot{I} = \mathrm{j}\omega L\dot{I}\end{aligned} \tag{3-75b}$$

式中 L 为两线圈反向串联时的等效电感,$L = L_1 + L_2 - 2M$。

综合以上讨论,可以得到耦合电感串联时的等效电感为

$$L = L_1 + L_2 \pm 2M \tag{3-76}$$

式中,顺向串联时,$2M$ 取“+”号;反向串联时,$2M$ 前取“-”号。显然,顺向串联时磁场增强,等效电感增大;而反向串联时磁场削弱,等效电感减小。利用这个结论,也可以用实验方法判断耦合电感的同名端,式(3-76)还提供了测量耦合电感 M 的一种方法。应当注意的是,即使在反向串联的情况下,串联后的等效电感也必然大于或等于零,即 $L = L_1 + L_2 - 2M \geqslant 0$,所以:

$$M \leqslant \frac{1}{2}(L_1 + L_2) \tag{3-77}$$

二、耦合电感的并联

两个耦合电感并联也有两种情况:一种是同名端相连,称同侧并联;另一种是异名端相连,称异侧并联。

(一)耦合电感的同侧并联及其等效电路

图3-55(a)是耦合电感的同侧并联,按图3-55(a)中给出的电流、电压参考方向同,互感电压应取正值,故得

$$\left.\begin{aligned}\dot{U} &= \mathrm{j}\omega L_1 \dot{I}_1 + \mathrm{j}\omega M\dot{I}_2 \\ \dot{U} &= \mathrm{j}\omega L_1 \dot{I}_2 + \mathrm{j}\omega M\dot{I}_1\end{aligned}\right\} \tag{3-78}$$

联立求解方程式(3-78),便得到电流 $\dot{I}_1$、$\dot{I}_2$ 和总电流 $\dot{I}$($\dot{I} = \dot{I}_1 + \dot{I}_2$)。这种分析方法通过直接列写方程求取支路电流,称为耦合电感并联的支路电流法。

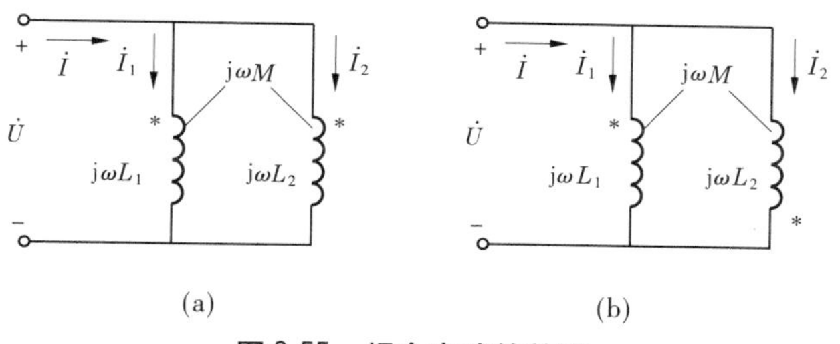

图3-55 耦合电路的并联

下面介绍耦合电感同侧并联的等效变换法,也称去耦法。因为 $\dot{I} = \dot{I}_1 + \dot{I}_2$,在方程式(3-78)的第一式中以 $\dot{I}_2 = \dot{I} - \dot{I}_1$ 代入,在第二式中以 $\dot{I}_1 = \dot{I} - \dot{I}_2$ 代入,则有

$$\left.\begin{aligned}\dot{U} &= \mathrm{j}\omega L_1\dot{I}_1 + \mathrm{j}\omega M(\dot{I} - \dot{I}_1) = \mathrm{j}\omega M\dot{I} + \mathrm{j}\omega(L_1 - M)\dot{I}_1 \\ \dot{U} &= \mathrm{j}\omega L_1\dot{I}_2 + \mathrm{j}\omega M(\dot{I} - \dot{I}_2) = \mathrm{j}\omega M\dot{I} + \mathrm{j}\omega(L_2 - M)\dot{I}_2\end{aligned}\right\} \tag{3-79}$$

根据式(3-79)可以画出耦合电感同侧并联的等效电路,如图3-56(a)所示,电路中耦合电感已不复存在,这种等效电路称为去耦等效电路。

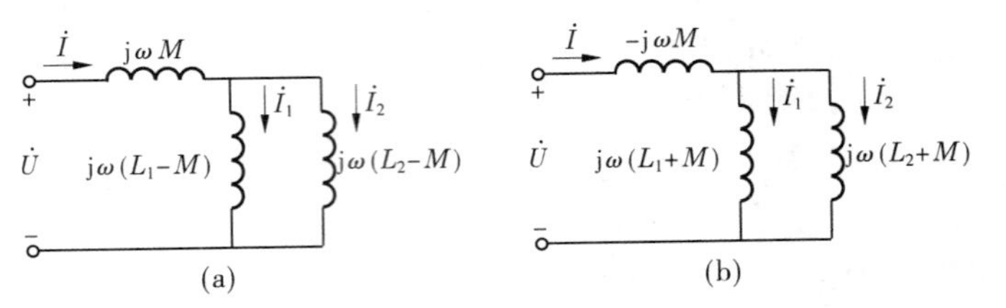

图3-56 耦合电感并联时的等效电路

(二)耦合电感的异侧并联及其等效电路

图3-55(b)是耦合电感的异侧并联,用类似的方法可以画出耦合电感异侧并联的等效电路,如图3-56(b)所示。它与图3-56(a)的区别在于改变了M前的符号。在耦合电感并联等效电路的推导中,用到了总电流等于两支路电流之和的关系:$\dot{I} = \dot{I}_1 + \dot{I}_2$。

根据图3-56可以得出耦合电感并联时的等效电感为

$$L = \frac{L_1L_2 - M^2}{L_1 + L_2 \mp 2M} \tag{3-80}$$

同侧并联时,$2M$取“ − ”号,这时磁场增强,等效电感增大;异侧并联时,$2M$取“ + ”号,这时磁场削弱,等效电感减小。

【例3-29】 在图3-57所示电路中,$L_1 = 0.01$ H,$L_2 = 0.02$ H,$C = 20$ μF,$R = 10$ Ω,$M = 0.01$ H。求两个线圈在顺接串联和反接串联时的谐振角频率ω_0、ω_0'。

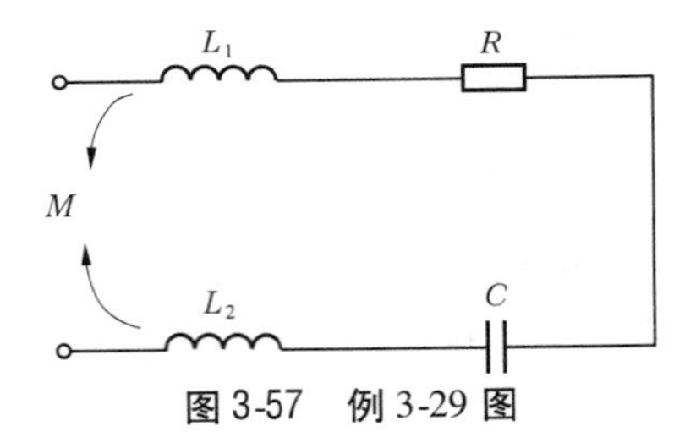

图3-57 例3-29图

解: 两线圈在顺接串联时的谐振角频率为

$$\omega_0 = \frac{1}{\sqrt{(L_1 + L_2 + 2M)C}} = \frac{10^3}{\sqrt{(0.01 + 0.02 + 0.02) \times 20}} \approx 1\ 000(\mathrm{rad/s})$$

两线圈在反接串联时的谐振角频率为

$$\omega_0' = \frac{1}{\sqrt{(L_1 + L_2 - 2M)C}} = \frac{10^3}{\sqrt{(0.01 + 0.02 - 0.02) \times 20}} \approx 2\ 236(\mathrm{rad/s})$$

三、具有一个公共端的耦合电感

当耦合电感的两个线圈虽然不是并联,但有一个端钮相连,这是具有一个公共端的耦合电感，如图 3-58 所示，图 3-58(a)所示为同名端相连，图 3-58(b)所示为异名端相连。去耦法仍然适用，因为它仍满足总电流等于两支路电流之和的关系。其去耦等效电路如图 3-59(a)、(b)所示，分别对应同名端相连和异名端相连。需要注意的是，图 3-59 中的节点 4 是去耦电路的新增节点，图 3-58 中无对应的节点。

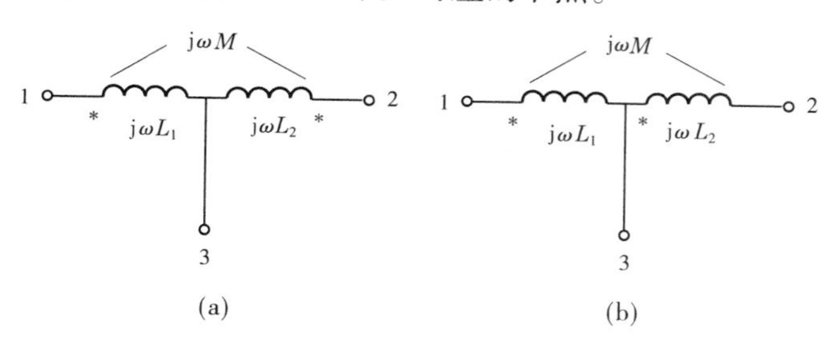

图 3-58　具有一个公共端的耦合电感

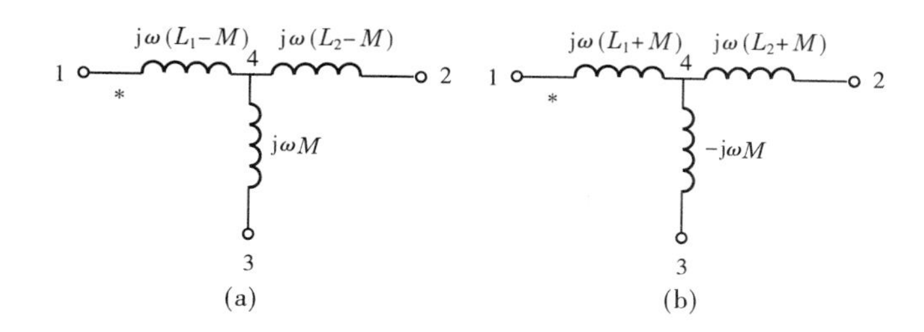

图 3-59　具有一个公共端的耦合电感的去耦等效电路

【例 3-30】　在图 3-60(a)的所示电路中，$R_1 = R_2 = 3\ \Omega, \omega L_1 = \omega L_2 = 4\ \Omega, \omega M = 2\ \Omega$，在 ab 端口加 10 V 正弦电压，试求 cd 端口电压。

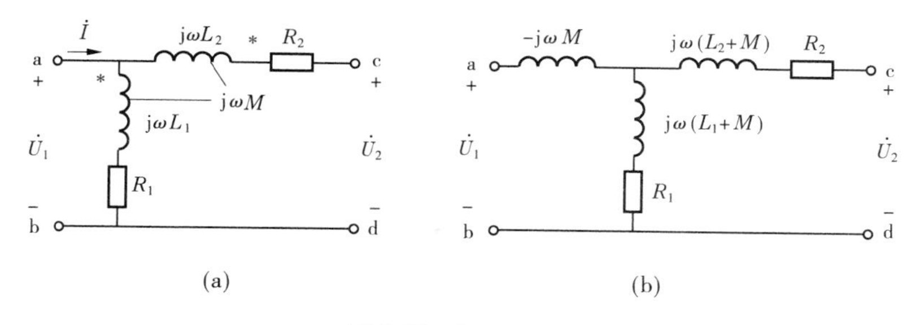

图 3-60　例 3-30 图

解：图 3-60(a)所示的电路是具有一个公共端 a 的耦合电感，为异名端连接，利用去耦法可将其变换成图 3-60(b)所示的等效电路。对于这个去耦后的等效电路，可以利用分压公式求得 cd 端口电压：

$$\dot{U}_2 = \frac{R_1 + j\omega(L_1 + M)}{R_1 + j\omega(L_1 + M) + (-j\omega M)}\dot{U}_1$$

$$= \frac{3 + j6}{3 + j4} \times 10\angle 0°(\text{V}) = 1.34\angle 10.3°\ \text{V}$$

四、耦合电感电路的一般计算方法

在计算具有耦合电感的正弦电流电路时，采用相量表示电压、电流，这时 KCL 的形式仍然不变，但在 KVL 的表达式中，应计及由耦合电感引起的互感电压。当某些支路具有耦合电感时，这些支路的电压不仅与本支路电流有关，还与有耦合关系的支路电流有关，因而阻抗串并联公式、节点分析法等不便于直接应用。因为互感电压可以直接计入 KVL 方程中，以电流为求解对象的支路电流分析法、网孔电流分析法则可以直接应用。因此，计算含有耦合电感的电路采用支路电流分析法或网孔电流分析法较为方便。

【例 3-31】 求图 3-61 所示电路的等效阻抗，其中 $R_1 = R_2 = 6\ \Omega$，$\omega L_1 = \omega L_2 = 10\ \Omega$，$\omega M = 5\ \Omega$。

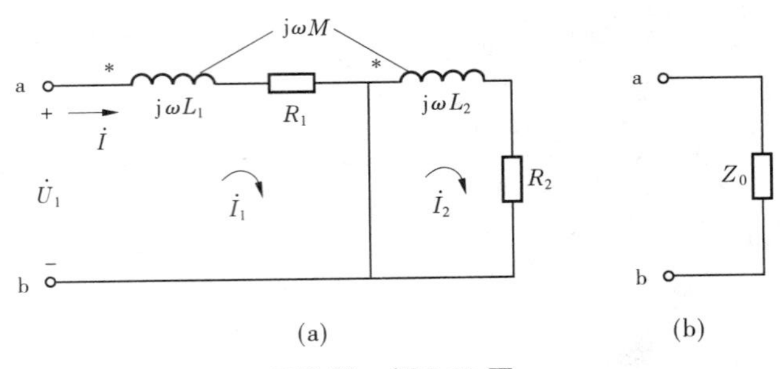

图 3-61　例 3-31 图

解： 含耦合线圈电路的等效阻抗的求解方法与含受控源电路的相似，采用外加电压法：设 ab 端口的电压为 $\dot{U}$，电流为 $\dot{I}$，取其比值即为等效阻抗，如图 3-61(b) 所示。

采用网孔电流分析法来计算，设网孔电流的参考方向如图 3-61(a) 所示，则

$$\left.\begin{aligned}(R_1 + j\omega L_1)\dot{I}_1 + j\omega M\dot{I}_2 &= \dot{U}\\ j\omega M\dot{I}_1 + (R_2 + j\omega L_2)\dot{I}_2 &= 0\end{aligned}\right\}$$

解得电流 $\dot{I}_1$ 即为 $\dot{I}$：

$$\dot{I} = \frac{R_2 + j\omega L_2}{(R_1 + j\omega L_1)(R_2 + j\omega L_2) - (j\omega M)^2}\dot{U}$$

$$= \frac{6 + j10}{(6 + j10)^2 - (j5)^2}\dot{U}$$

所以等效阻抗为

$$Z_0 = \frac{\dot{U}}{\dot{I}} = \frac{(6 + j10)^2 - (j5)^2}{6 + j10}(\Omega)$$

$$= 10.8\angle 49°\ \Omega = 7.1 + j8.2(\Omega)$$

【工程实例】 图 3-62 所示电路为三表法测量线圈的参数 R 和 L。

测得电压表、电流表和功率表的读数分别为 100 V、2 A 和 120 W，电源的频率为 50 Hz，试求 R 和 L。

$$R = \frac{P}{I^2} = \frac{120}{2^2} = 30(\Omega)$$

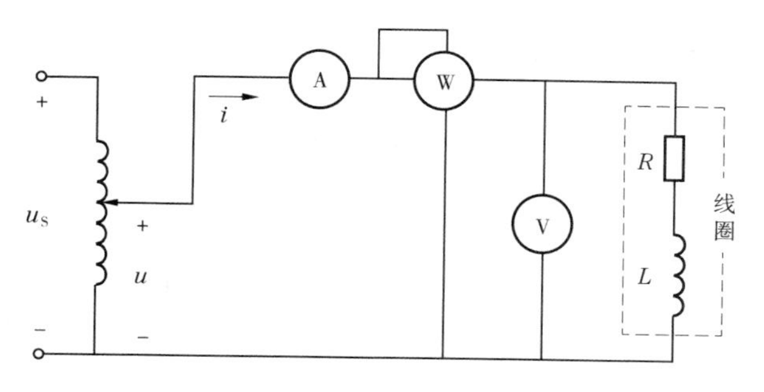

图 3-62　三表法测量线圈参数

线圈的阻抗模为

$$|Z| = \frac{U}{I} = \frac{100}{2} = 50(\Omega)$$

又有

$$X_L = \sqrt{|Z|^2 - R^2} = \sqrt{50^2 - 30^2} = 40(\Omega)$$

所以

$$L = \frac{X_L}{\omega} = \frac{40}{314} = 0.127(\mathrm{H})$$

小　结

1. 正弦量

$$i = I_m \sin(\omega t + \theta) = \sqrt{2} I \sin(\omega t + \theta)$$

(1) 三要素。

①幅值 $I_m = \sqrt{2} I$, I 为有效值。

②角频率。

$$\omega = \frac{2\pi}{T} = 2\pi f$$

③初相 θ。

(2) 相量表示法。

$$\dot{I} = I\angle\theta$$

相量图如图 3-63 所示。

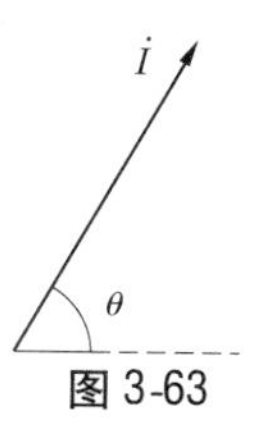

图 3-63

(3) 相位差。

$$i_1 = \sqrt{2} I_1 \sin(\omega t + \theta_1),\quad i_2 = \sqrt{2} I_2 \sin(\omega t + \theta_2)$$

相位差

$$\varphi = \theta_1 - \theta_2$$

(4) 同频率正弦量的和(差)。

$$i = i_1 \pm i_2$$

$$\dot{I} = \dot{I}_1 \pm \dot{I}_2$$

2. 基尔霍夫定律的相量形式。

$$\sum \dot{I} = 0, \quad \sum \dot{U} = 0$$

3. 阻抗

(1) 无源二端网络的等效阻抗。

$$Z = \frac{\dot{U}}{\dot{I}} = R + jX = |Z| \angle \varphi$$

$$|Z| = \frac{U}{I}, \quad \varphi = \theta_u - \theta_i$$

(2) RLC 串联电路的阻抗。

$$Z = R + jX = R + j(X_L - X_C) = |Z| \angle \varphi$$

$$|Z| = \sqrt{R^2 + X^2}, \qquad \varphi = \arctan \frac{X}{R}$$

4. 导纳

(1) 无源二端网络的等效导纳。

$$Y = \frac{\dot{I}}{\dot{U}} = G + jB = |Y| \angle \varphi'$$

$$|Y| = \frac{I}{U}, \quad \varphi' = \theta_i - \theta_u$$

(2) RLC 并联电路的导纳。

$$Y = G + jB = G + j(B_C - B_L) = |Y| \angle \varphi'$$

$$|Y| = \sqrt{G^2 + B^2}, \quad \varphi' = \arctan \frac{B}{G}$$

(3) 阻抗与导纳的关系。

$$Y = \frac{1}{Z}, \quad |Y| = \frac{1}{|Z|}, \quad \varphi' = -\varphi$$

5. 相量法

把电路中的电压、电流用相量表示，无源元件用阻抗或导纳表示，再借(套)用直流电阻电路的解法。

6. 正弦交流电路的功率

$$P = UI\cos\varphi = I^2 R$$

$$Q = UI\sin\varphi = I^2 X$$

$$S = UI$$

$$\tilde{S} = \dot{U}\dot{I}^* = P + jQ = S \angle \varphi$$

7. 谐振

(1) 串联谐振。

①条件 $\quad X_L = X_C, \quad \omega_0 = \frac{1}{\sqrt{LC}}$

②特征 $|Z|=R$(最小), $I=\dfrac{U}{R}$(最大)

(2)并联谐振。

①条件 $X_L = X_C$, $\omega_0 = \dfrac{1}{\sqrt{LC}}$

②特征 $|Z| = Q\rho\left(\rho = \dfrac{L}{C}\right)$(最大)

8. 互感

(1)耦合线圈的互感和自感。

耦合系数为 $K = \dfrac{M}{\sqrt{L_1L_2}}$

(2)耦合线圈的感应电压。

根据电磁感应定律,由式(3-72)可以得出图3-52所示的两个线圈感应电压为

$$\left.\begin{aligned} u_1 &= \frac{\mathrm{d}\psi_1}{\mathrm{d}t} = \frac{\mathrm{d}\psi_{11}}{\mathrm{d}t} + \frac{\mathrm{d}\psi_{12}}{\mathrm{d}t} = L_1\frac{\mathrm{d}i_1}{\mathrm{d}t} + M\frac{\mathrm{d}i_2}{\mathrm{d}t} = u_{11} + u_{12} \\ u_2 &= \frac{\mathrm{d}\psi_2}{\mathrm{d}t} = \frac{\mathrm{d}\psi_{21}}{\mathrm{d}t} + \frac{\mathrm{d}\psi_{22}}{\mathrm{d}t} = M\frac{\mathrm{d}i_1}{\mathrm{d}t} + L_2\frac{\mathrm{d}i_2}{\mathrm{d}t} = u_{21} + u_{22} \end{aligned}\right\}$$

9. 耦合线圈的交流电路

(1)耦合电感的串联。

两线圈顺向串联时的等效电感 $L = L_1 + L_2 + 2M$

两线圈反向串联时的等效电感 $L = L_1 + L_2 - 2M$

(2)耦合电感的并联。

耦合电感并联时的等效电感为 $L = \dfrac{L_1L_2 - M^2}{L_1 + L_2 \mp 2M}$

习 题

3-1 已知 $u=311\sin(314t-210°)$ V,则 $U_m=($ $)$ V,$\omega=($ $)$ rad/s,$f=($ $)$ Hz $T=($ $)$ s $\theta_u=($ $)°$

3-2 一工频正弦电流的最大值为 $10\sqrt{2}$ A,在 $t=0$ 时的值为 -10 A,试求它的解析式。

3-3 正弦电压 u_1、u_2 和 u_3 的最大值分别为 12 V、24 V 和 36 V,角频率为 ω。如 u_3 的初相为45°,u_1 超前 u_2 60°,滞后 $u_3$135°,试分别写出这三个电压的解析式。

3-4 电压表测得一正弦电压的指示值为 220 V,则其最大值 $U_m=$ __ V。

3-5 试用相量表示下列各正弦量,并绘出相量图。

(1)$u_1=50\sqrt{2}\sin(\omega t+120°)$ V;

(2)$u_2=100\sqrt{2}\sin(\omega t-120°)$ V;

(3)$i_1=5\sqrt{2}\sin(\omega t+30°)$ A;

(4) $i_2 = 15\sqrt{2}\sin(\omega t - 60°)$ A。

3-6　试写出下列相量对应的正弦量的解析式($f = 50$ Hz)。

(1) $\dot{I}_1 = 10\angle 30°$ A;

(2) $\dot{I}_2 = \mathrm{j}15$ A;

(3) $\dot{U}_1 = 220\angle 240°$ V;

(4) $\dot{U}_2 = 10\sqrt{3} + \mathrm{j}10$ V。

3-7　已知 $i_1 = 5\sqrt{2}\sin\omega t$ A, $i_2 = 5\sqrt{2}\sin(\omega t - 120°)$ A,试求 $i_1 - i_2$,并绘出相量图。

3-8　电阻 $R = 20\ \Omega$,通过电阻的电流 $i = 2\sqrt{2}\sin(\omega t - 45°)$ A,试求:

(1)电阻两端的电压(u 与 i 参考方向相同);

(2)电阻的功率。

3-9　一电阻 R 接到 $\dot{U} = 100\angle 60°$ V,$f = 50$ Hz 的电源上,消耗的功率为 100 W,试求:(1)电阻值 R;

(2)电流相量 $\dot{I}$($\dot{U}$、$\dot{I}$ 参考方向相同);

(3)作电压、电流相量图。

3-10　$R = 2\ \Omega$ 的电阻与 $L = 0.5$ H 的电感并联,已知电感电流 $i_L = 4\mathrm{e}^{-2t}$ A,试求该并联电路的总电流。

3-11　在直流电路中,电感元件为什么相当于短路?

3-12　判断下列各式的正误(电感电压 u、电流 i 的参考方向相同)。

(1) $u = \omega LI$;　　(2) $U = \omega LI$;

(3) $u = \omega Li$;　　(4) $\dot{I} = \dfrac{u}{\mathrm{j}\omega L}$。

3-13　一电感 $L = 0.1$ H,其端电压 $u = 220\sqrt{2}\sin(1\,000t + 45°)$ V,试求电感上的电流 i(i 与 u 参考方向相同)、电感上的无功功率 Q_L,并绘出电压、电流相量图。

3-14　电感的电压 $\dot{U} = 40\angle 53.1°$ V,电流 $\dot{I} = 5\angle -36.9°$ A,u、i 参考方向相同,$f = 50$ Hz,试求电感的 X_L 和 L。

3-15　$R = 4\ \Omega$ 的电阻与 $C = 0.4$ F 的电容串联,已知电容电压 $u_C = 4\mathrm{e}^{-2t}$ V,试求该串联电路的端电压。

3-16　在直流电路中,电容元件为什么相当于开路?

3-17　判断下列各式的正误(电容电压 u、电流 i 参考方向相同)。

(1) $i = \dfrac{u}{-\mathrm{j}X_C}$;　　(2) $\dot{I} = \dfrac{U}{\omega C}$;

(3) $i = \dfrac{U}{X_C}$;　　(4) $\dot{I} = \mathrm{j}\dfrac{\dot{U}}{X_C}$。

3-18　一电容 $C = 31.8\ \mu$F,其端电压 $u = 220\sqrt{2}\sin(314t - 45°)$ V,试求电容上的电流 i(i 与 u 参考方向相同)、电容上的无功功率 Q_C,并绘出电压、电流相量图。

3-19　在图 3-64 所示电路中,已知电流表 A_1 和 A_2 的读数分别为 5 A 和 12 A,试确定下列情况下元件各为何种单一参数元件？

(1)电流表 A 的读数为 13 A；

(2)电流表 A 的读数为 17 A；

(3)电流表 A 的读数为 7 A。

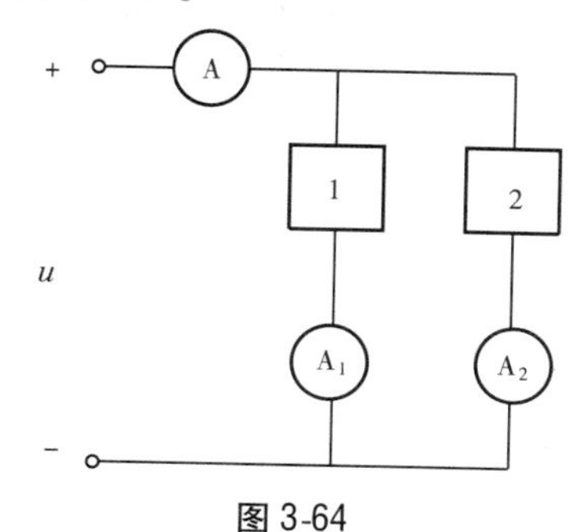

图 3-64

3-20　试判断下列各式的正误，电路如图 3-28 所示。

(1) $U_L + U_C = U - U_R$；　　(2) $U^2 = U_R^2 + (U_L - U_C)^2$；

(3) $Z = R + X_L - X_C$；　　(4) $I = \dfrac{U}{Z}$。

3-21　在 RL 串联电路中，各电压均与电流取关联参考方向，如其他条件不变，当 R 减小时，电感电压 u_L 与电源电压 u 的相位差会如何变化？

3-22　在 RC 串联电路中，各电压均与电流取关联参考方向，如其他条件不变，当 C 减小时，电容电压 u_C 与电源电压 u 的相位差会如何变化？

3-23　测得图 3-65 所示电路的 $U = 200$ V，$I = 2$ A，总的功率 $P = 320$ W，已知 $Z_1 = 30 + j40\ \Omega$，试求 Z_2。

3-24　RLC 串联电路的谐振条件是什么？其谐振角频率和谐振频率等于什么？

3-25　图 3-66 所示电路发生谐振时，测得电压 $U = 50$ V，$U_1 = 120$ V，试问 U_2 等于多少？

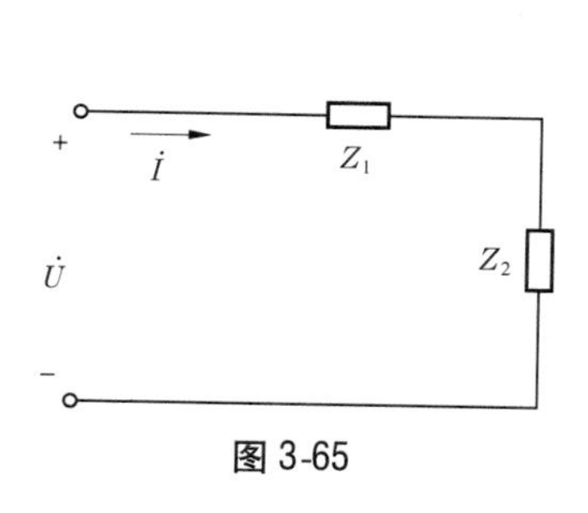

图 3-65

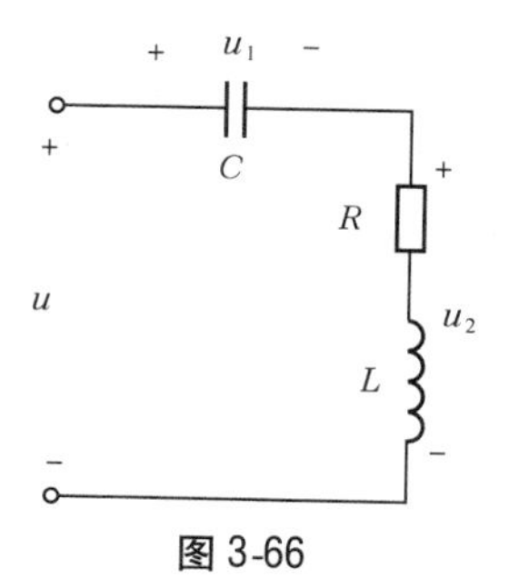

图 3-66

模块四 三相正弦交流电路

目的和要求：熟悉三相电源的连接及三相四线制；掌握对称三相电路的分析与计算归结为一相电路分析和计算的方法；掌握三相电路功率；熟悉不对称三相电路的分析方法。

目前电能的生产、输送和分配普遍采用三相制。所谓三相制，就是频率和幅值相同但是相位互差120°的三个电压源，即三相电源供电的系统。由这种电源供电的电路称三相电路。日常生活用的单相交流电乃是三相交流电的一部分。

由于三相交流电在输电方面比单相经济，例如，在输电距离、输送功率、功率因数、电压损失和功率损失都相同的条件下，用三相输电所需输电线的金属用量仅为单相输电时的75%。另外，三相电动机和发电机的性能比单相电机优越，而且所用材料比制造同等容量的单相电机节省，因此目前发电、输电和动力用电方面都采用三相制。

三相交流电路乃是一般交流电路的特例。一般交流电路的结论对三相交流电路都是适用的。本模块将从对称三相正弦量开始，介绍三相电路中电压、电流的基本性质，这部分内容是分析三相电路的基础，并要注意到三相电路中电压、电流参考方向的选择是有规定的。在此基础上，介绍对称三相电路和不对称星形负载的分析计算。

学习单元一 对称三相正弦量

三个频率相同、有效值相等而相位互差120°的正弦电压（或电流）称为对称的三相正弦量。频率相同，但有效值或者相位差不满足上述条件的则称为不对称三相正弦量。

三相正弦电压通常都是由三相交流发电机产生的，发电机内部绕组分布示意图如图4-1所示。定子安装有三个完全相同的线圈，分别称为AX、BY和CZ线圈，其中A、B、C是线圈的始端，X、Y、Z是线圈的末端，三个线圈在空间位置上彼此相隔120°，当转子（磁极）以均匀角速度ω旋转时，在三个线圈中将产生感应电动势。图4-2画出了三相电动势参考方向，并设定电动势的参考方向为由末端指向首端。

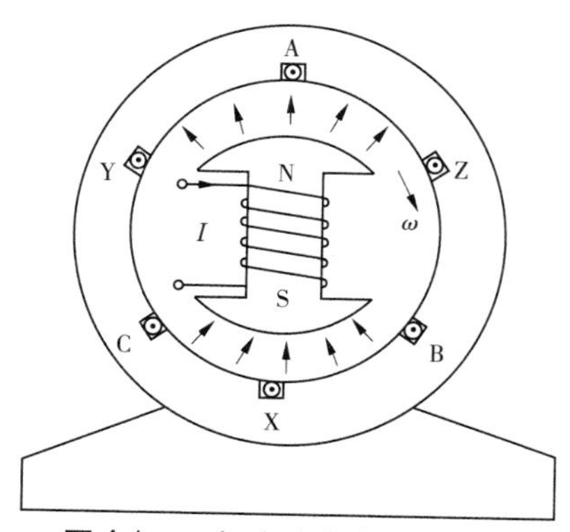

图 4-1　三相交流发电机示意图

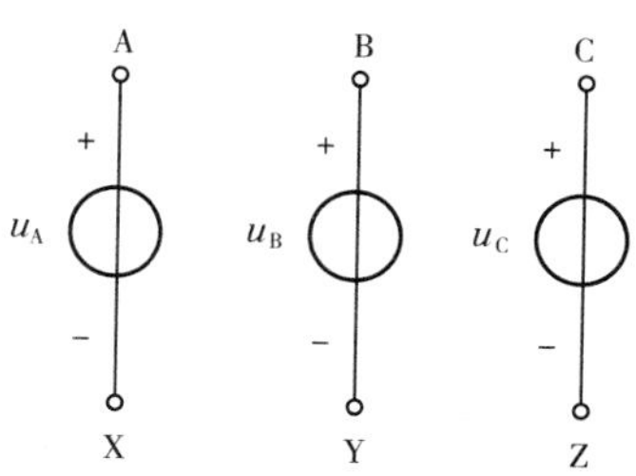

图 4-2　电动势参考方向

对称三相正弦电压的瞬时表达式(以 u_A 为参考正弦量)为

$$\left.\begin{aligned} u_A(t) &= \sqrt{2}U\sin(\omega t - \varphi) \\ u_B(t) &= \sqrt{2}U\sin(\omega t - \varphi - 120°) \\ u_C(t) &= \sqrt{2}U\sin(\omega t - \varphi + 120°) \end{aligned}\right\} \quad (4\text{-}1)$$

其波形图如图 4-3(a)所示。

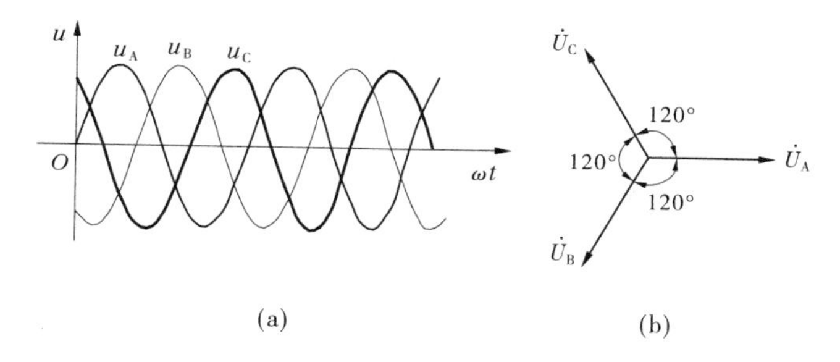

图 4-3　对称三相正弦电压

相量图如图 4-3(b)所示,表达式为

$$\left.\begin{aligned} \dot{U}_A &= U\angle 0° \\ \dot{U}_B &= U\angle -120° = a^2\dot{U}_A \\ \dot{U}_C &= U\angle 120° = a\dot{U}_A \end{aligned}\right\} \quad (4\text{-}2)$$

式中,$a = 1\angle 120°$,是为了方便引入单位相量因子。对称三相电压满足:

$$u_A + u_B + u_C = 0 \text{ 或 } \dot{U}_A + \dot{U}_B + \dot{U}_C = 0$$

三相电源中,各电压达到同一量值的先后次序称为相序。一般规定 A 相超前 B 相,B 相又超前 C 相,A—B—C 为正序,如图 4-4(a)所示;如果 A 相滞后 B 相,B 相又滞后 C 相,A—C—B 为负序,如图 4-4(b)所示。三相电源相序改变,将使其供电的三相电动机改变旋转方向,常用于控制电动机的正转或反转。

(a) (b)

图 4-4 三相对称正弦电压相序

学习单元二 三相电源和三相负载的连接

一、三相电源的连接

三相电源的连接方式有星形（Y 形）和三角形（△形）两种。

（一）三相电源的星形（Y 形）连接

如果把三个电源的负极性端 X、Y、Z 连接在一起形成一个节点，记作 N，称为电源的中性点，从中性点引出的导线称为中线，当中性点接地时，中线又称为地线或零线。而从三个电源的正极性端 A、B、C 引出的三条导线称为端线，俗称火线。三相电源的星形连接如图 4-5 所示。

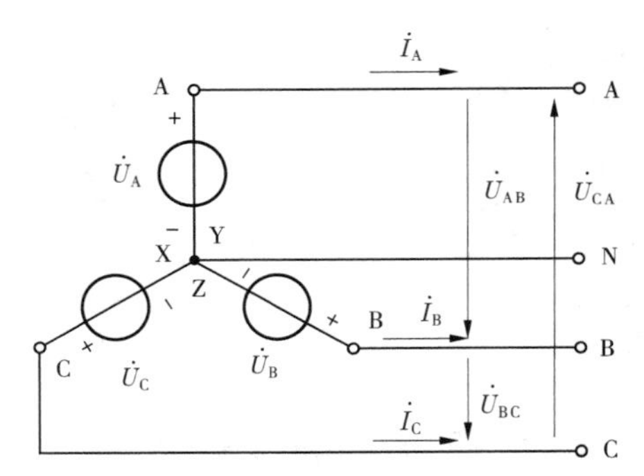

图 4-5 三相电源的星形连接

端点 A、B、C 之间的电压称为线电压，用下角标字母的先后表示线电压的参考方向，记为 $\dot{U}_{AB}$、$\dot{U}_{BC}$、$\dot{U}_{CA}$。而端点与中性点之间的电压称为相电压，也用下角标字母的先后表示相电压的参考方向，记为 $\dot{U}_{AN}$、$\dot{U}_{BN}$、$\dot{U}_{CN}$，习惯简记为 $\dot{U}_{A}$、$\dot{U}_{B}$、$\dot{U}_{C}$。所以，根据基尔霍夫定律，线电压和相电压之间的关系表示为

$$\left.\begin{aligned}\dot{U}_{AB} &= \dot{U}_{AN} - \dot{U}_{BN} \\ \dot{U}_{BC} &= \dot{U}_{BN} - \dot{U}_{CN} \\ \dot{U}_{CA} &= \dot{U}_{CN} - \dot{U}_{AN}\end{aligned}\right\} \tag{4-3}$$

对于对称的三相电源，如果设 $\dot{U}_{A} = \dot{U}_{P}\angle 0°$，$\dot{U}_{B} = \dot{U}_{P}\angle -120°$，$\dot{U}_{C} = \dot{U}_{P}\angle 120°$（用下角标 P 来表示相），代入式（4-3），可得

$$\left.\begin{aligned}\dot{U}_{AB}&=\dot{U}_P\angle 0^\circ-\dot{U}_P\angle-120^\circ=\sqrt{3}\angle 30^\circ\dot{U}_P\\ \dot{U}_{BC}&=\dot{U}_P\angle-120^\circ-\dot{U}_P\angle 120^\circ=\sqrt{3}\angle-90^\circ\dot{U}_P\\ \dot{U}_{CA}&=\dot{U}_P\angle 120^\circ-\dot{U}_P\angle 0^\circ=\sqrt{3}\angle 150^\circ\dot{U}_P\end{aligned}\right\}\tag{4-4}$$

从上述结果可以看出，对称三相电源接星形连接时，线电压也是对称的，线电压的有效值是相电压的$\sqrt{3}$倍，记作 $\dot{U}_l=\sqrt{3}\dot{U}_P$（用下角标 l 表示线），而线电压超前相电压 30°。各线电压之间的相位差也是 120°，如图 4-6 所示。

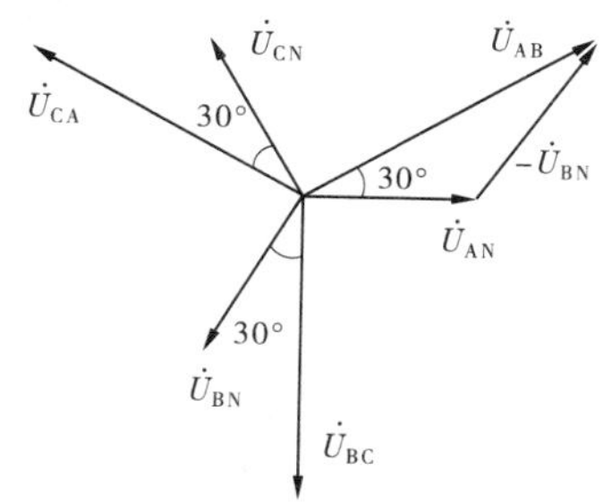

图 4-6　星形连接的电压相量图

（二）三相电源的三角形（△形）连接

如果把对称三相电源首尾相接，即 X 与 B、Y 与 C、Z 与 A 相接形成回路，再从各端点 A、B、C 依次引出端线，如图 4-7（a）所示，就形成了三相电源的三角形连接。

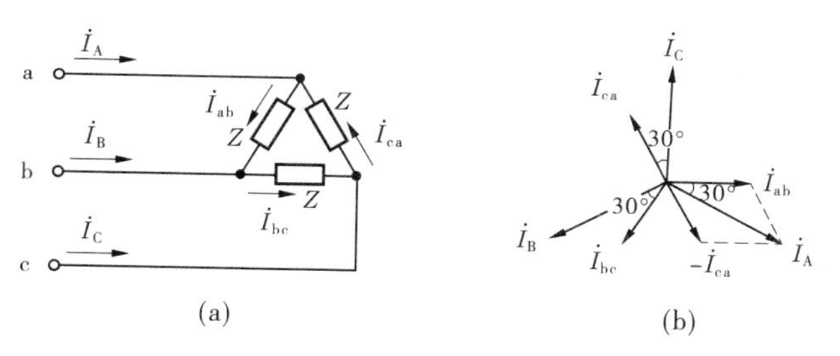

图 4-7　电压源的三角形连接

由图 4-7 可见，三相电源按三角形连接时线电压等于相电压，但线电流不等于相电流。为了分析方便，设每相负载中的对称相电流分别为 $\dot{I}_{ab}$、$\dot{I}_{bc}$、$\dot{I}_{ca}$，且设 $\dot{I}_{ab}=I\angle 0^\circ$、$\dot{I}_{bc}=I\angle-120^\circ$、$\dot{I}_{ca}=I\angle 120^\circ$，三个线电流分别为$\dot{I}_A$、$\dot{I}_B$、$\dot{I}_C$，电流参考方向如图 4-7（a）所示，根据基尔霍夫电流定律，有

$$\left.\begin{aligned}\dot{I}_A&=\dot{I}_{ab}-\dot{I}_{ca}=\sqrt{3}\dot{I}_{ab}\angle-30^\circ\\ \dot{I}_B&=\dot{I}_{bc}-\dot{I}_{ab}=\sqrt{3}\dot{I}_{bc}\angle-30^\circ\\ \dot{I}_C&=\dot{I}_{ca}-\dot{I}_{bc}=\sqrt{3}\dot{I}_{ca}\angle-30^\circ\end{aligned}\right\}\tag{4-5}$$

作出其相量图如图 4-7（b）所示。从上述分析可以看出，三相电源接三角形连接时，相电流对称时线电流也一定对称，并且线电流为相电流的$\sqrt{3}$倍，记作 $\dot{I}_l=\sqrt{3}\dot{I}_P$，线电流 $\dot{I}_A$、$\dot{I}_B$、$\dot{I}_C$ 依次滞后相电流 $\dot{I}_{ab}$、$\dot{I}_{bc}$、$\dot{I}_{ca}$30°。

二、三相负载的连接

三相负载的连接方式与三相电源一样,也有星形(Y 形)和三角形(△形)两种。

(一)三相负载的星形(Y 形)连接

将三个负载为 Z_A、Z_B、Z_C 的负载采用星形连接,然后将负载的三个端点分别与电源的三个端线连接,并将负载的 N′(负载中性点)用导线与电源中性点 N 连接起来,这种方式称为三相负载的三相四线制星形连接,如图 4-8(a)所示。

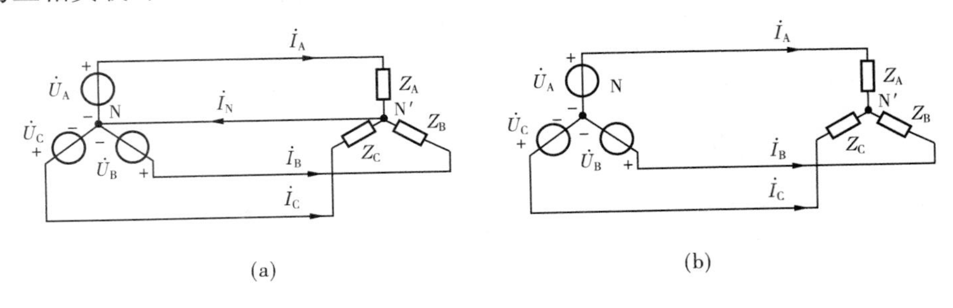

图 4-8　三相四线制和三相三线制星形连接负载

三相电路中,流经各端线的电流称为线电流,而流经各相负载的电流称为相电流。当负载接成星形时,线电流等于相电流。在三相四线制中,流过中线的电流为

$$\dot I_N = \dot I_A + \dot I_B + \dot I_C$$

在星形连接的三相电路中,如果三相负载电流对称,即 $\dot I_A$、$\dot I_B$、$\dot I_C$ 幅值相等、彼此相差 120°,则中线电流为零,这时可以省去中线,如图 4-8(b)所示。这种用三根导线将电源和负载连接起来的三相电路称为三相三线制。

(二)三相负载的三角形(△形)连接

若三相负载连接成三角形,则称为三角形连接负载。如果各相负载是有极性的,则必须同三相电源一样,将负载的首尾相连。图 4-9(a)所示为三角形连接负载,各负载的相电压就是线电压,而流经各相负载的相电流为 $\dot I_{A'B'}$、$\dot I_{B'C'}$、$\dot I_{C'A'}$,各端线电流为 $\dot I_A$、$\dot I_B$、$\dot I_C$。按照图 4-9 所示的参考方向,根据基尔霍夫定律有

$$\left.\begin{aligned}\dot I_A &= \dot I_{A'B'} - \dot I_{C'A'}\\ \dot I_B &= \dot I_{B'C'} - \dot I_{A'B'}\\ \dot I_C &= \dot I_{C'A'} - \dot I_{B'C'}\end{aligned}\right\}\tag{4-6}$$

如果三相电流是对称的,并设 $\dot I_{A'B'} = I_P\angle 0°$, $\dot I_{B'C'} = I_P\angle -120°$, $\dot I_{C'A'} = I_P\angle 120°$,代入式(4-6)可得

$$\left.\begin{aligned}\dot I_A &= \dot I_{A'B'} - \dot I_{C'A'} = \sqrt{3}\,\dot I_{A'B'}\angle -30°\\ \dot I_B &= \dot I_{B'C'} - \dot I_{A'B'} = \sqrt{3}\,\dot I_{B'C'}\angle -30°\\ \dot I_C &= \dot I_{C'A'} - \dot I_{B'C'} = \sqrt{3}\,\dot I_{C'A'}\angle -30°\end{aligned}\right\}\tag{4-7}$$

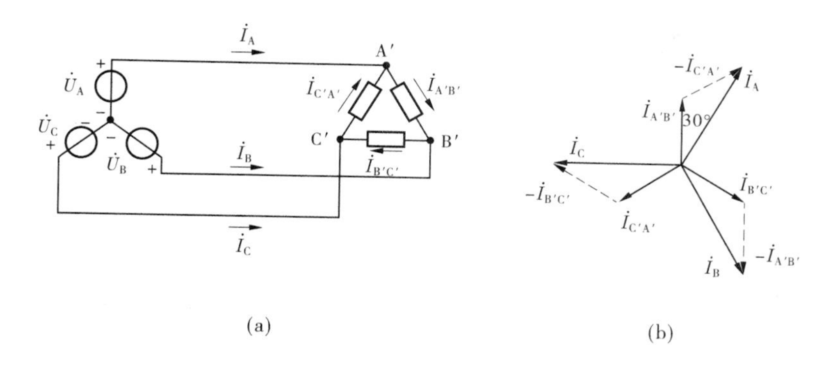

图 4-9 三角形连接负载

在三角形连接中,如果相电流是对称的,则线电流也是对称的,且线电流的有效值等于相电流的$\sqrt{3}$倍,记作 $\dot{I}_1=\sqrt{3}\,\dot{I}_P$。而线电流的相位滞后后续相的相电流 30°。上述线电流和相电流的关系可由向量图求出,如图 4-9(b)所示。

【例 4-1】 对称三相负载,若每相阻抗 $Z=6+j8\ \Omega$,接入线电压为 380 V 的三相电源,求下列两种情况下负载各相电流及各线电流:①对称三相负载星形连接;②对称三相负载三角形连接。

解: 设线电压 $\dot{U}_{AB}=380\angle 0°$ V,则相电压 $\dot{U}_A=220\angle -30°$ V。

①对称三相负载按星形连接时,线电流等于相电流。因此,各相电流为

$$\dot{I}_A=\frac{\dot{U}_A}{Z_A}=\frac{220\angle -30°}{6+j8}=\frac{220\angle -30°}{10\angle 53.1°}=22\angle -83.1°(A)$$

$$\dot{I}_B=22\angle(-83.1°-120°)=22\angle -203.1°(A)=22\angle 156.9°\ A$$

$$\dot{I}_C=22\angle(156.9°-120°)=22\angle 36.9°(A)$$

②对称三相负载按三角形连接时,各相电流为

$$\dot{I}_{A'B'}=\frac{\dot{U}_{A'B'}}{Z_{A'B'}}=\frac{380\angle 0°}{6+j8}=\frac{380\angle 0°}{10\angle 53.1°}=38\angle -53.1°(A)$$

$$\dot{I}_{B'C'}=38\angle(-53.1°-120°)=38\angle -173.1°(A)$$

$$\dot{I}_{C'A'}=38\angle(-53.1°+120°)=38\angle 66.9°(A)$$

各线电流为

$$\dot{I}_A=\sqrt{3}\,\dot{I}_{A'B'}\angle -30°=66\angle -83.1°(A)$$

$$\dot{I}_B=\sqrt{3}\,\dot{I}_{B'C'}\angle -30°=66\angle 156.9°(A)$$

$$\dot{I}_C=\sqrt{3}\,\dot{I}_{C'A'}\angle -30°=66\angle 36.9°(A)$$

由本例分析可知:电源电压不变时,对称负载由星形连接改为三角形连接后,相电压为星形连接时的$\sqrt{3}$倍,而线电流则为星形连接时的 3 倍。

学习单元三　三相电路的功率

一、有功功率

有功功率又称平均功率。在三相电路中,三相负载吸收的总有功功率等于各相负载吸收的有功功率之和,即

$$P = P_A + P_B + P_C = U_A I_A \cos\varphi_A + U_B I_B \cos\varphi_B + U_C I_C \cos\varphi_C = I_A^2 R_A + I_B^2 R_B + I_C^2 R_C$$

式中,φ_A、φ_B、φ_C 分别是 A 相、B 相和 C 相在电压与电流为关联参考方向下的相电压与相电流之间的相位差,等于各相负载的阻抗角。

若三相负载是对称的,则有

$$U_A I_A \cos\varphi_A = U_B I_B \cos\varphi_B = U_C I_C \cos\varphi_C = U_P I_P \cos\varphi$$

三相总有功功率则为

$$P = 3U_P I_P \cos\varphi \tag{4-8}$$

式中,U_P 为相电压;I_P 为相电流;φ 为相电压与相电流之间的相位差,等于负载的阻抗角。

当负载为星形连接时,$U_P = \frac{U_l}{\sqrt{3}}$、$I_P = I_l$,则

$$P = \sqrt{3} U_l I_l \cos\varphi$$

当负载为三角形连接时,$U_P = U_l$、$I_P = \frac{I_l}{\sqrt{3}}$,则

$$P = \sqrt{3} U_l I_l \cos\varphi$$

式中,U_l 为线电压;I_l 为线电流;φ 为相电压与相电流之间的相位差,等于负载的阻抗角。

所以,对称三相电路,不论独立源和负载是 Y 连接还是△连接,其总功率均为

$$P = \sqrt{3} U_l I_l \cos\varphi \tag{4-9}$$

分析计算对称三相电路的总有功功率,常用到式(4-8),因为它对 Y 连接或△连接的负载都适用,同时三相设备铭牌上标明的都是线电压和线电流,三相电路中容易测量出来的也是线电压和线电流。

二、无功功率

在三相电路中,三相负载的总无功功率为

$$Q = Q_A + Q_B + Q_C = U_A I_A \sin\varphi_A + U_B I_B \sin\varphi_B + U_C I_C \sin\varphi_C = I_A^2 X_A + I_B^2 X_B + I_C^2 X_C$$

式中,φ_A、φ_B、φ_C 分别是 A 相、B 相和 C 相在电压与电流为关联参考方向下的相电压与相电流之间的相位差,等于各相负载的阻抗角。

在对称三相电路中有

$$Q = 3U_P I_P \sin\varphi = \sqrt{3} U_l I_l \sin\varphi \tag{4-10}$$

三、视在功率与功率因数

在三相电路中,三相负载的总视在功率为

$$S = \sqrt{P^2 + Q^2}$$

在三相对称的情况下，有

$$S = 3U_P I_P = \sqrt{3} U_l I_l \tag{4-11}$$

三相负载的总功率因数为

$$\lambda = \frac{P}{S}$$

在三相对称情况下，$\lambda = \cos\varphi$，也就是一相负载的功率因数，φ 即负载的阻抗角。

四、对称三相电路中的瞬时功率

对称三相电路的瞬时功率之和 p 为

$$p = p_A + p_B + p_C = u_A i_A + u_B i_B + u_C i_C = \sqrt{3} U_l I_l \cos\varphi \tag{4-12}$$

式(4-12)表明，对称三相制的瞬时功率是一个常量，其值等于平均功率。运转中的单相电功机，因为瞬时功率时大时小，产生振动，功率越大，振动越剧烈。在对称三相电路中的三相电机，因为它的总瞬时功率不是时大时小，而是一个常量，运转中不会像单相电机那样剧烈振动。这是三相交流电与单相交流电相比的又一优点。

瞬时功率恒定的这种性质称为瞬时功率的平衡。瞬时功率平衡的电路称为平衡制电路，三相电路是平衡制电路。

五、三相电路功率的测量

（一）三相四线制电路

三相四线制电路一般不对称，可采用三只功率表。按图 4-10(a)所示接线进行功率的测量。每只功率表测的是一相的有功功率，三相总有功功率为三只功率表指示值之和，这种方法称为三表法。

当三相四线制电路完全对称时，图 4-10(a)所示三只功率表的指示值完全相同。这时可只用其中的任何一只功率表测量，其指示值乘以 3 即得三相总有功功率。

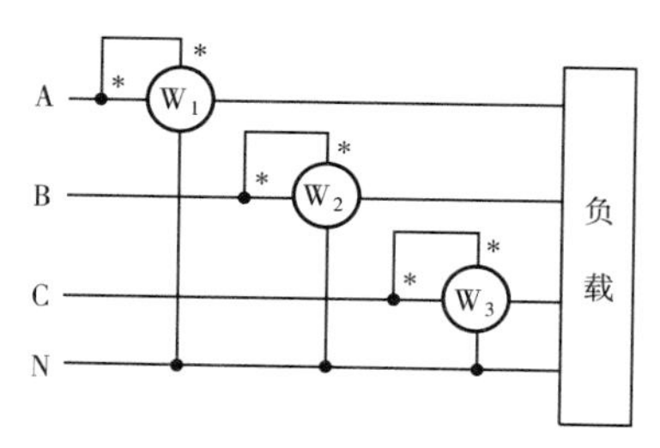

(a)三相四线制电路中功率的测量

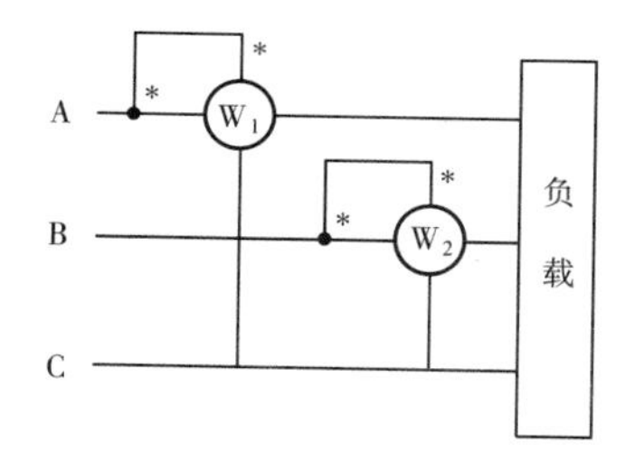

(b)三相三线制电路中功率的测量

图 4-10　三表法与两表法测三相电路的功率

（二）三相三线制电路

无论电路是否对称，也无论三相负载采用的是星形连接还是三角形连接，都可以采用两只功率表，按照图 4-10(b)所示接线测量三相三线制电路的有功功率。因为

$$p = p_A + p_B + p_C = u_A i_A + u_B i_B + u_C i_C$$

而三相三线制电路有

$$i_A + i_B + i_C = 0$$

所以

$$\begin{aligned} p &= u_A i_A + u_B i_B + u_C(-i_A - i_B) \\ &= (u_A - u_C) i_A + (u_B - u_C) i_B \\ &= u_{AC} i_A + u_{BC} i_B \end{aligned}$$

图4-10(b)所示仅仅是两表法中的一种接线方式，事实上，只要遵循以下原则接线都可以测量三相三线制电路的总有功功率：

(1)两只功率表的电流线圈分别任意串入两根端线，通过电流线圈的电流为三相电路的线电流，电流线圈的“*”端必须接到电源的一侧。

(2)两只功率表的电压线圈的“*”端必须接到该功率表电流线圈所在的那一端，而两只功率表电压线圈的非“*”端必须同时接到未接入功率表电流线圈的端线上。

但是，两表法一般不用于三相四线制电路总有功功率的测量。

【例4-2】 在图4-11所示的电路中，三相电动机的功率为3 kW，$\cos\varphi = 0.866$，电源的线电压为380 V，求图中两功率表的读数。

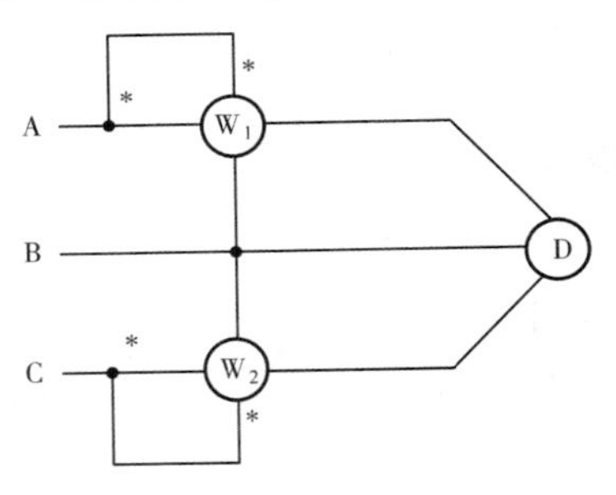

图4-11 例4-2题图

解：由 $P = \sqrt{3} U_l I_l \cos\varphi$ 可求得线电流为

$$I_l = \frac{P}{\sqrt{3} U_l \cos\varphi} = \frac{3 \times 10^3}{\sqrt{3} \times 380 \times 0.866} = 5.26(\mathrm{A})$$

设 $\dot{U}_{AB} = 380\angle 0°$ V，因 $\cos\varphi = 0.866$，则 $\varphi = 30°$。

有

$$\dot{I}_A = 5.26\angle -60° \ \mathrm{A}$$

$$\dot{U}_{CB} = -\dot{U}_{BC} = -380\angle -120° \ \mathrm{V} = 380\angle 60° \ \mathrm{V}$$

$$\dot{I}_C = 5.26\angle 60° \ \mathrm{A}$$

$$P_1 = U_{AB} I_A \cos\varphi_1 = 380 \times 5.26\cos[0° - (-60°)] = 1(\mathrm{kW})$$

$$P_2 = U_{CB} I_C \cos\varphi_1 = 380 \times 5.26\cos[60° - (60°)] = 2(\mathrm{kW})$$

学习单元四　对称三相电路的特点和计算

对称三相电路就是由对称电源和对称传输导线及对称三相负载组成的三相电路。图4-12所示的对称Y－Y三相电路具有以下特点：

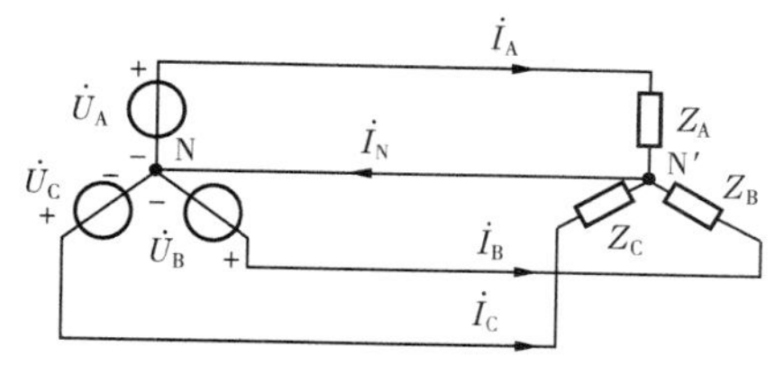

图4-12　对称Y－Y三相电路

(1)中线不起作用，即无论有无中线、中线上阻抗Z_1为多少，中点电压$\dot{U}_{N'N}=0$，中线电流$\dot{I}_N=0$。三相四线制可以等效为三相三线制。

(2)在对称的Y－Y三相电路中，每相的电流、电压仅由该相的电源和阻抗决定，各相之间彼此不相关，形成了各相的独立性。

(3)各相的电流、电压都是与电源电压同相序的对称量。

根据上述特点，对于对称Y－Y三相电路，只要分析计算其中一相的电流、电压，其他两相可根据对称性直接求出。

【例4-3】　如图4-13所示电路，电源线电压有效值为380 V，两组负载$Z_1=12+j6\ \Omega$，$Z_2=48+j36\ \Omega$，端线阻抗$Z_0=1+j2\ \Omega$。试求各相负载的相电流、线路中的电流、每相负载的功率及电源的功率。

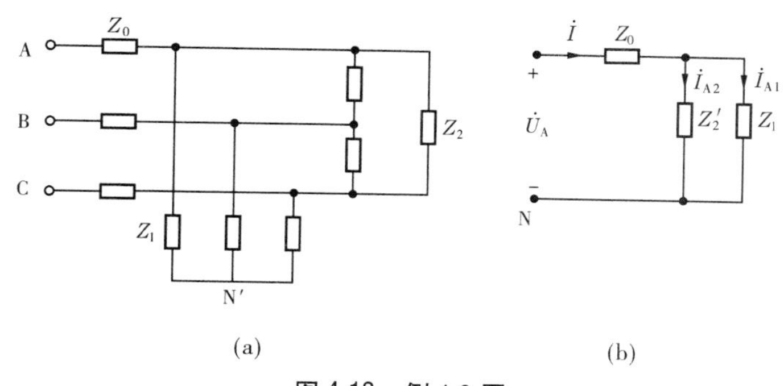

图4-13　例4-3图

解：设电源为一组星形连接的对称三相电源，$U_1=380$ V，可得

$$U_P=\frac{U_1}{\sqrt{3}}=\frac{380}{\sqrt{3}}=220(\mathrm{V})$$

将Z_2组三角形连接的负载等效为星形连接的负载，则

$$Z_2'=\frac{Z_2}{3}=\frac{48+j36}{3}=16+j12=20\angle 36.9°(\Omega)$$

$$\dot{I}_A = \frac{\dot{U}_A}{Z_1 + \frac{Z_1 Z_2'}{Z_1 + Z_2'}} = \frac{220\angle 0°}{1 + 2j + \frac{(12 + j16)(16 + j12)}{(12 + j16) + (16 + j12)}}$$

$$= \frac{220\angle 0°}{12.25\angle 48.4°} = 17.96\angle -48.4°(A)$$

Z_1 的线电流

$$\dot{I}_{A1} = \dot{I}_A \frac{Z_2'}{Z_1 + Z_2'} = 17.96\angle -48.4° \frac{20\angle 36.9°}{(12 + j16) + (16 + j12)}$$

$$= 9.07\angle -56.5°(A)$$

Z_2' 的线电流

$$\dot{I}_{A2} = \dot{I}_A - \dot{I}_{A1} = 17.96\angle -48.4° - 9.07\angle -56.5°$$

$$= 9.07\angle -40.3°(A)$$

$$\left.\begin{aligned} \dot{I}_{A1} &= 9.06\angle -56.5°\ A \\ \dot{I}_{B1} &= \dot{I}_{A1}\angle -120° = 9.06\angle -176.5°(A) \\ \dot{I}_{C1} &= \dot{I}_{A1}\angle 120° = 9.06\angle 63.5°(A) \end{aligned}\right\}$$

$$\left.\begin{aligned} \dot{I}_{A2} &= 9.07\angle -40.3°\ A \\ \dot{I}_{B2} &= 9.07\angle -160.3°\ A \\ \dot{I}_{C2} &= 9.07\angle 79.7°\ A \end{aligned}\right\}$$

Z_2' 的相电流可由式(4-7)得出，为

$$\dot{I}_{A'B'} = \frac{1}{\sqrt{3}}\dot{I}_{A2}\angle 30° = 5.23\angle -10.3°(A)$$

其他两相电流可根据对称性得出

$$\dot{I}_{B'C'} = \dot{I}_{A'B'}\angle -120° = 5.23\angle -130.3°(A)$$

$$\dot{I}_{C'A'} = \dot{I}_{A'B'}\angle 120° = 5.23\angle 109.7°(A)$$

星形连接负载功率为

$$P_1 = 3R_1 I_1^2 = 3 \times 12 \times 9.07^2 = 2\,962(W)$$

三角形连接负载功率为

$$P_2 = 3R_2 I_2^2 = 3 \times 48 \times 5.23^2 = 3\,939(W)$$

电源的功率为

$$P = 3U_P I_P \cos\varphi = 3 \times 220 \times 17.96\cos 48.4° = 7\,870(W)$$

学习单元五　不对称三相电路

三相电路的不对称，可能是由三相电压不对称、三相负载不对称或三相线路阻抗不同引起的。正常情况下，三相电源都是对称的。三相负载中，三相电动机是对称负载，不对

称负载主要是照明负载。如果三相电路发生不对称故障,电路也为不对称。

一、三相不对称电路的一般分析方法

不对称三相电路由于失去对称性的特点,不能引用本模块学习单元四介绍的方法,一般可以把它作为一个复杂电路,应用以前学习过的方法求解。

对于图 4-14 所示的由一组不对称的负载 Z_A、Z_B、Z_C 连接的 Y-Y 三相不对称电路,可用节点电压法对此电路进行计算。

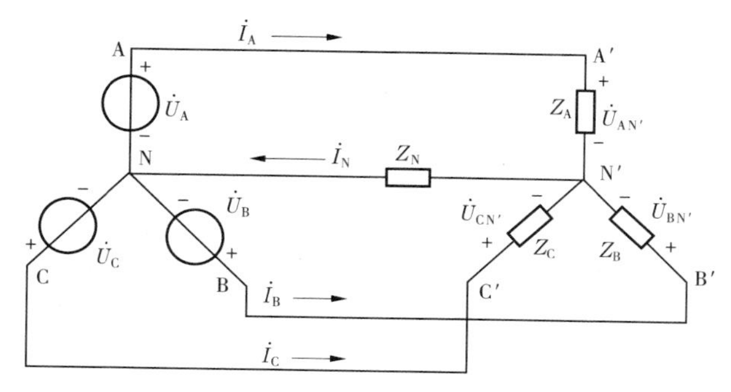

图 4-14　三相不对称电路 Y-Y 连接

设节点电压用 $\dot{U}_{N'N}$ 表示,Y 表示电导,则有

$$\dot{U}_{N'N} = \frac{\dot{U}_A Y_A + \dot{U}_B Y_B + \dot{U}_C Y_C}{Y_A + Y_B + Y_C + Y_N} \tag{4-13}$$

现分析电源对称、负载不对称情况。图 4-15 画出了电压位移图。因为电源电压是对称的,$\dot{U}_A$、$\dot{U}_B$、$\dot{U}_C$ 由等边三角形 ABC 的重心 N 指向定点 A、B、C。从 N 指向 N′画出相量 $\dot{U}_{N'N}$,其值由式(4-13)决定,遂得出 N′点在位移图中的位置。由 N′点分别指向 A、B、C 三点的三个相量就是 $\dot{U}_{AN'}$、$\dot{U}_{BN'}$、$\dot{U}_{CN'}$。它们就是各相负载的相电压,根据基尔霍夫第二定律可以得出星形负载的各相电压,即

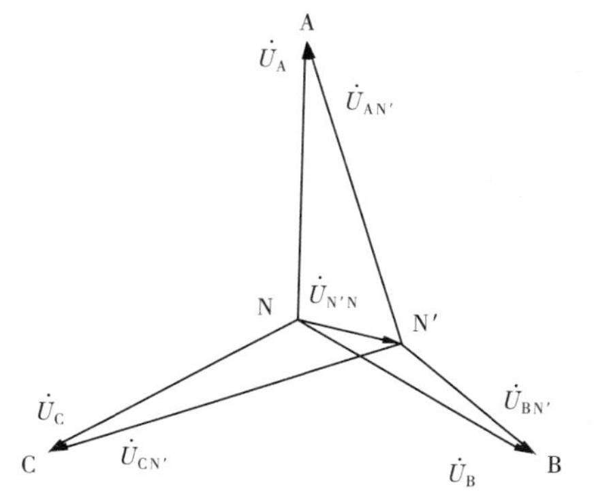

图 4-15　负载中性点位移

$$\left.\begin{aligned} \dot{U}_{AN'} &= \dot{U}_A - \dot{U}_{N'N} \\ \dot{U}_{BN'} &= \dot{U}_B - \dot{U}_{N'N} \\ \dot{U}_{CN'} &= \dot{U}_C - \dot{U}_{N'N} \end{aligned}\right\} \tag{4-14}$$

当负载对称时,相量 $\dot{U}_{N'N}=0$,N′点与 N 点电位相同,在位移图上表现为 N′与 N 两点重合;当负载不对称时,相量 $\dot{U}_{N'N}\neq 0$,在位移图上表现为 N′点与 N 点不重合,而出现位移,称为负载中性点对电源中性点位移。

中性点位移的大小直接影响到负载各相的电压。如果各相的电压相差过大,就会给负载带来不良的后果。例如,对于照明负载,由于灯泡的额定电压是一定的,当某一相的

电压过高时，灯泡就要被烧坏，而当某一相的电压过低时，灯泡的亮度又会显得不足。那么这个问题应该如何解决？从式(4-13)可以看出，当电源对称时，中性点位移是由负载不对称引起的，但中性点位移的大小则与中线的阻抗有关。如果是三相三线制，即没有中线，这相当于 $Z_N=\infty$ 而 $Y_N=0$，这时中性点位移最大，是最严重的时候；如果 $Z_N=0$ 而 $Y_N=\infty$，这时 $\dot{U}_{N'N}=0$，没有中性点位移，这时尽管负载不对称，由于中线阻抗很小，强迫负载中性点电位接近电源中性点电位，而使各相负载电压接近对称。因此，在照明线路中必须使用三相四线制，同时中线连接应可靠并具有一定的机械强度，同时中线上不准安装熔断器(俗称保险丝)或开关。

二、工程实例

【工程实例】 相序指示器的电路如图4-16(a)所示，其中 $R=\frac{1}{\omega C}=\frac{1}{G}$。如果把电容 C 所接的一相指定为U相，如何根据两只白炽灯的不同亮度来确定其余两相。

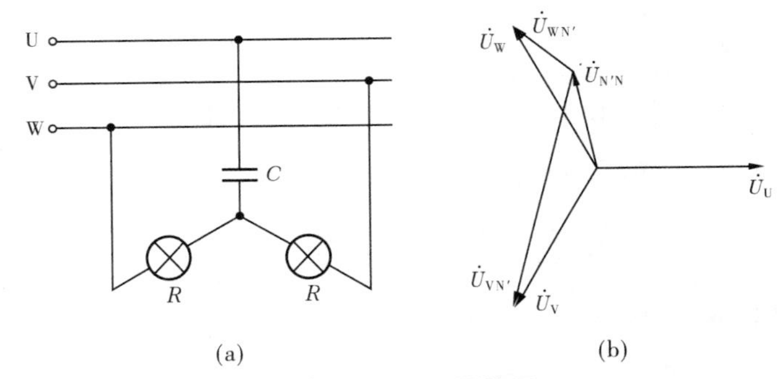

图4-16 相序指示器的原理

解：设 $\dot{U}_U=U\angle 0°$，则中点电压为

$$\dot{U}_{N'N}=\frac{j\omega C\dot{U}_U+G\dot{U}_V+G\dot{U}_W}{j\omega C+2G}=\frac{j+1\angle-120°+1\angle+120°}{2+j}U$$
$$=(-0.2+j0.6)U=0.63U\angle 108°$$

白炽灯的相电压分别为

$$\dot{U}_{VN}=\dot{U}_V-\dot{U}_{N'N}=U\angle-120°-0.63U\angle 108°=1.5U\angle-102°$$
$$\dot{U}_{WN}=\dot{U}_W-\dot{U}_{N'N}=U\angle 120°-0.63U\angle 108°=0.4U\angle 138°$$

可见，$U_{VN}>U_{WN}$，正如图4-16(b)所示。因此，较亮的灯接入的是V相，较暗的灯接入的是W相。

小　结

1. 对称三相正弦量

对称三相正弦量是指三个频率相同、振幅相同而相位互差120°的三个正弦量。以对称三相正弦电压为例，其解析式为

$$\left.\begin{aligned}u_{A}(t) &= \sqrt{2}U\sin(\omega t)\\ u_{B}(t) &= \sqrt{2}U\sin(\omega t - 120^\circ)\\ u_{C}(t) &= \sqrt{2}U\sin(\omega t + 120^\circ)\end{aligned}\right\}$$

三个对称正弦量的瞬时值之和为零,其相量关系式为

$$\left.\begin{aligned}\dot{U}_{A} &= U\angle 0^\circ\\ \dot{U}_{B} &= U\angle -120^\circ = a^2\dot{U}_{A}\\ \dot{U}_{C} &= U\angle 120^\circ = a\dot{U}_{A}\end{aligned}\right\}$$

相量和也为零。上述三个相量的相序为正序。

2. 三相正弦交流电路中的电压、电流

(1)相电压和线电压。

在规定的参考方向下,三角形连接独立源或负载的线电压等于相电压;星形连接的独立源或负载的线电压与相电压关系为

$$\dot{U}_{AB} = \dot{U}_{A} - \dot{U}_{B},\quad \dot{U}_{BC} = \dot{U}_{B} - \dot{U}_{C},\quad \dot{U}_{CA} = \dot{U}_{C} - \dot{U}_{A}$$

星形连接独立源或负载的相电压为对称正弦量时,线电压也对称。其有效值为相电压的$\sqrt{3}$倍,其相位比相关的相电压超前30°,即

$$\left.\begin{aligned}\dot{U}_{AB} &= \sqrt{3}\dot{U}_{A}\angle 30^\circ\\ \dot{U}_{BC} &= \sqrt{3}\dot{U}_{B}\angle 30^\circ\\ \dot{U}_{CA} &= \sqrt{3}\dot{U}_{C}\angle 30^\circ\end{aligned}\right\}$$

三个线电压的瞬时值的和恒为零。

(2)中点电压。

$$\dot{U}_{N'N} = \frac{\dot{U}_{A}Y_{A} + \dot{U}_{B}Y_{B} + \dot{U}_{C}Y_{C}}{Y_{A} + Y_{B} + Y_{C} + Y_{N}}$$

式中,$\dot{U}_{A}$、$\dot{U}_{B}$、$\dot{U}_{C}$为负载所接星形连接电压源的各相电压。负载对称或$Y_{N}\to\infty$时,$\dot{U}_{N'N} = 0$。负载不对称且$Y_{N}\neq\infty$时,$\dot{U}_{N'N}\neq 0$。

(3)相电流和线电流。

在规定的参考方向下,星形连接独立源或负载的线电流等于相电流。三相负载连接成星形时,有三相四线制和三相三线制两种。三相四线制,中线电流为

$$\dot{I}_{N} = \dot{I}_{A} + \dot{I}_{B} + \dot{I}_{C}$$

如三相电流对称(振幅相等,彼此相差120°),则

$$\dot{I}_{N} = 0$$

三角形连接的独立源或负载的线电流与相电流的关系为

$$\dot{I}_{A} = \dot{I}_{AB} - \dot{I}_{CA},\quad \dot{I}_{B} = \dot{I}_{BC} - \dot{I}_{AB},\quad \dot{I}_{C} = \dot{I}_{CA} - \dot{I}_{BC}$$

三角形连接独立源或负载的相电流为对称正弦量时,线电流也对称。其有效值为相电流的$\sqrt{3}$倍,其相位比相关的相电压滞后30°,即

$$\left.\begin{aligned}\dot{I}_{A} &= \sqrt{3}\dot{I}_{AB}\angle -30^\circ \\ \dot{I}_{B} &= \sqrt{3}\dot{I}_{BC}\angle -30^\circ \\ \dot{I}_{C} &= \sqrt{3}\dot{I}_{CA}\angle -30^\circ\end{aligned}\right\}$$

三相三线制电路中,三个线电流的瞬时值和恒为零。

(4)中线电流。

三相四线制中,中线电流的瞬时值等于三个线电流瞬时值之和。其相量关系为

$$\dot{I}_{N} = \dot{I}_{A} + \dot{I}_{B} + \dot{I}_{C}$$

3. 对称三相电路

(1)对称三相电路的特点。

有没有中线,电路情况都一样;

独立源和负载都是星形连接时,每相情况和其他两相无关。

(2)对称三相电路的分析计算。

对称三相电路可化为 Y－Y 接线,负载中性点对电源中性点电压 $\dot{U}_{N'N}=0$,中线不起作用,形成各相的独立性,因而可归纳为一相计算。可单独画出等效的 A 相计算电路($Z_{N}=0$)进行计算,然后按照对称量的方法求得 B 相、C 相。

4. 三相电路的功率

三相电路的功率等于三相功率之和。对称三相电路的功率为

$$P = \sqrt{3}U_{l}I_{l}\cos\varphi$$

式中,U_{l}、I_{l} 分别为对称三相电路的线电压、线电流;φ 为各相负载的阻抗角。

习 题

4-1 在对称三相电压中,$\dot{U}_{B}=220\angle -30^\circ$ V。

(1)试写出 $\dot{U}_{A}$、$\dot{U}_{C}$;

(2)写出 $u_{A}(t)$、$u_{B}(t)$、$u_{C}(t)$;

(3)作相量图;

(4)求 $t=T/4$ 时的各电压及各电压之和。

4-2 已知对称星形连接的三相电源,A 相电压为 $u_{A}=311\sin(\omega t-30^\circ)$,试写出各线电压瞬时值表达式,并画出各相电压和线电压的相量图。

4-3 已知星形连接负载每相电阻为 10 Ω,感抗为 150 Ω,对称线电压的有效值为 380 V,求此负载的相电流。

4-4 线电压为 380 V 的三相四线制正弦交流电路中,对称星形连接负载每相阻抗为 160＋j120 Ω,试求各相电流和中线电流,并作相量图。如中线断开,各相负载的电压、电流变为多少?

4-5 在三相三角形连接的对称电路中,电源线电压为 380 V,每相电阻值均为 5 Ω,试分别求下列两种情况时的相电压、相电流和线电流:①AB 相负载断路,②A 相断路负载上。

4-6　如图 4-17 所示电路中，对称三相正弦电源线电压为 380 V，线路阻抗为 $Z_1 = 0.1 + j0.2\ \Omega$，对称负载 Z_1 每相阻抗模为 40 Ω，功率因数为 0.8；对称负载 Z_2 每相阻抗模为 60 Ω，功率因数为 0.8。试求各负载的相电压和相电流，每个负载的功率和电源供给的总功率。

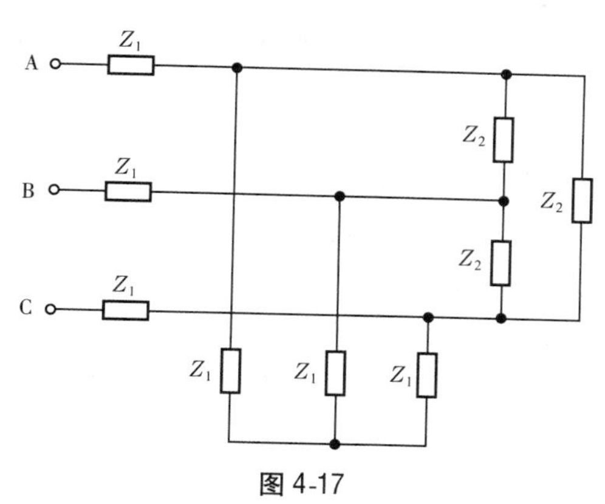

图 4-17

4-7　已知三相四线制中的对称三相正弦电源的线电压 $U = 380$ V，不对称星形负载分别是 $Z_A = 3 + j2\ \Omega$，$Z_B = 4 + j4\ \Omega$，$Z_C = 2 + j1\ \Omega$，中线阻抗为 $Z_N = 4 + j3\ \Omega$，求中性点电压和线电流。

4-8　每相阻抗为 $45 + j20\ \Omega$ 的对称星形连接负载接在电压为 380 V 的三线制对称正弦电压源上。试求：①正常情况下负载的电压和电流；②A 相负载断开后，B、C 两相负载的电压和电流以及端线 A 中的电流。

模块五 非正弦周期电流电路

目的和要求：理解非正弦周期交流量，了解常见非正弦交流量的特点与谐波分析法，掌握非正弦周期性电流电路的有效值和功率的计算。

本模块介绍的非正弦周期电流电路，是指非正弦周期量激励下线性电路的稳定状态。非正弦周期电流电路的分析方法是在正弦电流电路的基础上，应用高等数学中的傅里叶级数与电路理论中的叠加定理进行的。

学习单元一 非正弦周期电流

一、非正弦周期交流量

在电工技术中，除正弦激励和响应外，还会遇到非正弦激励和响应。电路中有几个不同频率的正弦激励时，响应一般是非正弦的。电力工程中应用的正弦激励只是近似的。发电机产生的电压虽力求按正弦规律变化，但由于制造等方面的因素，其电压波形虽是周期的，但与正弦波形或多或少会有差别。发电机和变压器等主要设备中都存在非正弦周期电流或电压。分析电力系统的工作状态时，有时也需要考虑这些周期电流、电压因其波形与正弦波有些差异而带来的影响。

在电子设备、自动控制等技术领域内大量应用的脉冲电路中，电压和电流的波形也都是非正弦的。图 5-1(a)、(b)所示就是周期脉冲电压和方波电压的波形图，图 5-1(c)所示为锯齿波，图 5-1(d)所示为通过半波整流器得出的电压波形。上述各种激励与响应的波形虽然各不相同，但如果它们能按一定规律周而复始地变动，则称为非正弦周期量。

二、周期函数分解为傅里叶级数

凡是满足狄利克雷条件的周期函数都可以分解为傅里叶级数，电工技术中遇到的周期函数都是满足狄利克雷条件的。

周期为 T，$\omega=\frac{2\pi}{T}$的周期性时间函数$f(t)$分解成的傅里叶级数为

$$f(t)=\frac{a_0}{2}+\sum_{k=1}^{\infty}(a_k\cos k\omega t+b_k\sin k\omega t) \tag{5-1}$$

式中，$\frac{a_0}{2}$、a_k、b_k 为傅里叶系数。

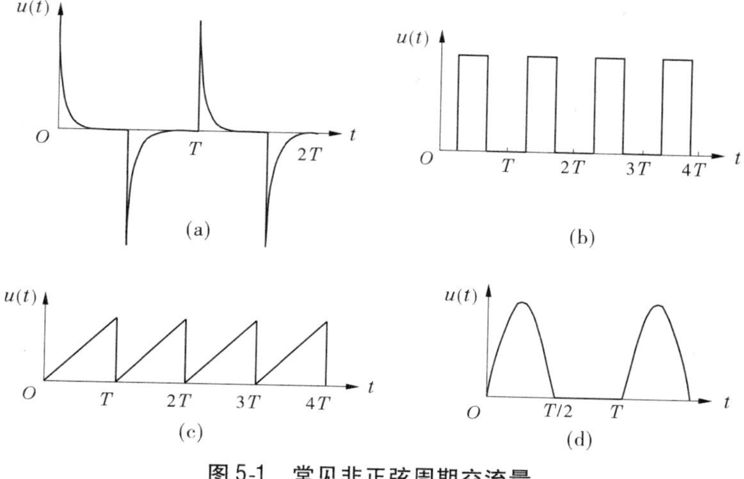

图 5-1　常见非正弦周期交流量

$$\left.\begin{aligned} \frac{a_0}{2} &= \frac{2}{T}\int_0^T f(t)\,\mathrm{d}t \\ a_k &= \frac{2}{T}\int_0^T f(t)\cos k\omega t\,\mathrm{d}t \\ b_k &= \frac{2}{T}\int_0^T f(t)\sin k\omega t\,\mathrm{d}t \end{aligned}\right\} \tag{5-2}$$

若将式(5-1)中同频率的正弦项与余弦项合并,就得到傅里叶级数另一种常用的表达式,即

$$f(t) = A_0 + \sum_{k=1}^{\infty} A_k \sin(k\omega t + \psi_k) \tag{5-3}$$

其中

$$\left.\begin{aligned} A_0 &= \frac{a_0}{2} \\ A_k &= \sqrt{a_k^2 + b_k^2} \\ \psi_k &= \arctan\frac{a_k}{b_k} \end{aligned}\right\} \tag{5-4}$$

式中,A_0 为常数项,它为非正弦周期函数在一个周期内的平均值,且与时间无关,称为直流分量;$k=1$ 时表达式为 $A_1\sin(\omega t+\psi_1)$,此项频率与原非正弦周期函数 $f(t)$ 的频率相同,称为非正弦周期函数的基波,A_1 为基波的振幅,ψ_1 为基波的初相位;$k\geqslant 2$ 时各项统称为高次谐波,并根据分量的频率是基波的 k 倍,称 k 次谐波,如二次谐波、三次谐波,A_k 及 ψ_k 为 k 次谐波的振幅及初相位。

由上述分析可知,一个周期函数可以分解为直流分量、基波及各次谐波之和。若要确定各分量,则需计算确定各分量的振幅 A_k 及初相位 ψ_k 。由式(5-2)、式(5-4)可知,确定周期函数 $f(t)$ 的各分量,实质上是计算傅里叶级数 a_0、a_k、b_k 值。

将周期函数 $f(t)$ 分解为直流分量、基波及各次谐波之和,称为谐波分析,它可以由式(5-2)～式(5-4)进行,但工程上更多利用的是查表法。表 5-1 列出了几种常见的周期函数的傅里叶级数展开式。

表 5-1 几种典型周期函数的傅里叶级数展开式

名称	波形	傅里叶级数展开式	有效值	平均值
正弦波		$f(t)=A_m\sin\omega t$	$\frac{A_m}{\sqrt{2}}$	$\frac{2A_m}{\pi}$
梯形坡		$f(t)=\frac{4A_m}{a\pi}(\sin a\sin\omega t+\frac{1}{9}\sin 3a\sin 3\omega t+\frac{1}{25}\sin 5a\sin 5\omega t+\cdots+\frac{1}{k^2}\sin ka\sin k\omega t+\cdots)$ (k 为奇数)	$A_m\sqrt{1-\frac{4a}{3\pi}}$	$A_m\left(1-\frac{a}{\pi}\right)$
三角波		$f(t)=\frac{8A_m}{\pi^2}(\sin\omega t-\frac{1}{9}\sin 3\omega t+\frac{1}{25}\sin 5\omega t+\cdots+\frac{(-1)^{\frac{k-1}{2}}}{k^2}\sin k\omega t+\cdots)$	$\frac{A_m}{\sqrt{3}}$	$\frac{A_m}{2}$
矩形波		$f(t)=\frac{4A_m}{\pi}(\sin\omega t+\frac{1}{3}\sin 3\omega t+\frac{1}{5}\sin 5\omega t+\cdots+\frac{1}{k}\sin k\omega t+\cdots)$	A_m	A_m
半波整流波		$f(t)=\frac{2A_m}{\pi}\left(\frac{1}{2}+\frac{\pi}{4}\cos\omega t+\frac{1}{1\times 3}\cos 2\omega t-\frac{1}{3\times 5}\cos 4\omega t+\frac{1}{5\times 7}\cos 6\omega t-\cdots+\cdots-\frac{\cos\frac{k\pi}{2}}{k^2-1}\cos k\omega t+\cdots\right)$ ($k=2,4,6,\cdots$)	$\frac{A_m}{2}$	$\frac{A_m}{\pi}$
全波整流波		$f(t)=\frac{2A_m}{\pi}(\frac{1}{2}+\frac{1}{1\times 3}\cos 2\omega t-\frac{1}{3\times 5}\cos 4\omega t+\cdots-\frac{\cos\frac{k\pi}{2}}{k^2-1}\cos k\omega t+\cdots)$ ($k=2,4,6,\cdots$)	$\frac{A_m}{\sqrt{2}}$	$\frac{2A_m}{\pi}$

傅里叶级数是一个收敛级数，理论上应取无限多项方能准确表示原非正弦周期函数，但在实际工程计算时只取有限的几项，取多少项可根据工程所需精度而定。

为了直观地表示一个周期函数分解为各次谐波后，其中包含哪些频率分量及各分量占有多大比重，可画出如图 5-2 所示频谱图，用横坐标表示各谐波的频率，用纵坐标方向的线段长度表示各次谐波振幅的大小。这种频谱只表示各次谐波振幅，所以称为振幅频谱。

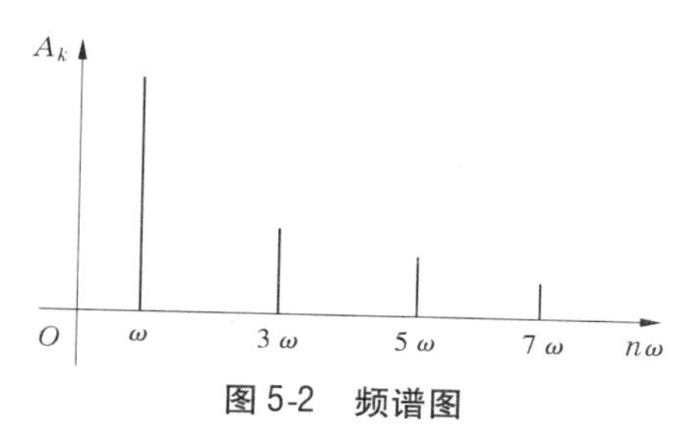

图 5-2　频谱图

学习单元二　非正弦周期电流电路中的有效值和有功功率

一、电压、电流的有效值

周期电流、电压的有效值等于半波整流电流在一个周期内其数学表达式的方均根值。如果已知周期量的解析式，可以直接求出它的方均根值(见图 5-3)。

$$i=\begin{cases}I_m\sin\omega t & (0\leqslant t<\dfrac{T}{2})\\ 0 & (\dfrac{T}{2}\leqslant t\leqslant T)\end{cases}$$

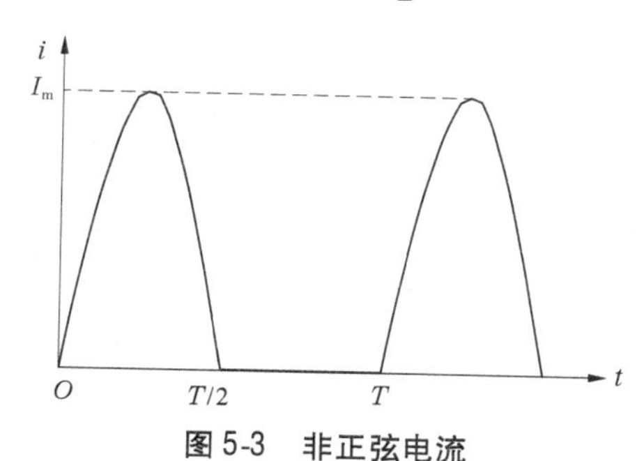

图 5-3　非正弦电流

其有效值为

$$I=\sqrt{\frac{1}{T}\int_0^T i^2\mathrm{d}t}=\sqrt{\frac{1}{T}\int_0^{\frac{T}{2}}(I_m\sin\omega t)^2\mathrm{d}t}$$

$$=\sqrt{\frac{1}{T}\int_0^{\frac{T}{2}}\frac{1}{2}I_m^2(1-\cos2\omega t)\mathrm{d}t}=\frac{I_m}{2}$$

如果已知周期量的傅里叶级数，则可由各次谐波的有效值计算其总有效值，以电流为

例,设

$$i = I_0 + \sum_{k=1}^{\infty} I_{km}\sin(k\omega t + \psi_k)$$

则有效值为

$$I = \sqrt{\frac{1}{T}\int_0^T i^2 \mathrm{d}t} = \sqrt{\frac{1}{T}\int_0^T \left[I_0 + \sum_{k=1}^{\infty} I_{km}\sin(k\omega t + \psi_k)\right]^2 \mathrm{d}t} \tag{5-5}$$

为了计算式(5-5)右边根号内的积分,先将平方展开,展开后的各项有两种类型:一种是各次谐波自身的平方,它们的平均值为

$$\frac{1}{T}\int_0^T I_0^2 \mathrm{d}t = I_0^2$$

$$\frac{1}{T}\int_0^T I_{km}^2 \sin^2(k\omega t + \psi_k)\mathrm{d}t = \frac{I_{km}^2}{2} = I_k^2$$

$I_k = \frac{I_{km}^2}{\sqrt{2}}$是 k 次谐波(正弦波)的有效值;另一种类型是两个不同次谐波乘积的两倍,根据三角函数的正交性,它们的平均值为

$$\frac{1}{T}\int_0^T 2I_0 I_{km}\sin(k\omega t + \psi_k)\mathrm{d}t = 0$$

$$\frac{1}{T}\int_0^T 2I_{km}\sin(k\omega t + \psi_k) I_{lm}\sin(l\omega t + \psi_l)\mathrm{d}t = 0 \quad (k \neq l)$$

所以

$$I = \sqrt{I_0^2 + I_1^2 + I_2^2 + \cdots + I_k^2} \tag{5-6}$$

即周期量的有效值等于它的各次谐波(包括直流分量,其有效值即为 I_0)有效值的平方和的平方根。

周期量的有效值与各次谐波的初相位无关,它不是等于而是小于各次谐波有效值的和。

对于非正弦周期电压的有效值也存在同样的计算式,即

$$U = \sqrt{U_0^2 + U_1^2 + U_2^2 + \cdots + U_k^2} \tag{5-7}$$

【例 5-1】 求电源电压 $u = [40 + 180\sin\omega t + 60\sin(3\omega t + 45°)]$ V 的有效值。

解: 电源电压的傅里叶级数展开式为

$$u = [40 + 180\sin\omega t + 60\sin(3\omega t + 45°)]$$

利用式(5-7)直接得

$$U = \sqrt{U_0^2 + U_1^2 + U_2^2} = \sqrt{40^2 + \left(\frac{180}{\sqrt{2}}\right)^2 + \left(\frac{60}{\sqrt{2}}\right)^2} = 140(\mathrm{V})$$

二、电压、电流的平均值

除有效值外,对非正弦周期量还引用平均值。非正弦周期量的平均值是它的直流分量,以电流为例,其平均值为

$$I_{av} = \frac{1}{T}\int_0^T i\mathrm{d}t = I_0 \tag{5-8}$$

对于一个周期内有正、负的周期量，其平均值可能很小，甚至为零。为了对周期量进行测量和分析(如整流效果)，常将交流量的绝对值在一个周期内的平均值定义为整流平均值，以电流为例，其整流平均值为

$$I_{av} = \frac{1}{T}\int_0^T |i|\mathrm{d}t \tag{5-9}$$

对于上下半周期对称的周期电流，则有

$$I_{av} = \frac{2}{T}\int_0^{\frac{T}{2}} |i|\mathrm{d}t \tag{5-10}$$

【例 5-2】 计算正弦电流 $i_1 = I_m \sin\omega t$ 及表 5-1 所示矩形波 u_2 的整流平均值，后者的最大电压为 u_m。

解：正弦电流的整流平均值可取第一个半周期做计算，即

$$I_{1av} = \frac{2}{T}\int_0^{\frac{T}{2}} I_m \sin\omega t = \frac{2I_m}{\omega T}(-\cos\omega t)\Big|_0^{\frac{2}{T}} = \frac{2}{\pi}I_m$$

矩形电压的整流平均值为

$$U_{av} = \frac{2}{T}\int_0^{\frac{T}{2}} U_m \mathrm{d}t = U_m$$

三、波形因数

工程上为了粗略反映波形的性质，定义了波形因数 K_f，即

$$K_f = \frac{\text{有效值}}{\text{整流平均值}} \tag{5-11}$$

正弦波的波形因数为

$$K_f = \frac{\frac{I_m}{\sqrt{2}}}{\frac{2}{\pi}I_m} = 1.11$$

如果以正弦波的波形因数作为标准，对非正弦波，若波形因数 $K_f > 1.11$，则可估计非正弦波的波形比正弦波尖；若 $K_f < 1.11$，则波形比正弦波平坦。

不同的波形具有不同的波形因数 K_f，这给用万用表测量非正弦周期电量的有效值带来误差。由电工实验可知，在万用表的交流挡中，一般为磁电系测量机构连接全波整流装置，指针的偏转角与被测电量的整流平均值成比例。因为正弦量的有效值与整流平均值之比即波形因数 $K_f = 1.11$，因此将万用表直流挡的刻度扩大 1.11 倍，即作为交流挡的刻度，可用以测量正弦量的有效值。用万用表测量正弦电压或电流的有效值时，其读数是准确的。但用万用表测量非正弦周期电量时，如果非正弦周期波的波形因数不是 1.11，则测量将有误差。

电磁系及电动系电压表(电流表)指针的偏转角与被测电压(或电流)有效值的平方成正比，因此可用来测量非正弦周期电压(或电流)的有效值。

四、非正弦周期电流电路的有功功率

设一条支路或一个二端网络,其电压、电流取关联参考方向,并设其电压、电流为

$$i = I_0 + \sum_{k=1}^{\infty} I_{km}\sin(k\omega t + \psi_{ki})$$

$$u = U_0 + \sum_{k=1}^{\infty} U_{km}\sin(k\omega t + \psi_{ku})$$

则支路或二端网络吸收的瞬时功率为

$$p = ui = \left[U_0 + \sum_{k=1}^{\infty} U_{km}\sin(k\omega t + \psi_{ku})\right]\times\left[I_0 + \sum_{k=1}^{\infty} I_{km}\sin(k\omega t + \psi_{ki})\right]$$

代入平均功率的定义式,得平均功率为

$$P = \frac{1}{T}\int_0^T p\mathrm{d}t = \frac{1}{T}\int_0^T ui\mathrm{d}t = \frac{1}{T}\int_0^T\left[U_0 + \sum_{k=1}^{\infty} U_{km}\sin(k\omega t + \psi_{ku})\right]\times \left[I_0 + \sum_{k=1}^{\infty} I_{km}\sin(k\omega t + \psi_{ki})\right]\mathrm{d}t \tag{5-12}$$

为了计算式(5-12)右边的积分,先将积分号的因式展开,展开后的各项有两种类型:一种是同次谐波电压和电流的乘积,它们的平均值为

$$P = \frac{1}{T}\int_0^T U_0 I_0 \mathrm{d}t = U_0 I_0$$

$$P_k = \frac{1}{T}\int_0^T\left[U_0 + \sum_{k=1}^{\infty} U_{km}\sin(k\omega t + \psi_{ku})\right]\times\left[I_0 + \sum_{k=1}^{\infty} I_{km}\sin(k\omega t + \psi_{ki})\right]\mathrm{d}t$$

$$= \frac{1}{2}U_{km}I_{km}\cos(\psi_{ku} - \psi_{ki}) = U_k I_k \cos\varphi_k$$

式中,U_k、I_k 为各次谐波电压、电流的有效值;φ_k 为 k 次谐波电压比 k 次谐波电流超前的相位差。

另一种是不同次谐波电压和电流的乘积,根据三角函数的正交性,它们的平均值为零,于是得

$$P = U_0 I_0 + \sum_{k=1}^{\infty} U_k I_k \cos\varphi_k = P_0 + P_1 + P_2 + \cdots + P_k + \cdots \tag{5-13}$$

综上所述,在非正弦周期性电流电路中,不同次(包括零次)谐波电压、电流虽然构成瞬时功率,但不构成平均功率;只有同次谐波电压、电流才构成平均功率;电路的功率等于各次谐波功率(包括直流分量,其功率为 U_0I_0)的和。

【例 5-3】 二端网络在相关联的参考方向下,$u = [10 + 141.4\sin\omega t + 50\sin(3\omega t + 60°)]$ V,$i = [\sin(\omega t - 70°) + 0.3\sin(3\omega t + 60°)]$ A,求二端网络吸收的功率。

解:

$$P_0 = U_0 I_0 = 0$$

$$P_1 = U_1 I_1 \cos\varphi_1 = \frac{141.4}{\sqrt{2}} \times \frac{1}{\sqrt{2}} \times \cos 70° = 24.2(\mathrm{W})$$

$$P_2 = U_2 I_2 \cos\varphi_2 = \frac{50}{\sqrt{2}} \times \frac{0.3}{\sqrt{2}} \times \cos(60° - 60°) = 7.5(\mathrm{W})$$

所以有

$$P = P_0 + P_1 + P_2 = 24.2 + 7.5 = 31.7(\mathrm{W})$$

【工程实例】 简单滤波器

由于电感元件和电容元件的阻抗随谐波频率变化，所以电感元件对高次谐波电流有抑制作用，而电容元件可使高次谐波电流顺利通过。电感和电容的这种特性被广泛地应用在实际工程中。比如在电子技术、电信工程中广泛应用的滤波器，就是利用电感和电容的上述特性，将电感元件和电容元件按一定方式组合而成的电路。把它接在电源与负载之间，就可使需要的谐波分量顺利通过，而不需要的得到抑制。两种最简单的滤波器如图5-4所示。

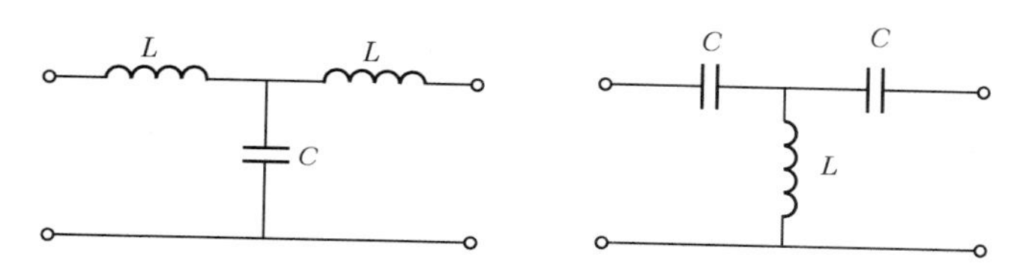

图5-4　滤波器实例

小　结

1. 将非正弦周期量分解为谐波

非正弦的周期信号(设给定的周期函数为$f(t)$，其周期为T，$\omega = \frac{2\pi}{T}$)，在满足狄利克雷条件的情况下可以分解为傅里叶级数。傅里叶级数一般包含有直流分量、基波分量和高次谐波分量。它有两种表达式，即

$$f(t) = \frac{a_0}{2} + \sum_{k=1}^{\infty}(a_k \cos k\omega t + b_k \sin k\omega t)$$

$$f(t) = A_0 + \sum_{k=1}^{\infty} A_k \sin(k\omega t + \psi_k)$$

式中，$\frac{a_0}{2}$、a_k、b_k为傅里叶系数。

$$\left.\begin{aligned} \frac{a_0}{2} &= \frac{2}{T}\int_0^T f(t)\,\mathrm{d}t \\ a_k &= \frac{2}{T}\int_0^T f(t)\cos k\omega t\,\mathrm{d}t \\ b_k &= \frac{2}{T}\int_0^T f(t)\sin k\omega t\,\mathrm{d}t \end{aligned}\right\}$$

且有

$$\left.\begin{aligned} A_0 &= \frac{a_0}{2} \\ A_k &= \sqrt{a_k^2 + b_k^2} \\ \psi_k &= \arctan\frac{a_k}{b_k} \end{aligned}\right\}$$

2. 对称性非正弦周期量的傅里叶级数展开

根据非正弦周期量波形的对称性,可直观判定:

波形在横轴上、下部分包围的面积相等,则无直流分量,$a_0=0$。

波形对称于原点,则周期量为奇函数,无质量分量,无余弦谐波分量,$a_0=0$,$a_k=0$。

波形对称于纵轴,则周期量为偶函数,无正弦谐波分量,$b_k=0$。

波形为镜像对称,则周期量为奇谐波函数,无直流分量,无偶次谐波,只含奇次谐波。

3. 周期量的有效值、整流平均值及波形因数

非正弦周期信号有效值的定义与正弦信号有效值的定义相同,即

$$I=\sqrt{\frac{1}{T}\int_0^T i^2\mathrm{d}t}$$

$$U=\sqrt{\frac{1}{T}\int_0^T u^2\mathrm{d}t}$$

与各次谐波分量有效值的关系为

$$I = \sqrt{I_0^2 + I_1^2 + I_2^2 + \cdots + I_k^2}$$

$$U = \sqrt{U_0^2 + U_1^2 + U_2^2 + \cdots + U_k^2}$$

周期量的整流平均值指一个周期内函数绝对值的平均值。其定义为

$$I_{\mathrm{av}} = \frac{1}{T}\int_0^T |i|\mathrm{d}t$$

$$U_{\mathrm{av}} = \frac{1}{T}\int_0^T |u|\mathrm{d}t$$

周期量的波形因数定义为

$$K_{\mathrm{f}} = \frac{\text{有效值}}{\text{整流平均值}}$$

波形因数:正弦波等于1.11、尖顶波大于1.11、平顶波小于1.11。

4. 非正弦周期性电流电路的功率

非正弦周期性电流电路的平均功率的定义与正弦交流电路的平均功率的定义相同,都表示瞬时功率在一个周期内的平均值。其定义为

$$P = \frac{1}{T}\int_0^T p\mathrm{d}t = \frac{1}{T}\int_0^T ui\mathrm{d}t$$

与各次谐波功率之间的关系为

$$P = P_0 + P_1 + P_2 + \cdots + P_k = U_0I_0 + U_1I_1\cos\varphi_1 + U_2I_2\cos\varphi_2 + \cdots + U_kI_k\cos\varphi_k$$

习 题

5-1 已知矩形周期电压的波形如图5-5所示,求 $u(t)$ 的傅里叶级数。

5-2 求图5-6所示的电压的傅里叶级数的展开式。

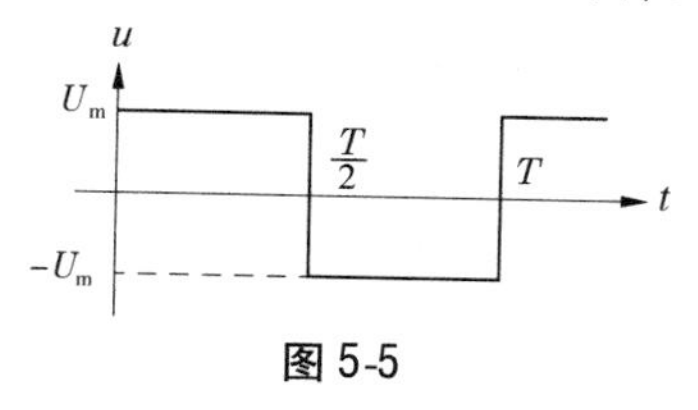

图 5-5

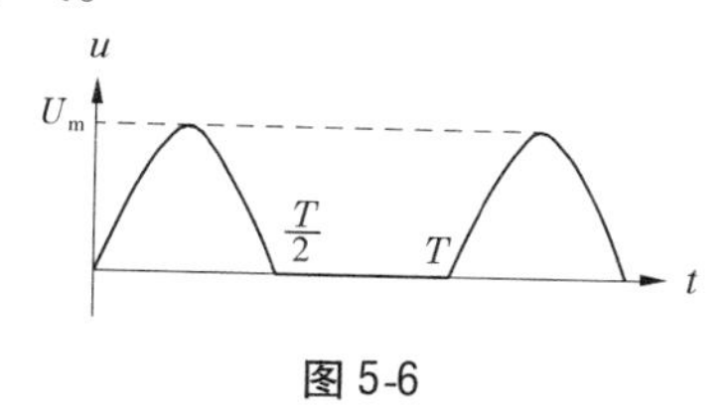

图 5-6

5-3 $R=10\ \Omega$、$C=159\ \mu F$ 的电阻电容串联到 $u_s(t)=50+190\sin 314t$ (V) 的电压源。试求电容电压的有效值和最大值。

5-4 在图5-7(a)所示的电路中,电压 $u_L(t)$ 的波形如图5-7(b)所示。试写出电压瞬时值表达式、有效值和平均值。当 $R=\omega L=\dfrac{1}{\omega C}=40\ \Omega$ 时,求 $u_L(t)$、$i_L(t)$ 的表达式。

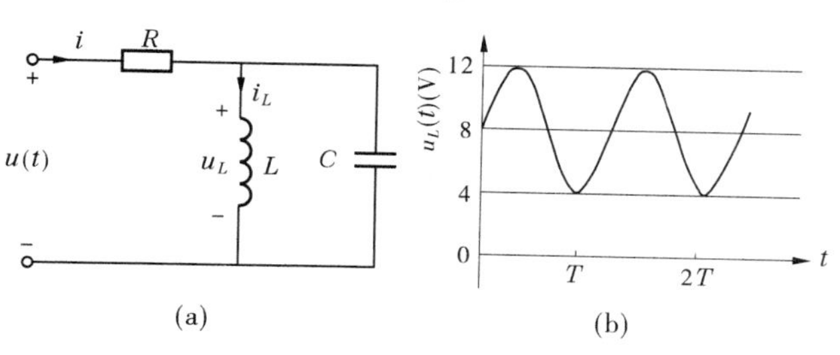

图 5-7

5-5 二端网络的电压和电流为 $u=100\sin(\omega t+30°)+50\sin(3\omega t+60°)+25\sin5\omega t$ V,$i=10\sin(\omega t-30°)+5\sin(3\omega t+30°)+2\sin(5\omega t-30°)$ A。求二端网络吸收的功率。

5-6 在图5-8所示的电路中,已知 $u_R=50+10\sin\omega t$ V,$R=100\ \Omega$,$L=2$ mH,$C=50\ \mu F$,$\omega=1\ 000$ rad/s,试求电源电压 u 的表达式、有效值及电源消耗的功率。

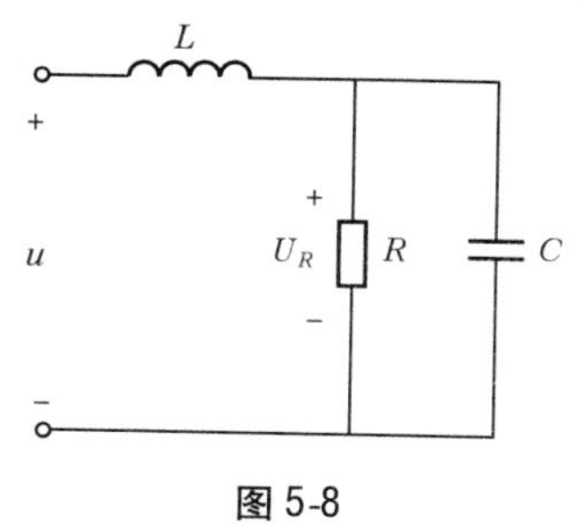

图 5-8

模块六　一阶线性电路的过渡过程

目的和要求：掌握暂态、稳态、换路等基本概念；掌握换路定律及其一阶电路响应初始值的求解；熟悉零输入响应、零状态响应及全响应的分析过程；掌握一阶电路的三要素法；了解阶跃响应。

学习单元一　一阶线性电路的动态过程及经典分析

经过对模块一的学习，我们知道储能元件电容、电感的电压和电流的约束关系是微分关系，因此当电路中含有电容元件和电感元件时，描述该电路的方程将是微分方程。储能元件又称为动态元件，这种含有储能元件的电路叫作动态电路。

对含有直流、交流电源的动态电路，若电路已经接通了相当长的时间，电路中各元件的工作状态已趋于稳定，则称电路达到了稳定状态，简称为稳态。在直流电路中，电容相当于开路，电感相当于短路，电路方程简化为代数方程组。在正弦电路中，我们利用相量的概念将问题归结为复数形式的代数方程组。如果电路发生某些变动，如电路参数的改变、电路结构的变动、电源的改变等，这些统称为换路，电路的原有状态就会被破坏，电路中的电容元件可能出现充电与放电现象，电感线圈可能出现磁化与去磁现象。储能元件上的电场或磁场能量所发生的变化一般都不可能瞬间完成，而必须经历一定的过程才能达到新的稳态。这种介于两种稳态之间的变化过程叫作过渡过程，简称为瞬态或暂态。电路的过渡过程的特性广泛地应用于通信、计算机、自动控制等许多工程实际中。同时，在电路的过渡过程中由于储能元件状态发生变化而使电路中可能会出现过电压、过电流等特殊现象，在设计电气设备时必须予以考虑，以确保其安全运行。因此，研究动态电路的过渡过程具有十分重要的理论意义和现实意义。

电路的瞬态过程是一个时变过程，在分析动态电路的瞬态过程时，必须严格界定时间的概念。通常我们将零时刻作为换路的计时起点，即 $t = 0$ ，相应的，用 $t = 0_-$ 表示换路前的最终时刻，用 $t = 0_+$ 表示换路后的最初时刻。$t = 0_-$ 时刻的电路变量一般可由换路前的稳态电路确定。本章的任务就是研究电路变量从 $t = 0_-$ 时刻到 $t = 0_+$ 时刻其量值所发生的变化，继而求出 $t > 0$ 后的变动规律。电路发生换路后，电路变量从 $t = 0_-$ 到 $t \to \infty$ 的整个时间段内的变化规律称为电路的动态响应。如果电路中发生多次换路，可将第二次换路时刻计为 $t = t_0$ ，将第三次换路时刻计为 $t = t_1$ ，等等，依此类推。

分析动态电路过渡过程的方法之一是根据网络的 KCL、KVL 和元件的 VCR 建立描述

电路的微分方程，对于线性时不变电路，建立的方程是以时间为自变量的线性常微分方程，求解此常微分方程，即可得到所求电路变量在过渡过程中的变化规律，这种方法称为经典法，因为它是在时间域中进行分析的，所以又称为时域分析法。

现以图 6-1 所示电路为例说明时域分析法的求解过程。图中开关 S 在 $t=0$ 时刻闭合，换路前电路处于稳态，即电容电压为常数。

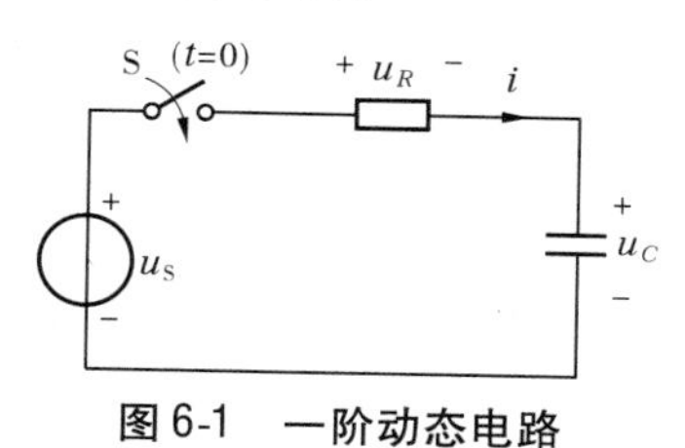

图 6-1 一阶动态电路

按图 6-1 所示电压电流参考方向，根据 KVL 列出回路的电压方程为

$$u_R + u_C = u_S$$

由元件的 VCR，有

$$u_R = Ri$$

$$i = C\frac{\mathrm{d}u_C}{\mathrm{d}t}$$

代入电压方程，得

$$RC\frac{\mathrm{d}u_C}{\mathrm{d}t} + u_C = u_S \qquad (6\text{-}1)$$

对线性时不变电路，式(6-1)是一个以电容电压 u_C 为未知量的一阶线性非齐次常微分方程。我们把用一阶微分方程描述的电路称为一阶电路。式(6-1)的通解 u_C 等于该方程的任一特解 u_{Cp} 和与该方程相对应的齐次微分方程的通解 u_{Ch} 之和，即

$$u_C = u_{Cp} + u_{Ch}$$

式中，特解 u_{Cp} 的函数形式取决于电源 u_S；通解 u_{Ch} 的函数形式取决于电路参数。式(6-1)所对应的齐次微分方程的特征方程为

$$RCp + 1 = 0$$

由此求得方程的特征根 $p=-\frac{1}{RC}$，因此该齐次微分方程的通解为

$$u_{Ch} = A\mathrm{e}^{pt}$$

即电路换路后的电容电压为

$$u_C = u_{Cp} + A\mathrm{e}^{pt} \qquad (6\text{-}2)$$

根据电路的激励及初始条件即可求得式(6-2)中的待定系数 A，从而确定一阶电路的过渡过程的性态。

从以上示例可见，时域分析的方法就是数学中的一阶微分方程的经典求解方法，关键是如何利用我们所学过的电路知识确定初始条件、特解、特征根等。

学习单元二　电路变量的初始值

用经典法求解常微分方程时，必须给定初始条件才能确定通解中的待定系数。假设电路在 $t=0$ 时换路，若描述电路动态过程的微分方程为 n 阶，则其初始条件就是指所求电路变量（电压或电流）及其 $n-1$ 阶导数在 $t=0_+$ 时刻的值，这就是电路变量的初始值。电路变量在 $t=0_-$ 时刻的值一般都是给定的，或者可由换路前的稳态电路求得，而在换路的瞬间即从 $t=0_-$ 到 $t=0_+$，有些变量是连续变化的，有些变量则会发生跃变。

对线性电容，在任意时刻 t，它的电荷 q、电压 u_C 与电流 i_C 在关联参考方向下的关系为

$$q(t)=q(t_0)+\int_{t_0}^{t}i_C(\xi)\mathrm{d}\xi$$

$$u_C(t)=u_C(t_0)+\frac{1}{C}\int_{t_0}^{t}i_C(\xi)\mathrm{d}\xi$$

设 $t=0$ 时刻换路，令 $t_0=0_-$，$t=0_+$，则有

$$q(0_+)=q(0_-)+\int_{0_-}^{0_+}i_C(\xi)\mathrm{d}\xi \tag{6-3a}$$

$$u_C(0_+)=u_C(0_-)+\frac{1}{C}\int_{0_-}^{0_+}i_C(\xi)\mathrm{d}\xi \tag{6-3b}$$

从式(6-3a)、式(6-3b)可以看出，如果换路瞬间电容电流 $i_C(t)$ 为有限值，则式中积分项将为零，于是有

$$q(0_+)=q(0_-) \tag{6-4a}$$

$$u_C(0_+)=u_C(0_-) \tag{6-4b}$$

这一结果说明，如果换路瞬间流经电容的电流为有限值，则电容上的电荷和电压在换路前后保持不变，即电容的电荷和电压在换路瞬间不发生跃变。

对线性电感可做类似的分析。在任意时刻 t，它的磁链 ψ_L、电压 u_L 与电流 i_L 在关联参考方向下的关系为

$$\psi_L(t)=\psi_L(t_0)+\int_{t_0}^{t}u_L(\xi)\mathrm{d}\xi$$

$$i_L(t)=i_L(t_0)+\frac{1}{L}\int_{t_0}^{t}u_L(\xi)\mathrm{d}\xi$$

令 $t_0=0_-$，$t=0_+$，则有

$$\psi_L(0_+)=\psi_L(0_-)+\int_{0_-}^{0_+}u_L(\xi)\mathrm{d}\xi \tag{6-5a}$$

$$i_L(0_+)=i_L(0_-)+\frac{1}{L}\int_{0_-}^{0_+}u_L(\xi)\mathrm{d}\xi \tag{6-5b}$$

从式(6-5a)、式(6-5b)可以看出，如果换路瞬间电感电压 $u_L(t)$ 为有限值，则式中积分项将为零，于是有

$$\psi_L(0_+) = \psi_L(0_-) \tag{6-6a}$$
$$i_L(0_+) = i_L(0_-) \tag{6-6b}$$

这一结果说明，如果换路瞬间电感电压为有限值，则电感中的磁链和电感电流在换路瞬间不发生跃变。

换路瞬间电容电压和电感电流不能跃变是因为储能元件上的能量一般不能跃变。电容中储存的电场能量 $W_C = \frac{1}{2}Cu_C^2$、电感中储存的磁场能量 $W_L = \frac{1}{2}Li_L^2$，如果 u_C 和 i_L 跃变，则意味着电容中的电场能量和电感中的磁场能量发生跃变，而能量的跃变又意味着功率为无限大（$p = \frac{dW}{dt}$），在一般情况下这是不可能的。只有某些特定的条件下，如含有 C－E回路或 L－J 割集[1]的电路，u_C 和 i_L 才可能跃变。

由于电容电压 u_C 和电感电流 i_L 换路后的初始值与它们换路前的储能状态密切相关，因此称 $u_C(0_+)$ 和 $i_L(0_+)$ 为独立初始值，一般情况下，若换路后不出现 C－E 回路或 L－J 割集则二者的值可由式(6-4)、式(6-6)求出。而其他电压和电流（如电阻的电压或电流、电容电流、电感电压等）的初始值称为非独立初始值。非独立初始值由独立初始值 $u_C(0_+)$ 和 $i_L(0_+)$ 结合电路中的电源并运用 KCL、KVL 等进一步确定。

【例 6-1】 在图 6-2(a)所示的电路中，已知 $R=40\ \Omega$，$R_1=R_2=10\ \Omega$，$U_S=50\ V$，$t=0$ 时开关闭合。求 $u_C(0_+)$、$i_L(0_+)$、$i(0_+)$、$u_L(0_+)$和 $i_C(0_+)$。

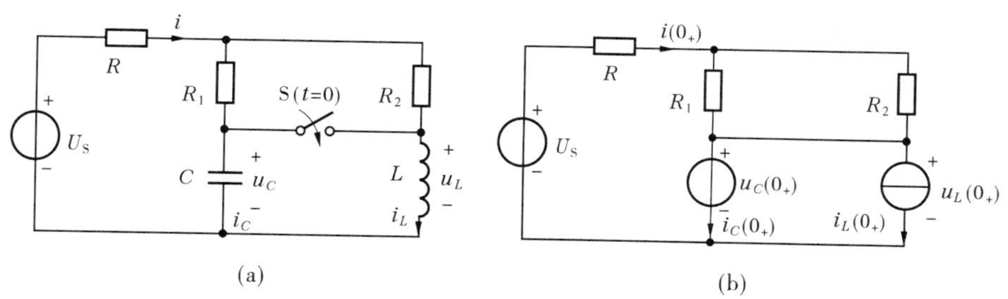

图 6-2　例 6-1 图

解： 换路前电路为稳定的直流电路，电容相当于开路，电感相当于短路，故有

$$u_C(0_-) = \frac{R_2}{R+R_2}U_S = \frac{10}{40+10} \times 50 = 10(\mathrm{V})$$

$$i_L(0_-) = \frac{U_S}{R+R_2} = \frac{50}{40+10} = 1(\mathrm{A})$$

换路后 u_C 和 i_L 都不会跃变，所以

$$u_C(0_+) = u_C(0_-) = 10\ \mathrm{V}$$
$$i_L(0_+) = i_L(0_-) = 1\ \mathrm{A}$$

[1] C－E 回路是指由纯电容或由电容与电压源构成的回路，L－J 割集是指由纯电感或由电感与电流源构成的割集。

根据替代定理，把电容用电压为 $u_C(0_+)$ 的电压源等效代替，把电感用电流为 $i_L(0_+)$ 的电流源等效代替，得到 $t=0_+$ 时的等效电路，如图 6-2(b) 所示，进而可求得

$$i(0_+)=\frac{U_S-u_C(0_+)}{R+\dfrac{R_1R_2}{R_1+R_2}}=\frac{50-10}{40+5}=\frac{8}{9}(\mathrm{A})$$

$$u_L(0_+)=u_C(0_+)=10\ \mathrm{V}$$

$$i_C(0_+)=i(0_+)-i_L(0_+)=-\frac{1}{9}(\mathrm{A})$$

【例 6-2】 图 6-3(a)所示的电路中已知 $R=10\ \Omega,R_1=2\ \Omega,U_S=10\ \mathrm{V},C=0.5\ \mathrm{F},L=3\ \mathrm{H},t=0$ 时将开关打开。求 $u_C(0_+)$、$i_L(0_+)$、$i_C(0_+)$、$u_L(0_+)$、$\dfrac{\mathrm{d}u_C}{\mathrm{d}t}(0_+)$ 和 $\dfrac{\mathrm{d}i_L}{\mathrm{d}t}(0_+)$。

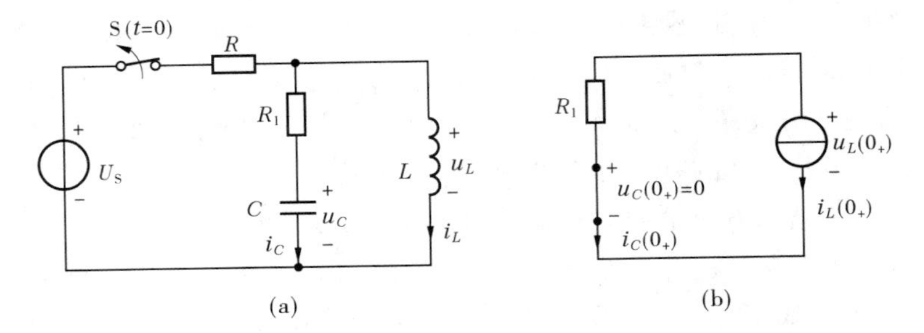

图 6-3 例 6-2 图

解： 换路前电路为稳定的直流电路，电容相当于开路，电感相当于短路，故有

$$u_C(0_-)=0\ \mathrm{V}$$

$$i_L(0_-)=\frac{U_S}{R}=1\ (\mathrm{A})$$

$$i_C(0_-)=0$$

$$u_L(0_-)=0$$

换路后 u_C 和 i_L 都不会跃变。画出 $t=0_+$ 时的等效电路如图 6-3(b)所示，注意：零初始条件下的电容在换路瞬间相当于短路，零初始条件下的电感在换路瞬间相当于开路，这与直流稳态时恰好相反。

由此等效电路得

$$u_C(0_+)=u_C(0_-)=0\ \mathrm{V}$$

$$i_L(0_+)=i_L(0_-)=1\ \mathrm{A}$$

$$i_C(0_+)=-i_L(0_+)=1\ \mathrm{A}$$

由 $i_C=C\dfrac{\mathrm{d}u_C}{\mathrm{d}t}$ 得

$$\frac{\mathrm{d}u_C}{\mathrm{d}t}(0_+)=\frac{i_C(0_+)}{C}=2\ \mathrm{V/s}$$

$$u_L(0_+)=-R_1i_L(0_+)=-2\ \mathrm{V}$$

而 $u_L = L\dfrac{\mathrm{d}i_L}{\mathrm{d}t}$，故

$$\frac{\mathrm{d}i_L}{\mathrm{d}t}(0_+) = \frac{u_L(0_+)}{L} = -\frac{2}{3}\ \mathrm{A/s}$$

由例 6-2 可以看出，非独立初始条件在换路瞬间一般都可能发生跃变，因此不能把式(6-4)、式(6-6)随意应用于 u_C 和 i_L 以外的电压和电流初始值的计算中。

学习单元三　一阶电路的零输入响应

激励在换路后的电路中任一元件、任一支路、任一回路等引起的电路变量的变化均称为电路的响应，而产生响应的源即激励只有两种：一种是外加电源，另一种则是储能元件的初始储能。对于线性电路，动态响应是二者激励的叠加。这一节我们研究电路在外施激励为零的条件下一阶电路的动态响应，此响应是由储能元件的初始储能激励的，称为零输入响应。此过渡过程即为能量的释放过程。

一、*RC* 电路的零输入响应

在图 6-4 所示电路中，设开关闭合前电容已充电到 $u_C = U_0$，现以开关动作时刻作为记时起点，令 $t=0$，开关闭合后，即 $t \geqslant 0_+$ 时，根据 KVL 可得

$$-u_R + u_C = 0$$

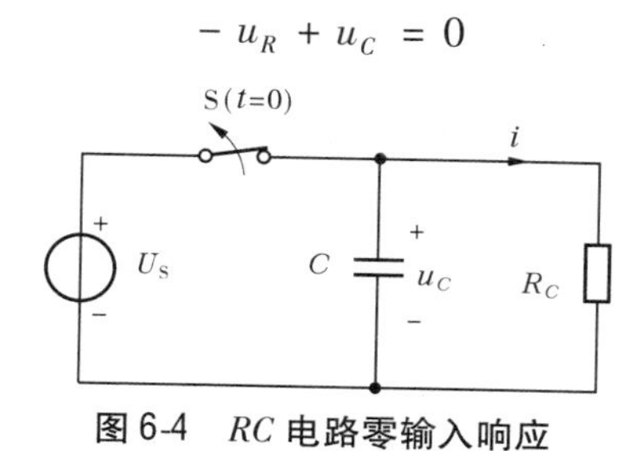

图 6-4　*RC* 电路零输入响应

因 $u_R = Ri$ 及 $i = -C\dfrac{\mathrm{d}u_C}{\mathrm{d}t}$，则有

$$RC\frac{\mathrm{d}u_C}{\mathrm{d}t} + u_C = 0 \tag{6-7}$$

式(6-7)为一阶齐次微分方程，相应的特征方程为

$$RCp + 1 = 0$$

特征根为

$$p = -\frac{1}{RC}$$

故微分方程的通解为

$$u_C = A\mathrm{e}^{pt} = A\mathrm{e}^{-\frac{t}{RC}}$$

换路瞬间电容电流为有限值，所以 $u_C(0_+) = u_C(0_-) = U_0$，代入 $u_C = A\mathrm{e}^{-\frac{t}{RC}}$，可得积分常数为

$$A = u_C(0_+) = U_0$$

因此得到 $t \geqslant 0$ 时电容电压的表达式为

$$u_C = u_C(0_+)\mathrm{e}^{-\frac{t}{RC}} = U_0\mathrm{e}^{-\frac{t}{RC}} \tag{6-8}$$

电阻上的电压、电流分别为

$$u_R = u_C = U_0\mathrm{e}^{-\frac{t}{RC}}$$

$$i = -C\frac{\mathrm{d}u_C}{\mathrm{d}t} = \frac{U_0}{R}\mathrm{e}^{-\frac{t}{RC}}$$

u_C、u_R 和 i 随时间变化的曲线如图 6-5 所示。

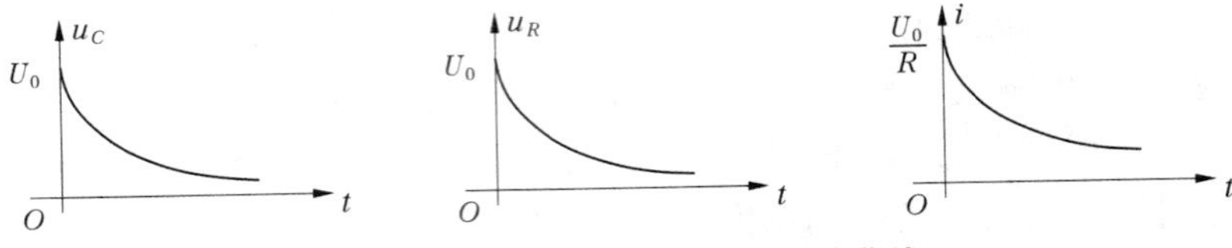

图 6-5 u_C、u_R 和 i 随时间变化的曲线

从上述分析可见，RC 电路的零输入响应 u_C、u_R、i 都是按照同样的指数规律衰减的。若记 $\tau = RC$，u_C 可进一步表示为

$$u_C = u_C(0_+)\mathrm{e}^{-\frac{t}{\tau}} \tag{6-9}$$

当 R 的单位为 Ω，C 的单位为 F 时，τ 的单位为 s，称 τ 为电路的时间常数。表 6-1 列出了电容电压在 $t=0$，$t=\tau$，$t=2\tau$，…时刻的值。

表 6-1 电容电压在不同 t 时的值

t	0	τ	2τ	3τ	4τ	5τ	…	∞
$u_C(t)$	U_0	$0.368U_0$	$0.135U_0$	$0.05U_0$	$0.018U_0$	$0.006\,7U_0$	…	0

在理论上要经过无限长时间 u_C 才能衰减到零值，但换路后经过 $3\tau \sim 5\tau$ 时间，响应已衰减到初始值的 5% ~0.67%，一般在工程上即认为过渡过程结束。

从表 6-1 可见，时间常数 τ 就是响应从初始值衰减到初值的 36.8% 所需的时间。事实上，在过渡过程中从任意时刻开始算起，经过一个时间常数 τ 后响应都会衰减 63.2%。例如在 $t=t_0$ 时，响应为

$$u_C(t_0) = U_0\mathrm{e}^{-\frac{t_0}{\tau}}$$

经过一个时间常数 τ，即在 $t=t_0+\tau$ 时，响应变化为

$$u_C(t_0+\tau) = U_0\mathrm{e}^{-\frac{t_0+\tau}{\tau}} = \mathrm{e}^{-1}U_0\mathrm{e}^{-\frac{t_0}{\tau}} = 0.368u_C(t_0)$$

即经过一个时间常数 τ 后，响应衰减了 63.2%，亦即衰减到原值的 36.8%。可以证明，响应曲线上任一点的次切距都等于时间常数 τ，如图 6-6(a)所示。工程上可用示波器观测 u_C 等曲线，并利用作图法测出时间常数 τ。

时间常数 τ 的大小决定了一阶电路过渡过程的进展速度，而 $p = -\frac{1}{RC} = -\tau$ 正是电路特征方程的特征根，它仅取决于电路的结构和电路参数，而与电路的初始值无关，因此

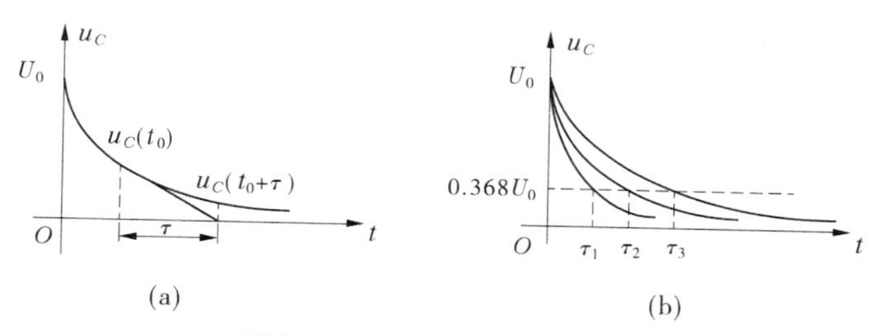

图 6-6　时间常数的物理意义

说电路响应的特性是电路所固有的，所以又称零输入响应为电路的固有响应。

τ 越小，响应衰减的越快，过渡过程的时间越短。由 $\tau = RC$ 知，R、C 值越小，τ 越小。这在物理概念上是很容易理解的。当 U_0 一定时，C 越小，电容储存的初始能量就越少，同样条件下放电的时间也就越短；R 越小，放电电流越大，同样条件下能量消耗的越快。所以，改变电路参数 R 或 C 即可控制过渡过程的快慢。图 6-6(b)给出了不同 τ 值下的电容电压随时间的变化曲线。

在放电过程中，电容不断放出能量，电阻则不断地消耗能量，最后储存在电容中的电场能量全部被电阻吸收转换成热能，即

$$W_R = \int_0^\infty i^2(t)R\mathrm{d}t = \int_0^\infty \left(\frac{U_0}{R}\mathrm{e}^{-\frac{t}{RC}}\right)^2 R\mathrm{d}t = \frac{U_0^2}{R}\int_0^\infty \mathrm{e}^{-\frac{2t}{RC}}\mathrm{d}t = \frac{1}{2}CU_0^2 = W_C$$

【例 6-3】　将一组 80 μF 的电容器从 3.5 kV 的高压电网上切除，等效电路如图 6-7 所示。切除后，电容器经自身漏电电阻 R_C 放电，现测得 $R_C = 40\ \mathrm{M\Omega}$，试求电容器电压下降到 1 kV 所需的时间。

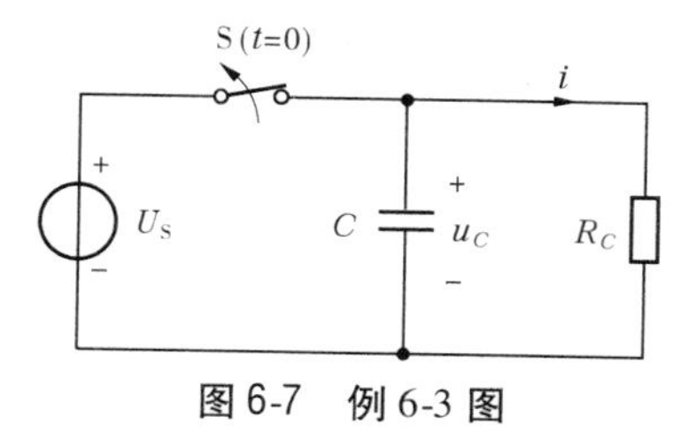

图 6-7　例 6-3 图

解：设 $t=0$ 时将电容器从电网上切除，故有

$$u_C(0_+) = u_C(0_-) = 3\ 500\ \mathrm{V}$$

$t \geqslant 0$ 时电容电压的表达式为

$$u_C = u_C(0_+)\mathrm{e}^{-\frac{t}{R_C C}} = 3\ 500\mathrm{e}^{-\frac{t}{R_C C}}$$

设 $t = t_1$ 时电容电压下降到 1 000 V，则有

$$1\ 000 = 3\ 500\mathrm{e}^{-\frac{t_1}{40\times10^6\times80\times10^{-6}}} = 3\ 500\mathrm{e}^{-\frac{t_1}{3\ 200}}$$

解之得

$$t_1 = -3\ 200\ln\frac{1}{3.5} \approx 4\ 008(\mathrm{s}) \approx 1.11\ \mathrm{h}$$

由上面的计算结果可知，电容器与电网断开 1.11 h 后还保持高达 1 000 V 的电压。因此，在检修具有大电容的电力设备之前，必须采取措施使设备充分地放电，以保证工作

人员的人身安全。

二、RL 电路的零输入响应

图 6-8 所示电路中，电源为直流电压源，设开关动作前电路处于稳态，则电感中电流 $I_0 = \dfrac{U_S}{R_S} = i(0_-)$。在 $t = 0$ 时刻将开关打开，电感线圈将通过电阻 R 释放磁场能量。由 KVL 有

$$u_L + u_R = 0$$

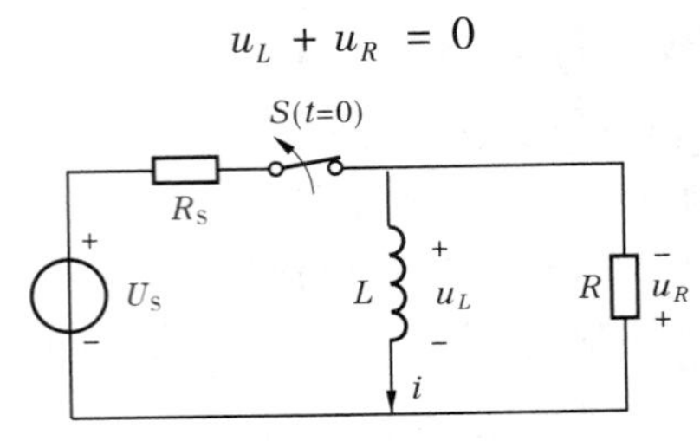

图 6-8　RL 电路的零输入响应

因 $u_R = Ri$ 及 $u_L = L\dfrac{\mathrm{d}i}{\mathrm{d}t}$，则有

$$L\frac{\mathrm{d}i}{\mathrm{d}t} + Ri = 0 \tag{6-10}$$

式(6-10)为一阶齐次微分方程，其相应的特征方程为

$$Lp + R = 0$$

特征根为

$$p = -\frac{R}{L}$$

故微分方程式(6-10)的通解为

$$i = A\mathrm{e}^{pt} = A\mathrm{e}^{-\frac{R}{L}t}$$

因为换路瞬间电感电压为有限值，所以 $i(0_+) = i(0_-) = I_0$，以此代入 $i = A\mathrm{e}^{-\frac{R}{L}t}$ 可得

$$A = i(0_+) = I_0$$

因此得到 $t \geqslant 0$ 时电感电流为

$$i = i(0_+)\mathrm{e}^{-\frac{R}{L}t} = I_0\mathrm{e}^{-\frac{R}{L}t} \tag{6-11}$$

令 $\tau = \dfrac{L}{R}$，则电路的响应分别为

$$i = I_0\mathrm{e}^{-\frac{t}{\tau}}$$

$$u_R = Ri = RI_0\mathrm{e}^{-\frac{t}{\tau}}$$

$$u_L = L\frac{\mathrm{d}i}{\mathrm{d}t} = -RI_0\mathrm{e}^{-\frac{t}{\tau}}$$

图 6-9 分别为 i、u_L、u_R 随时间变化的曲线。$\tau = \dfrac{L}{R}$，当 R 的单位为 Ω，L 的单位为 H 时，τ 的单位为 s，称 τ 为 RL 电路的时间常数，它具有如同 RC 电路中 $\tau = RC$ 一样的物理

意义。在整个过渡过程中，储存在电感中的磁场能量 $W_L = \frac{1}{2}LI_0^2$ 全部被电阻吸收转换成热能。

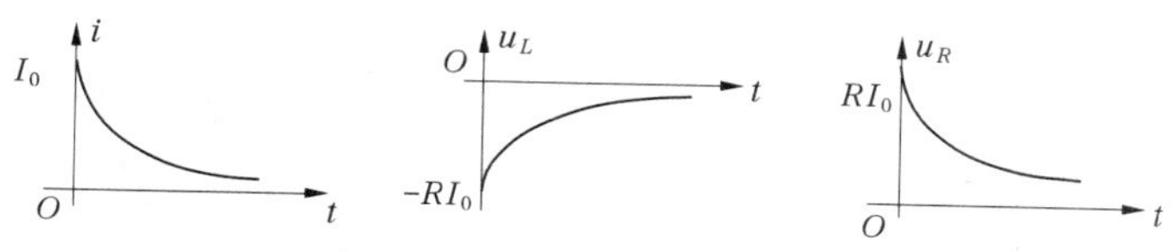

图 6-9 i、u_L、u_R 随时间变化的曲线

将 RC 电路和 RL 电路的零输入响应式(6-8)与式(6-11)进行对照，可以看到两式之间存在的对应关系。若令 $f(t)$ 表示零输入响应 u_C 或 i_L，$f(0_+)$ 表示变量的初始值 $u_C(0_+)$ 或 $i_L(0_+)$，τ 为时间常数 RC 或 L/R，则零输入响应的通解表达式为

$$f(t) = f(0_+)\mathrm{e}^{-\frac{t}{\tau}} \quad (t > 0) \tag{6-12}$$

可见，一阶电路的零输入响应是与初始值呈线性关系的。此外，式(6-12)不仅适用于本学习单元所示电路 u_C、i_L 的零输入响应的计算，而且适用于任何一阶电路任意变量的零输入响应的计算。

【例 6-4】 图 6-10 所示电路中 $U_S = 30\ \mathrm{V}$，$R = 4\ \Omega$，电压表内阻 $R_V = 5\ \mathrm{k\Omega}$，$L = 0.4\ \mathrm{H}$。求 $t > 0$ 时的电感电流 i_L 及电压表两端的电压 u_V。

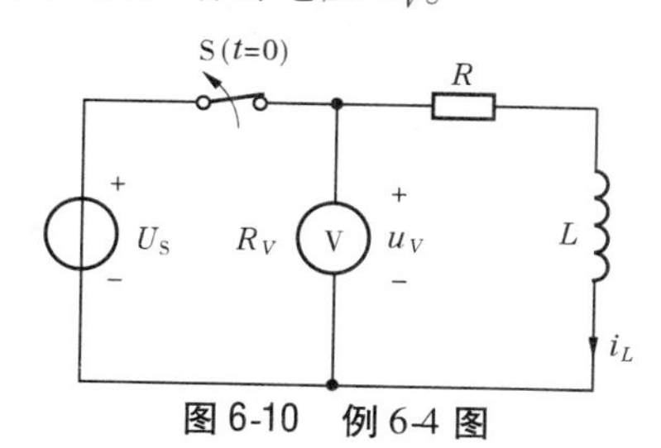

图 6-10 例 6-4 图

解：开关打开前电路为直流稳态，忽略电压表中的分流有

$$i_L(0_-) = \frac{U_S}{R} = 7.5(\mathrm{A})$$

换路后电感通过电阻 R 及电压表释放能量，有

$$i_L(0_+) = i_L(0_-) = 7.5\ \mathrm{A}$$

$$\tau = \frac{L}{R + R_V} \approx 8 \times 10^{-5}(\mathrm{s})$$

由式(6-12)，可写出 $t > 0$ 时的电感电流 i_L 及电压表两端的电压 u_V 分别为

$$i_L = i_L(0_+)\mathrm{e}^{-\frac{t}{\tau}} = 7.5\mathrm{e}^{-1.25 \times 10^4 t}\ \mathrm{A}$$

$$u_V = -R_V i_L = -3.75 \times 10^4 \mathrm{e}^{-1.25 \times 10^4 t}\ \mathrm{V}$$

由此可得

$$|u_V(0_+)| = 3.75 \times 10^4\ \mathrm{V}$$

可见，换路瞬间电压表和负载要承受很高的电压，有可能会损坏电压表。此外，在打开开关的瞬间，这样高的电压会在开关两端造成空气击穿，引起强烈的电弧。因此，在切

断大电感负载时必须采取必要的措施，避免高电压的出现。

学习单元四　一阶电路的零状态响应

若换路前电路中的储能元件的初始状态为零，则称电路处于零初始状态，电路在零初始状态下的响应叫作零状态响应。此时储能元件的初始储能为零，响应单纯由外加电源激励，因此该过渡过程即为能量的建立过程。

一、*RC* 电路在直流电源激励下的零状态响应

图 6-11 所示的电路中，开关动作前电路处于稳态，换路后 $u_C(0_+)=u_C(0_-)=0$，为零初始状态。根据 KVL 及元件 VCR 可得

$$RC\frac{\mathrm{d}u_C}{\mathrm{d}t}+u_C=U_S \tag{6-13}$$

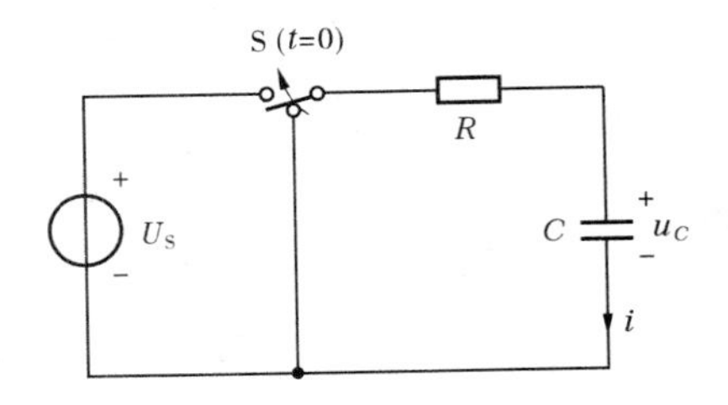

图 6-11　*RC* 电路的零状态响应

式(6-13)为一阶非齐次微分方程，其一般解由非齐次微分方程的特解 u_{Cp} 和相应的齐次微分方程的通解 u_{Ch} 构成。

由本模块的学习单元三分析已知：

$$u_{Ch}=Ae^{-\frac{t}{RC}}$$

是一个随时间衰减的指数函数，其变化规律与激励无关，当 $t\to\infty$ 时 $u_{Ch}\to 0$，因此又称之为响应的瞬态分量。

特解 u_{Cp} 是电源强制建立起来的，当 $t\to\infty$ 时过渡过程结束，电路达到新的稳态，因此 u_{Cp} 就是换路后电路新的稳定状态的解，所以又称之为响应的稳态分量。稳态分量与输入函数密切相关，二者具有相同的变化规律。对于图示直流激励的电路则有

$$u_{Cp}=U_S$$

因此

$$u_C=u_{Cp}+u_{Ch}=U_S+Ae^{-\frac{t}{RC}}$$

代入初始值 $u_C(0_+)=u_C(0_-)=0$，有

$$A=-U_S$$

故电路的零状态响应为

$$u_C=U_S-U_Se^{-\frac{t}{RC}}=U_S(1-e^{-\frac{t}{RC}})$$

令 $\tau = RC$,则

$$u_C = U_S(1 - e^{-\frac{t}{\tau}}) \tag{6-14}$$

电路电流为

$$i = C\frac{du_C}{dt} = \frac{U_S}{R}e^{-\frac{t}{\tau}}$$

电容电压与电流的波形如图6-12所示。

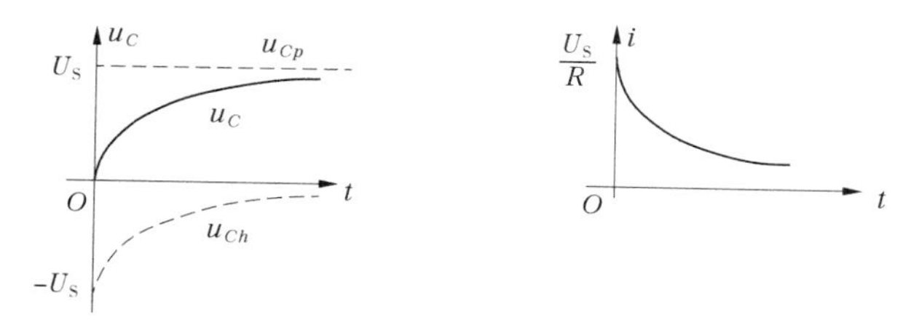

图6-12 电容电压与电流的波形

电容电压 u_C 由零逐渐充电至 U_S,而充电电流在换路瞬间由零跃变到 $\frac{U_S}{R}$,$t > 0$ 后再逐渐衰减到零。在此过程中,电容不断充电,最终储存的电场能为

$$W_C = \frac{1}{2}CU_S^2$$

而电阻则不断地消耗能量:

$$W_R = \int_0^\infty i^2(t)R\mathrm{d}t = \int_0^\infty \left(\frac{U_S}{R}e^{-\frac{t}{RC}}\right)^2 R\mathrm{d}t = \frac{U_S^2}{R}\int_0^\infty e^{-\frac{2t}{RC}}\mathrm{d}t = \frac{1}{2}CU_S^2 = W_C$$

可见,不论电容 C 和电阻 R 的数值为多少,充电过程中电源提供的能量只有一半转变为电场能量储存在电容中,故其充电效率只有50%。

由本模块学习单元三的讨论我们可以相应地推出 RL 电路在直流电源激励下的零状态响应,这里不再赘述。

分析式(6-14)可见,U_S 是电容充电结束后的电压值,即 $u_C(\infty) = U_S$,仿照式(6-12),可以写出一阶电路的零状态响应为

$$f(t) = f(\infty)[1 - e^{-\frac{t}{\tau}}] \quad (t > 0) \tag{6-15}$$

式中,$f(\infty)$ 为响应 $f(t)$ 的稳态值,显然,一阶电路的零状态响应与激励呈线性关系。同样,式(6-15)适用于任意变量的一阶零状态响应的计算。

二、RL电路在正弦电源激励下电路的零状态响应

图6-13所示电路中,外施激励为正弦电压 $u_S = \sqrt{2}U\cos(\omega t + \phi_u)$,其中 ϕ_u 为接通电路时电源电压的初相角,它取决于电路的接通时刻,所以又称为接入相位角或合闸角。接通后电路的方程为

$$L\frac{di_L}{dt} + Ri_L = \sqrt{2}U\cos(\omega t + \phi_u) \tag{6-16}$$

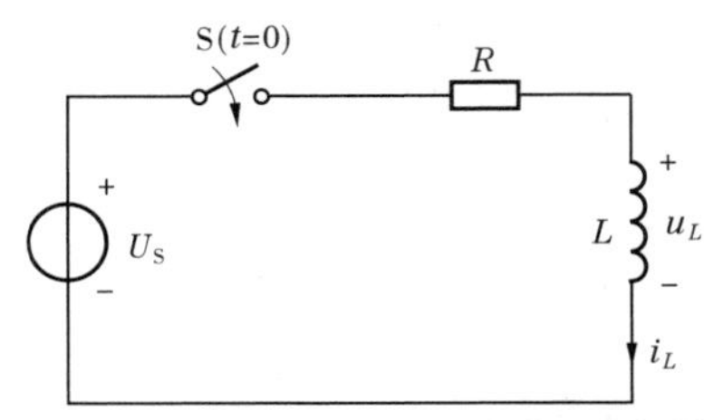

图 6-13　正弦电源激励下的 RL 电路

与前面类似的分析可知，该方程的解为特解与相应齐次微分方程的通解之和，即

$$i_L = i_{Lp} + i_{Lh}$$

其中 $i_{Lh} = Ae^{-\frac{R}{L}t}$ 为相应的齐次微分方程的通解，i_{Lp} 为非齐次微分方程的特解，是电路在换路后达到稳态时的稳态解。

由正弦稳态电路的相量法可求得 $t\to\infty$ 时电感电流的相量解为

$$\dot{I} = \frac{\dot{U}_S}{R + j\omega L} = \frac{U\angle\phi_u}{\sqrt{R^2 + (\omega L)^2}\angle\arctan\frac{\omega L}{R}} \xlongequal{\text{def}} I\angle\phi_u - \theta$$

式中，$I = \frac{U}{\sqrt{R^2 + (\omega L)^2}}$，$\theta = \arctan\frac{\omega L}{R}$，因此得到稳态后电感电流的时域表达式即 i_{Lp} 为

$$i = \sqrt{2}I\cos(\omega t + \phi_u - \theta) = i_{Lp}$$

于是微分方程式(6-16)的解为

$$i_L = \sqrt{2}I\cos(\omega t + \phi_u - \theta) + Ae^{-\frac{R}{L}t}$$

代入初始值 $i(0_+) = i(0_-) = 0$，求得待定系数为

$$A = -\sqrt{2}I\cos(\phi_u - \theta)$$

从而得 $t > 0$ 时的电感电流为

$$i_L = \sqrt{2}I\cos(\omega t + \phi_u - \theta) - \sqrt{2}I\cos(\phi_u - \theta)e^{-\frac{R}{L}t} \tag{6-17}$$

由 $u_L = L\frac{di}{dt}$ 可进一步求得电感上的电压（略）。

从电流表达式(6-17)可看出，外施激励为正弦电压时瞬态分量不仅与电路参数 R、L 有关，而且与电源电压的初相角有关。当开关闭合时，若有 $\phi_u = \theta \pm \frac{\pi}{2}$，则

$$A = -\sqrt{2}I\cos(\phi_u - \theta) = 0$$

$$i_L = \sqrt{2}I\cos\left(\omega t - \frac{\pi}{2}\right) = \sqrt{2}I\sin\omega t$$

即瞬态分量为零，此时电路中将不发生过渡过程而直接进入稳定状态。

若开关闭合时 $\phi_u = \theta$，则

$$A = -\sqrt{2}I\cos(\phi_u - \theta) = -\sqrt{2}I$$

所以

$$i_L = \sqrt{2}I\cos\omega t - \sqrt{2}Ie^{-\frac{R}{L}t}$$

此时如果电路的时间常数比电源电压的周期大得多，即 $\tau \gg T$，则电流的瞬态分量将

衰减得很慢，如图 6-14 所示。这种情况下，在换路约半个周期时电流将达到最大值，其绝对值接近稳态电流幅值的两倍，这种现象称为过电流现象。在工程实际中，电路状态发生变化时，电路设备可能会因为过电流而损坏，这在电路设计时必须加以注意。

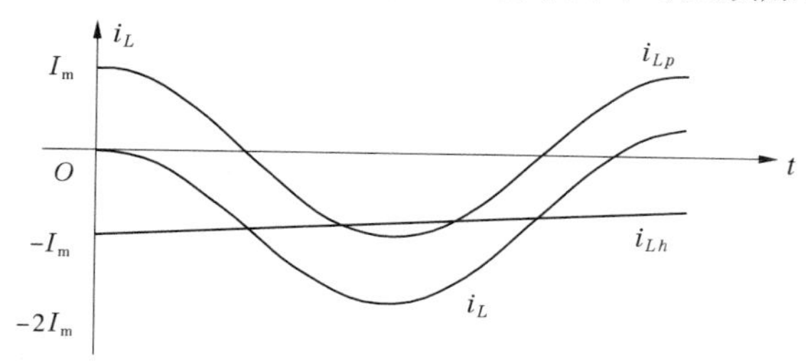

图 6-14 *RL* 串联电路在正弦电源激励下的零状态响应

学习单元五 一阶电路的全响应

非零初始状态的一阶电路在电源激励下的响应叫作全响应。全响应时电路中储能元件的初始储能不为零，响应由外加电源和初始条件共同作用而产生。显然，零输入响应和零状态响应都是全响应的特例。

现以 *RC* 串联电路接通直流电源的电路响应为例来介绍全响应的分析方法。图 6-15 所示电路中，开关动作前电容已充电至 U_0，即 $u_C(0_-) = U_0$，开关闭合后，根据 KVL 及元件 VCR 可得

$$RC\frac{\mathrm{d}u_C}{\mathrm{d}t} + u_C = U_S \tag{6-18}$$

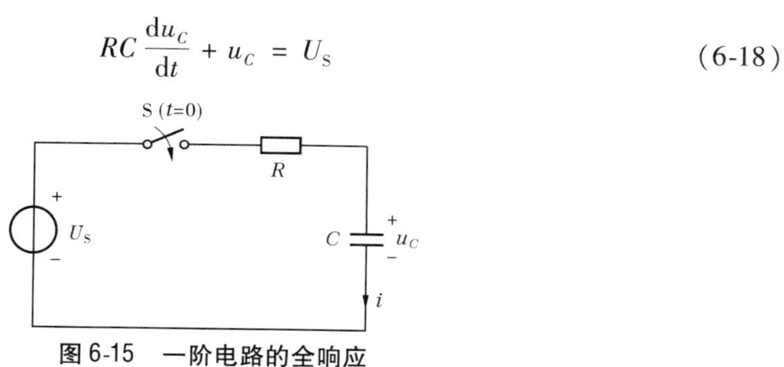

图 6-15 一阶电路的全响应

此方程与本模块学习单元四讨论的方程形式相同，唯一不同的是电容的初始值不一样，因而只是确定方程解的积分常数的初始条件改变而已。

由本模块学习单元四的分析已知

$$u_C = u_{Cp} + u_{Ch} = U_S + Ae^{-\frac{t}{\tau}}$$

式中，$\tau = RC$ 为电路的时间常数。

代入初始值 $u_C(0_+) = u_C(0_-) = U_0$，有

$$A = U_0 - U_S$$

故电容电压为

$$u_C = U_S + (U_0 - U_S)e^{-\frac{t}{\tau}} \tag{6-19}$$

分析式(6-19)可知,响应的第一项是由外加电源强制建立起来的,我们称之为响应的强制分量,第二项是由电路本身的结构和参数决定的,称之为响应的固有分量,所以全响应可表示为

全响应 = 强制分量 + 固有分量

一般情况下电路的时间常数都是正的,因此固有分量将随着时间的推移而最终消失,电路达到新的稳态,此时又称固有分量为瞬态分量(或自由分量),强制分量为稳态分量,所以全响应又可表示为

全响应 = 稳态分量 + 瞬态分量

如果把求得的电容电压改写成:

$$u_C = U_0 e^{-\frac{t}{\tau}} + U_S(1 - e^{-\frac{t}{\tau}})$$

则可以发现,$U_0 e^{-\frac{t}{\tau}}$正是由初始值单独激励下的零输入响应,而$U_S(1 - e^{-\frac{t}{\tau}})$则是外加电源单独激励时的零状态响应,这正是线性电路叠加性质的体现。所以,全响应又可表示为

全响应 = 零输入响应 + 零状态响应

上面第一、二种分解方式说明了电路过渡过程的物理实质,第三种分解方式则说明了初始状态和激励与响应之间的因果关系,只是不同的分解方法而已,电路的实际响应仍是全响应,是由初始值、特解和时间常数三个要素决定的。

在直流电源激励下,设响应的初始值为$f(0_+)$,特解为稳态解$f(\infty)$,时间常数为τ,则全响应$f(t)$可写为

$$f(t) = f(\infty) + [f(0_+) - f(\infty)]e^{-\frac{t}{\tau}} \tag{6-20}$$

只要求出$f(0_+)$、$f(\infty)$和τ这三个要素,就可根据式(6-20)直接写出直流电源激励下一阶电路的全响应以及零输入响应和零状态响应,这种方法称为三要素法。显然,式(6-12)和式(6-15)都是式(6-20)的特例。

既然全响应由激励和初始值共同作用而产生,因此其响应的性态与激励和初始值的关系就不再具有简单的线性关系,这一点与零输入响应和零状态响应不同。

在正弦电源激励下,$f(0_+)$与τ的含义同上,只有特解不同。正弦电源激励时特解$f_p(t)$是时间的正弦函数,则全响应$f(t)$可写为

$$f(t) = f_p(t) + [f(0_+) - f_p(0_+)]e^{-\frac{t}{\tau}} \tag{6-21}$$

式中,$f_p(0_+) = f_p(t)|_{t=0_+}$是稳态响应的初始值。

一阶电路在其他函数形式的电源$g(t)$激励下的响应可由类似的方法求出。特解$f_p(t)$与激励具有相似的函数形式,如表6-2所示。

表6-2 $g(t)$和$f_p(t)$的形式

$g(t)$的形式	Kt	Kt^2	Ke^{-bt} $\left(b \neq \frac{1}{\tau}\right)$	Ke^{-bt} $\left(b = \frac{1}{\tau}\right)$
$f_p(t)$的形式	$A + Bt$	$A + Bt + Ct^2$	Ae^{-bt}	Ate^{-bt}

需要指出,对某一具体电路而言,所有响应的时间常数都是相同的。当电路变量的初始值、特解和时间常数都比较容易确定时,可直接应用三要素法求过渡过程的响应。而电

容电压 u_C 和电感 i_L 电流的初始值较其他非独立初始值容易确定，因此也可应用戴维南定理或诺顿定理把储能元件以外的一端口网络进行等效变换，利用式(6-20)求解 u_C 和 i_L，再由等效变换的原电路求解其他电压和电流的响应。实际应用时，要视电路的具体情况选择不同的方法。

【例 6-5】 图 6-16(a)所示电路中，已知 $i_S=10$ A，$R=2\ \Omega$，$C=0.5\ \mu$F，$g_m=0.125$ A/V，$u_C(0_-)=2$ V，若 $t=0$ 时开关闭合，求 u_C、i_C 和 i_1。

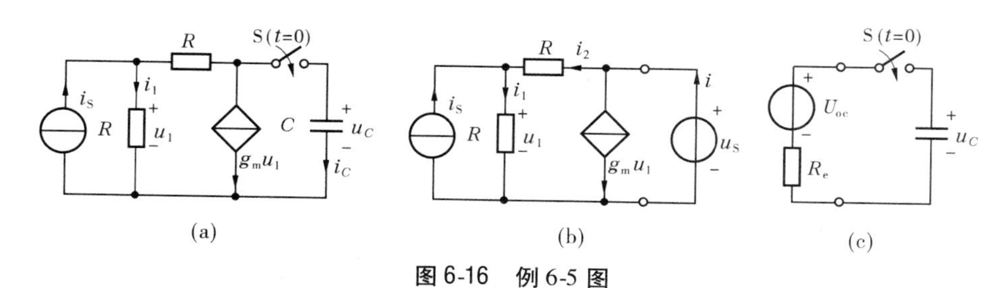

图 6-16 例 6-5 图

解：先将电容以外的电路化简。把电容去掉，在端口加电压源 u_S，如图 6-16(b)所示，根据 KCL 得

$$\left.\begin{aligned} i_2 &= i - g_m u_1 \\ i_1 &= i_S + i_2 \end{aligned}\right\}$$

于是

$$i_1 = i_S + i - g_m u_1$$

由 KVL 得

$$\left.\begin{aligned} u_S &= R i_2 + u_1 \\ u_1 &= R i_1 \end{aligned}\right\}$$

解之，有

$$u_1 = \frac{R i_S + R i}{1 + R g_m}$$

所以

$$u_S = \frac{1 - R g_m}{1 + R g_m} R i_S + \frac{2R}{1 + R g_m} i = 12 + 3.2 i$$

根据戴维南定理可知其等效电压源电压及等效电阻分别为

$$U_{oc} = 12\ \text{V}, \qquad R_{eq} = 3.2\ \Omega$$

等效电路如图 6-16(c)所示，由此等效电路可求得电容电压的稳态值为 $u_C(\infty)=12$ V，电路的时间常数 $\tau=R_{eq}C=3.2\times0.5\times10^{-6}=1.6\times10^{-6}$，已知初始值 $u_C(0_+)=u_C(0_-)=2$ V，按照三要素法可得电容电压为

$$u_C = u_C(\infty) + [u_C(0_+) - u_C(\infty)]e^{-\frac{t}{\tau}} = 12 - 10e^{-6.25\times10^5 t}\ \text{V}$$

再由 $i_C = C\dfrac{du_C}{dt}$，求得电容电流为

$$i_C = C\frac{du_C}{dt} = 3.125e^{-6.25\times10^5 t}\ \text{A}$$

由图 6-16(a)知 $i=-i_C$,所以

$$u_1=\frac{Ri_S-Ri_C}{1+Rg_m}$$

$$i_1=\frac{u_1}{R}=\frac{i_S-i_C}{1+Rg_m}=\frac{10-3.125e^{-6.25\times10^5t}}{1+2\times0.125}=8-2.5e^{-6.25\times10^5t}\ \text{A}$$

【例 6-6】 图 6-17 所示电路原已处于稳态,$t=0$ 时开关闭合。已知 $u_{S2}=8$ V,$L=1.2$ H,$R_1=R_2=R_3=2\ \Omega$,求电压源 u_{S1} 分别为以下两种激励时的电感电流 i_L。

(1)$u_{S1}=40$ V;

(2)$u_{S1}=10\sqrt{2}\sin(10t-30°)$ V。

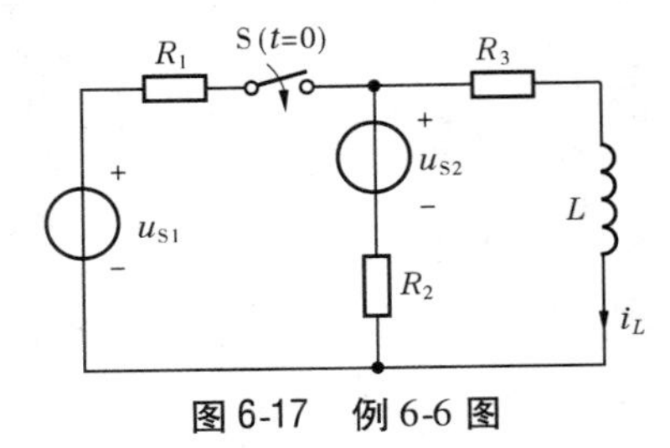

图 6-17 例 6-6 图

解:换路前电路为直流稳态电路,所以

$$i_L(0_-)=\frac{u_{S2}}{R_2+R_3}=2(\text{A})$$

换路后电感电压为有限值,所以电感电流的初始值为

$$i_L(0_+)=i_L(0_-)=2\ \text{A}$$

换路后电感两端的等效电阻为

$$R_{eq}=R_3+\frac{R_1R_2}{R_1+R_2}=3(\Omega)$$

所以时间常数为

$$\tau=\frac{L}{R_{eq}}=0.4(\text{s})$$

(1)当 $u_{S1}=40$ V 时,可求得电感电流的稳态值为

$$i_L(\infty)=\frac{1}{R_3}\frac{\dfrac{u_{S1}}{R_1}+\dfrac{u_{S2}}{R_2}}{\dfrac{1}{R_1}+\dfrac{1}{R_2}+\dfrac{1}{R_3}}=8(\text{A})$$

由三要素法可得电感电流为

$$i_L=i_L(\infty)+[i_L(0_+)-i_L(\infty)]e^{-\frac{t}{\tau}}=8-6e^{-2.5t}\ \text{A}$$

(2)$u_{S1}=10\sqrt{2}\sin(10t-30°)$ V 时,电感电流的稳态值可由叠加原理求得:

当直流电压源 u_{S2} 单独作用时,稳态解为

$$i_L^{(1)}=\frac{R_1}{R_1+R_3}\frac{u_{S2}}{R_2+\dfrac{R_1R_3}{R_1+R_3}}=1.33(\text{A})$$

当正弦电压源 u_{S1} 单独作用时，稳态解可用相量法求得为

$$\dot{I}_L^{(2)} = \frac{\dot{U}_{S1}}{R_1 + \dfrac{R_2(R_3 + j\omega L)}{R_2 + R_3 + j\omega L}} \frac{R_2}{R_2 + R_3 + j\omega L} \approx 0.4 \angle 106^\circ \text{ A}$$

即

$$i_L^{(2)}(t) = 0.4\sqrt{2}\sin(10t - 106^\circ) \text{ A}$$

两电源共同作用产生的稳态解为

$$i_{Lp}(t) = i_L^{(1)} + i_L^{(2)} = 1.33 + 0.4\sqrt{2}\sin(10t - 106^\circ) \text{ A}$$

$t=0_+$ 时初始值为

$$i_{Lp}(0_+) = 1.33 + 0.4\sqrt{2}\sin(10t - 106^\circ)\big|_{t=0} = 0.79(\text{A})$$

由三要素法可得电感电流为

$$\begin{aligned} i_L(t) &= i_{Lp}(t) + [i_L(0_+) - i_{Lp}(0_+)]e^{-\frac{t}{\tau}} \\ &= 1.33 + 0.4\sqrt{2}\sin(10t - 106^\circ) + (2 - 0.79)e^{-\frac{t}{0.4}} \\ &= 1.33 + 0.4\sqrt{2}\sin(10t - 106^\circ) + 1.21e^{-2.5t} \text{ A} \end{aligned}$$

学习单元六　一阶电路的阶跃响应

电路的激励除直流电源激励和正弦电源激励外，常见的还有另外两种奇异函数，即阶跃函数和冲激函数。本模块学习单元六和学习单元七将分别讨论这两种函数的定义、性质及作用于动态电路时引起的响应。

单位阶跃函数用 $\varepsilon(t)$ 表示，定义为

$$\varepsilon(t) = \begin{cases} 0 & (t \leqslant 0_-) \\ 1 & (t \geqslant 0_+) \end{cases} \tag{6-22}$$

波形如图 6-18(a)所示。可见它在$(0_-,0_+)$时域内发生了跃变。

若单位阶跃函数的阶跃点不在 $t=0$ 处，而在 $t=t_0$ 处，如图 6-18(b)所示，则称它为延迟的单位阶跃函数，用 $\varepsilon(t-t_0)$ 表示为

$$\varepsilon(t - t_0) = \begin{cases} 0 & (t \leqslant t_{0-}) \\ 1 & (t \geqslant t_{0+}) \end{cases} \tag{6-23}$$

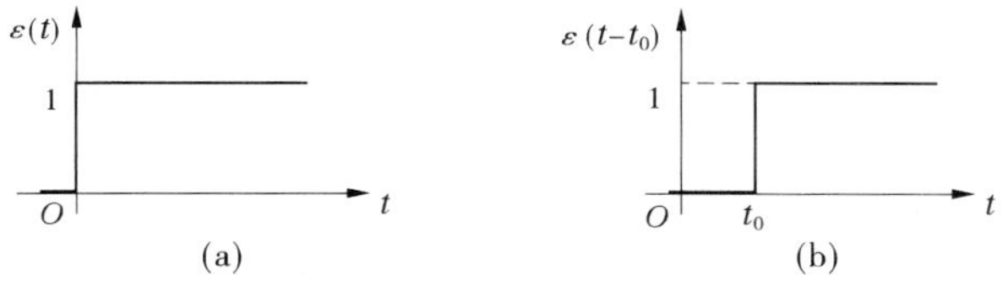

(a)　(b)

图 6-18　单位阶跃函数和延迟单位阶跃函数

阶跃函数可以作为开关的数学模型,所以有时也称为开关函数。如把电路在 $t=t_0$ 时刻与一个电流为 2 A 的直流电流源接通,则此外施电流就可写作 $2\varepsilon(t-t_0)$ A。

单位阶跃函数还可用来“起始”任意一个函数 $f(t)$ 。例如,对于线性函数 $f(t)=Kt$(K 为常数),$f(t)$,$f(t)\varepsilon(t)$,$f(t)\varepsilon(t-t_0)$,$f(t-t_0)\varepsilon(t-t_0)$ 则分别具有不同的含义,如图 6-19 所示。

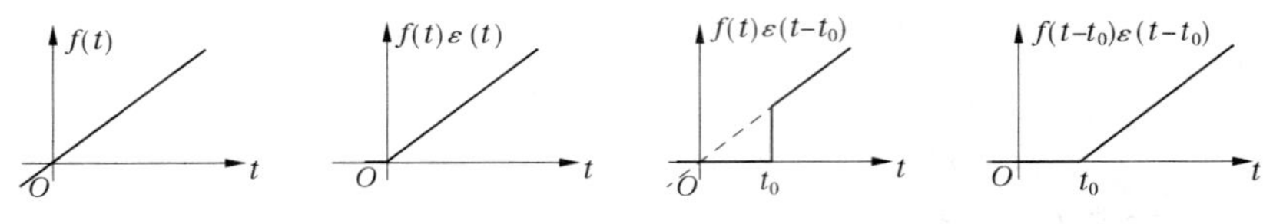

图 6-19　单位阶跃函数的起始作用

电路对于单位阶跃函数激励的零状态响应称为单位阶跃响应,记为 $s(t)$ 。若已知电路的 $s(t)$,则该电路在恒定激励 $u_S(t)=U_0\varepsilon(t)$(或 $i_S(t)=I_0\varepsilon(t)$)下的零状态响应即为 $U_0s(t)$(或 $I_0s(t)$)。

实际应用中常利用阶跃函数和延迟阶跃函数对分段函数进行分解,再利用齐性定理和叠加原理进行求解。

【例 6-7】 设 RL 串联电路由图 6-20(a)所示波形的电压源 $u_S(t)$ 激励,试求零状态响应 $i(t)$。

解:根据阶跃函数的定义,我们把输入电压表示成如下形式:

$$u_S(t)=U_1\varepsilon(t-t_0)+(U_2-U_1)\varepsilon(t-t_1)-U_2\varepsilon(t-t_2)$$

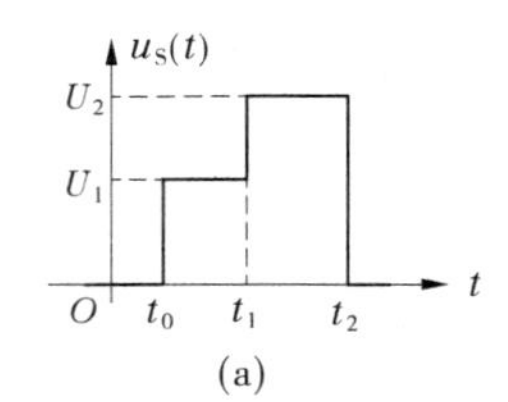

(a)

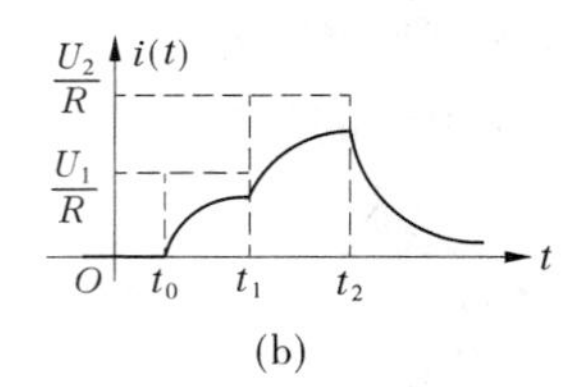

(b)

图 6-20　例 6-7 图

电路的时间常数 $\tau=\frac{L}{R}$,$U_1\varepsilon(t-t_0)$ 单独作用于电路时产生的零状态响应 $i^{(1)}$ 为

$$i^{(1)}=\frac{U_1}{R}(1-e^{-\frac{t-t_0}{\tau}})\varepsilon(t-t_0)$$

$(U_2-U_1)\varepsilon(t-t_1)$ 单独作用于电路产生的零状态响应 $i^{(2)}$ 为

$$i^{(2)}=\frac{U_2-U_1}{R}(1-e^{-\frac{t-t_1}{\tau}})\varepsilon(t-t_1)$$

$-U_2\varepsilon(t-t_2)$ 单独作用于电路产生的零状态响应 $i^{(3)}$ 为

$$i^{(3)}=-\frac{U_2}{R}(1-e^{-\frac{t-t_2}{\tau}})\varepsilon(t-t_2)$$

由叠加原理即可得到所要求的响应为

$$i=i^{(1)}+i^{(2)}+i^{(3)}=\frac{U_1}{R}(1-e^{-\frac{t-t_0}{\tau}})\varepsilon(t-t_0)+$$

$$\frac{U_2-U_1}{R}(1-e^{-\frac{t-t_1}{\tau}})\varepsilon(t-t_1)-\frac{U_2}{R}(1-e^{-\frac{t-t_2}{\tau}})\varepsilon(t-t_2)$$

波形如图6-20(b)所示。

学习单元七 一阶电路的冲激响应

一、冲激函数的定义及性质

单位冲激函数用$\delta(t)$表示,它定义为

$$\left.\begin{aligned}&\delta(t)=0 \qquad t\neq 0\\&\int_{-\infty}^{\infty}\delta(t)\mathrm{d}t=1\end{aligned}\right\}\tag{6-24}$$

单位冲激函数可以看作是单位脉冲函数的极限情况。图6-21(a)为一个单位矩形脉冲函数$p(t)$的波形。它的高为$1/\Delta$、宽为Δ,当脉冲宽度$\Delta\to 0$时,可以得到一个宽度趋于零,幅度趋于无限大,而面积始终保持为1的脉冲,这就是单位冲激函数$\delta(t)$,记作

$$\delta(t)=\lim_{\Delta\to 0}p(t)$$

单位冲激函数的波形如图6-21(b)所示,箭头旁注明"1"。图6-21(c)表示强度为K的冲激函数。类似的,可以把发生在$t=t_0$时刻的单位冲激函数写为$\delta(t-t_0)$,用$K\delta(t-t_0)$表示强度为K,发生在$t=t_0$时刻的冲激函数。

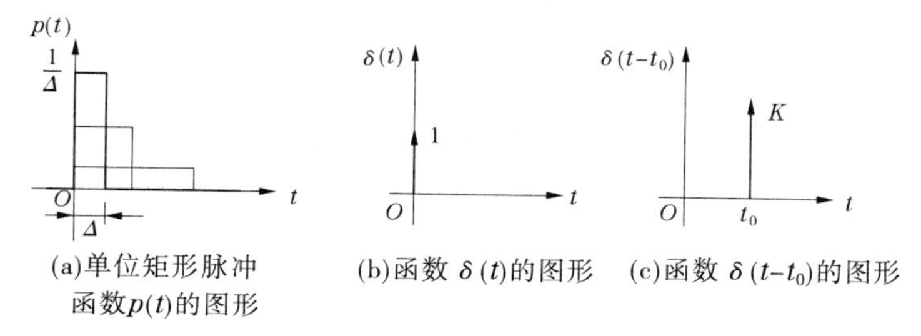

(a)单位矩形脉冲函数$p(t)$的图形 (b)函数$\delta(t)$的图形 (c)函数$\delta(t-t_0)$的图形

图6-21 冲激函数

冲激函数具有如下性质:

(1)单位冲激函数$\delta(t)$对时间的积分等于单位阶跃函数$\varepsilon(t)$,即

$$\int_{-\infty}^{t}\delta(\xi)\mathrm{d}\xi=\varepsilon(t)\tag{6-25}$$

反之,阶跃函数$\varepsilon(t)$对时间的一阶导数等于冲激函数$\delta(t)$,即

$$\frac{\mathrm{d}\varepsilon(t)}{\mathrm{d}t}=\delta(t)\tag{6-26}$$

(2)单位冲激函数具有"筛分性质"。

对于任意一个在$t=0$和$t=t_0$时连续的函数$f(t)$,都有

$$\int_{-\infty}^{\infty}f(t)\delta(t)\mathrm{d}t=f(0)\tag{6-27}$$

$$\int_{-\infty}^{\infty}f(t)\delta(t-t_0)\mathrm{d}t=f(t_0)\tag{6-28}$$

可见冲激函数有把一个函数在某一时刻"筛"出来的本领,所以称单位冲激函数具有"筛分性质"。

二、冲激响应

当把一个单位冲激电流 $\delta_i(t)$（单位为 A）加到初始电压为零的电容 C 上时,电容电压 u_C 为

$$u_C = \frac{1}{C}\int_{0_-}^{0_+}\delta_i(t)\,\mathrm{d}t = \frac{1}{C}$$

可见

$$q(0_-) = Cu_C(0_-) = 0$$
$$q(0_+) = Cu_C(0_+) = 1$$

即单位冲激电流在 0_- 到 0_+ 的瞬时把 1 C 的电荷转移到电容上,使得电容电压从零跃变为 $\frac{1}{C}$,即电容由原来的零初始状态 $u_C(0_-)=0$ 转变到非零初始状态 $u_C(0_+)=\frac{1}{C}$。

同理,当把一个单位冲激电压 $\delta_u(t)$（单位为 V）加到初始电流为零的电感 L 上时,电感电流为

$$i_L = \frac{1}{L}\int_{0_-}^{0_+}\delta_u(t)\,\mathrm{d}t = \frac{1}{L}$$

有

$$\psi(0_-) = Li_L(0_-) = 0$$
$$\psi(0_+) = Li_L(0_+) = 1$$

即单位冲激电压在 0_- 到 0_+ 的瞬时在电感中建立了 $\frac{1}{L}$ 的电流,使电感由原来的零初始状态 $i_L(0_-)=0$ 转变到非零初始状态 $i_L(0_+)=\frac{1}{L}$。

$t>0_+$ 后,冲激函数为零,但 $u_C(0_+)$ 和 $i_L(0_+)$ 不为零,所以电路的响应相当于换路瞬间由冲激函数建立起来的非零初始状态引起的零输入响应。因此,一阶电路冲激响应的求解关键在于计算在冲激函数作用下储能元件的初始值 $u_C(0_+)$ 或 $i_L(0_+)$。

电路对于单位冲激函数激励的零状态响应称为单位冲激响应,记为 $h(t)$。下面就以图 6-22 所示电路为例讨论其响应。

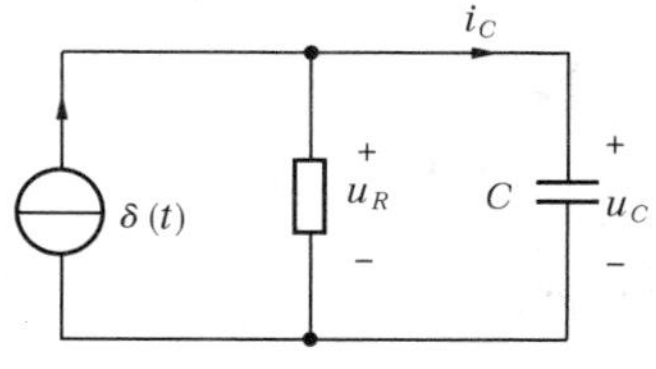

图 6-22　*RC* 电路的冲激响应

根据 KCL 有

$$C\frac{\mathrm{d}u_C}{\mathrm{d}t} + \frac{u_C}{R} = \delta_i(t)$$

而 $u_C(0_-)=0$。

为了求 $u_C(0_+)$ 的值，我们对 $C\dfrac{\mathrm{d}u_C}{\mathrm{d}t}+\dfrac{u_C}{R}=\delta_i(t)$ 两边从 0_- 到 0_+ 求积分，得

$$\int_{0_-}^{0_+}C\frac{\mathrm{d}u_C}{\mathrm{d}t}\mathrm{d}t+\int_{0_-}^{0_+}\frac{u_C}{R}\mathrm{d}t=\int_{0_-}^{0_+}\delta(t)\,\mathrm{d}t$$

若 u_C 为冲激函数，则 $\mathrm{d}u_C/\mathrm{d}t$ 为冲激函数的一阶导数，这样 KCL 方程式将不能成立，因此 u_C 只能是有限值，于是第二积分项为零，从而可得

$$C[u_C(0_+)-u_C(0_-)]=1$$

故

$$u_C(0_+)=\frac{1}{C}+u_C(0_-)=\frac{1}{C}$$

于是便可得到 $t>0_+$ 时电路的单位冲激响应为

$$u_C=u_C(0_+)\mathrm{e}^{-\frac{t}{RC}}=\frac{1}{C}\mathrm{e}^{-\frac{t}{RC}}$$

利用阶跃函数将该冲激响应写作：

$$u_C=\frac{1}{C}\mathrm{e}^{-\frac{t}{RC}}\varepsilon(t)$$

由此可进一步求出电容电流为

$$i_C=C\frac{\mathrm{d}u_C}{\mathrm{d}t}=\mathrm{e}^{-\frac{t}{RC}}\delta(t)-\frac{1}{RC}\mathrm{e}^{-\frac{t}{RC}}\varepsilon(t)$$
$$=\delta(t)-\frac{1}{RC}\mathrm{e}^{-\frac{t}{RC}}\varepsilon(t)$$

图 6-23 画出了 u_C 和 i_C 的变化曲线。其中电容电流在 $t=0$ 时有一冲激电流，正是该电流使电容电压在此瞬间由零跃变到 $1/C$。

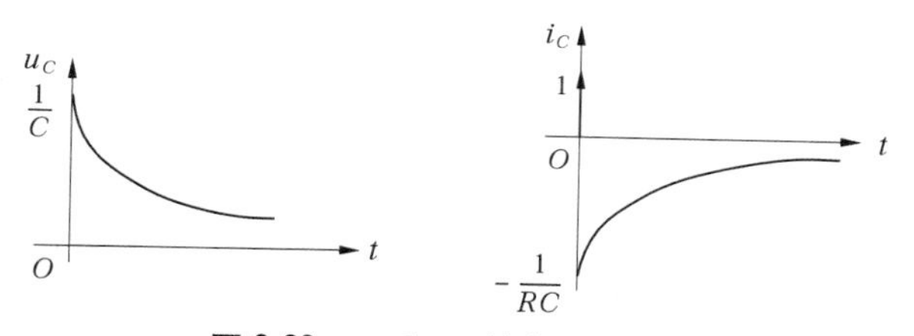

图 6-23　u_C 和 i_C 的变化曲线

由于阶跃函数 $\varepsilon(t)$ 和冲激函数 $\delta(t)$ 之间具有微分和积分的关系，可以证明，线性电路中单位阶跃响应 $s(t)$ 和单位冲激响应 $h(t)$ 之间也具有相似的关系：

$$h(t)=\frac{\mathrm{d}s(t)}{\mathrm{d}t} \tag{6-29}$$

$$s(t)=\int_{-\infty}^{t}h(\xi)\,\mathrm{d}\xi \tag{6-30}$$

有了以上关系，就可以先求出电路的单位阶跃响应，然后将其对时间求导，便可得到所求的单位冲激响应。事实上，阶跃函数 $\varepsilon(t)$ 和冲激函数 $\delta(t)$ 之间具有的这种微分和积分的关系可以推广到线性电路中任一激励与响应中，即当已知某一激励函数 $f(t)$ 的零状态响应 $r(t)$ 时，若激励变为 $f(t)$ 的微分（或积分）函数，则其响应也将是 $r(t)$ 的微分（或积分)函数。

【例 6-8】 求图 6-24 所示电路的冲激响应 i_L。

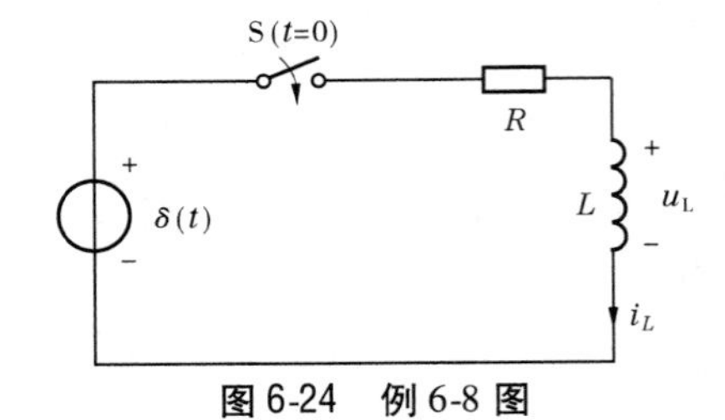

图 6-24 例 6-8 图

解: 方法一

$t<0$ 时,由于 $\delta(t)=0$,故 $i_L(0_-)=0$。

$t=0$ 时,由 KVL 有

$$L\frac{\mathrm{d}i_L}{\mathrm{d}t}+Ri_L=\delta(t)$$

对 $L\frac{\mathrm{d}i_L}{\mathrm{d}t}+Ri_L=\delta(t)$ 两边从 0_- 到 0_+ 求积分得

$$\int_{0_-}^{0_+}L\frac{\mathrm{d}i_L}{\mathrm{d}t}\mathrm{d}t+\int_{0_-}^{0_+}Ri_L\mathrm{d}t=\int_{0_-}^{0_+}\delta(t)\,\mathrm{d}t$$

由于 i_L 为有限值,有

$$L[i_L(0_+)-i_L(0_-)]=1$$

故

$$i_L(0_+)=\frac{1}{L}+i_L(0_-)=\frac{1}{L}$$

所求响应为

$$i_L=\frac{1}{L}\mathrm{e}^{-\frac{R}{L}t}\varepsilon(t)$$

方法二

先求 i_L 的单位阶跃响应,再利用阶跃响应与冲激响应之间的微分关系求解。当激励为单位阶跃函数时,因为

$$i_L(0_+)=i_L(0_-)=0$$

$$i_L(\infty)=\frac{1}{R}$$

故 i_L 的单位阶跃响应为

$$s(t)=\frac{1}{R}(1-\mathrm{e}^{-\frac{R}{L}t})\varepsilon(t)$$

再由 $h(t)=\frac{\mathrm{d}s(t)}{\mathrm{d}t}$ 便可求得其单位冲激响应 i_L 为

$$\begin{aligned}i_L=\frac{\mathrm{d}s(t)}{\mathrm{d}t}&=\frac{1}{R}(1-\mathrm{e}^{-\frac{R}{L}t})\delta(t)+\frac{1}{L}\mathrm{e}^{-\frac{R}{L}t}\varepsilon(t)\\&=\frac{1}{L}\mathrm{e}^{-\frac{R}{L}t}\varepsilon(t)\end{aligned}$$

由以上分析可知，电路的输入为冲激函数时，电容电压和电感电流会发生跃变。此外，前面讲过，当换路后出现 C－E 回路或 L－J 割集时，电路状态也可能发生跃变，这种情况下，一般可先利用 KCL、KVL 及电荷守恒或磁链守恒求出电容电压或电感电流的跃变值，然后进一步分析电路的动态过程。

【例 6-9】 已知 $U_S=24$ V，$R=2\ \Omega$，$R_1=3\ \Omega$，$R_2=6\ \Omega$，$L_1=0.5$ H，$L_2=2$ H，$t=0$ 时打开开关，电路如图 6-25(a) 所示。求 $t>0$ 时的 i_1、i_2、u_1，并画出波形。

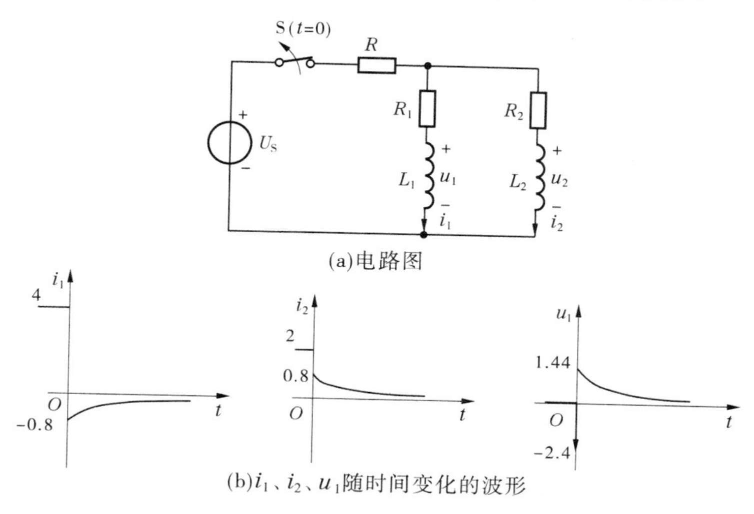

图 6-25　例 6-9 图

解：换路前，电感电流分别为

$$i_1(0_-)=\frac{U_S}{R+\dfrac{R_1R_2}{R_1+R_2}}\frac{R_2}{R_1+R_2}=\frac{24}{2+2}\times\frac{2}{3}=4(\text{A})$$

$$i_2(0_-)=\frac{U_S}{R+\dfrac{R_1R_2}{R_1+R_2}}\frac{R_1}{R_1+R_2}=\frac{24}{2+2}\times\frac{1}{3}=2(\text{A})$$

换路后，由 KCL 有

$$i_1(0_+)+i_2(0_+)=0 \tag{1}$$

因为 $i_1(0_-)\neq i_2(0_-)\neq 0$，可见在 $t=0$ 时两电感电流均发生了跃变，由磁链守恒原理可以得到换路前后两个电感构成的回路中的磁链平衡方程式为

$$L_1i_1(0_-)-L_2i_2(0_-)=L_1i_1(0_+)-L_2i_2(0_+) \tag{2}$$

联立方程(1)、(2)并代入数据，可解得

$$i_1(0_+)=-0.8\ \text{A},\quad i_2(0_+)=0.8\ \text{A}$$

换路后电路的时间常数为

$$\tau=\frac{L_{eq}}{R_{eq}}=\frac{L_1+L_2}{R_1+R_2}=\frac{5}{18}(\text{s})$$

故电感电流分别为

$$i_1 = i_1(0_+)\mathrm{e}^{-\frac{t}{\tau}} = -0.8\mathrm{e}^{-3.6t}\ \mathrm{A} \quad (t>0)$$

$$i_2 = i_2(0_+)\mathrm{e}^{-\frac{t}{\tau}} = 0.8\mathrm{e}^{-3.6t}\ \mathrm{A} \quad (t>0)$$

写成整个时间轴上的表达式则分别为

$$i_1 = 4 + [-4 - 0.8\mathrm{e}^{-3.6t}]\varepsilon(t)\ \mathrm{A}$$

$$i_2 = 2 + [-2 + 0.8\mathrm{e}^{-3.6t}]\varepsilon(t)\ \mathrm{A}$$

电感 L_1 上的电压为

$$\begin{aligned} u_1 = L_1\frac{\mathrm{d}i_1}{\mathrm{d}t} &= 0.5\{[-4-0.8\mathrm{e}^{-9t}]\delta(t) + [(-0.8)(-3.6)\mathrm{e}^{-3.6t}]\varepsilon(t)\} \\ &= 0.5\{-4.8\delta(t) + 2.88\mathrm{e}^{-3.6t}]\varepsilon(t)\} \\ &= -2.4\delta(t) + 1.44\mathrm{e}^{-3.6t}\varepsilon(t)\ \mathrm{V} \end{aligned}$$

i_1、i_2、u_1 随时间变化的波形如图 6-25(b)所示，从图中可以清楚地看出各电路变量在换路前、后及换路时刻的变化。

【工程实例】 积分器

积分电路(积分器)广泛应用于各类数码家电的电路中，可以用来作为显示器的扫描电路、模数转换器或者作为数学模拟运算器。积分电路如图 6-26 所示。

$$\begin{aligned} V_0 = -V_C &= -\frac{Q}{C} \\ &= -\frac{1}{C}\int I_C\mathrm{d}t = -\frac{1}{C}\int I_i\mathrm{d}t \\ &= -\frac{1}{RC}\int V_i\mathrm{d}t = -\frac{1}{\tau}\int V_i\mathrm{d}t \end{aligned}$$

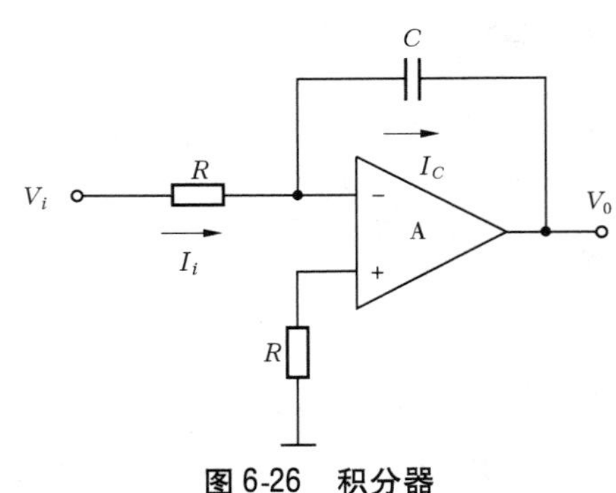

图 6-26 积分器

小 结

1. 动态电路的初始值及其确定

(1) 初始值的定义。$t=0_+$ 时刻电路中电压与电流的值为初始值，如 $u_C(0_+)$，$i_L(0_+)$ 等。

(2) 求初始值的理论和方法依据。求初始值的理论依据是 KVL、KCL、元件的伏安关系，再加上换路定则、电荷守恒定律、磁链守恒定律。求初始值的方法仍然是回路分析法、节点分析法、叠加定理、等效电源定理，以及电路的各种等效变换原理等。

所谓换路，是指由任何原因引起的电路结构与电路元件参数的改变。换路定则是指当流过电容中的电流为有限值时，则换路瞬间，电容两端的电压不会突变；当加在电感两端电压为有限值时，则换路瞬间，电感中的电流不会突变。

(3)确定初始值的步骤如下：

①根据换路前 $t=0_-$ 时的电路，求 $u_C(0_-)$，$i_L(0_-)$；

②在电容电流或电感电压为有限值的条件下，根据换路定则求出 $u_C(0_+)$ 或 $i_L(0_+)$；

③换路后的电路中，用电压为 $u_C(0_+)$ 的电压源置换电容元件，或用电流为 $i_L(0_+)$ 的电流源置换电感元件，得到 $t=0_+$ 时的等效电路，该电路为电阻电路；

④应用电阻电路的分析方法，求出电路中待求电压和电流在 $t=0_+$ 时的初始值。

(4)当电路中作用的独立电源为直流电源或阶跃电源且电路已达到稳定工作状态时，电感相当于短路，电容相当于开路。

2. 一阶电路分析

一阶常系数线性微分方程的电路称为一阶动态电路。

(1)一阶电路仅由电路的原始状态引起的响应称为零输入响应。一阶动态电路的零输入响应的方程是常系数线性齐次微分方程；线性电路的零输入响应为初始值的线性函数。

假设电路在 $t=0$ 时发生换路，用 y 表示电路中的电压或电流，则电路的零输入响应可表示为

$$y(t) = y(0_+)e^{-\frac{t}{\tau}} \qquad (t \geqslant 0)$$

式中，$y(0_+)$ 为电路响应的初始值，τ 为电路的时间常数。对于 RC 电路，$\tau = RC$；对于 RL 电路，$\tau = \frac{L}{R}$。时间常数的大小反映了电路响应变化的快慢，时间常数越大，电路响应变化越慢。

(2)一阶电路在原始状态为零的情况下，仅由独立电源激励引起的响应，称为零状态响应。一阶动态电路的零状态响应的方程是常系数线性非齐次微分方程。

(3)一阶电路在非零原始状态下，由激励和原始状态共同引起的响应，称为全响应。由叠加定理，一阶线性电路的全响应为零输入响应和零状态响应之和，即

全响应 = 零输入响应 + 零状态响应

由线性常微分方程的解的特性和形式，一阶线性电路的全响应又可表示为

全响应 = 自由响应 + 强制态响应

或　　全响应 = 瞬态响应 + 稳态响应

求解一阶线性电路的全响应既可以采用经典法也可以采用三要素法。经典法指通过列写微分方程并计算齐次解、特解和待定系数，得到一阶线性电路的全响应的时域分析方法。三要素法则是跳过建立电路的微分方程求解的过程，直接由给定的一阶线性电路求出一阶线性电路的响应的三个要素，然后写出响应的数学表达式。一阶动态电路在直流

或阶跃电源输入时，求解线性电路的全响应的三要素法公式为

$$y = y(\infty) + [y(0_+) - y(\infty)]e^{-\frac{t}{\tau}}$$

式中，$y(0_+)$为初始值，$y(\infty)$为稳态值，它们可以是电流也可以是电压，τ为时间常数，对于RC电路$\tau = RC$，对于RL电路，$\tau = \frac{L}{R}$。这里$y(0_+)$、$y(\infty)$和τ为求解全响应的三要素。

3. 阶跃响应和冲激响应

阶跃响应和冲激响应都是零状态响应，相互之间满足一定的数学关系$h(t) = \frac{ds(t)}{dt}$。从电路分析方法上来看，阶跃响应可以采用时域分析中的经典法或三要素法；而冲激响应由于激励是奇异的，不满足换路定律，因此在时域分析时要分步骤进行。

4. 动态电路的应用

动态电路在许多电子设备中都很常用，如直流电源中的滤波器、数字通信中的平滑电路、微分器、积分器、延时电路、继电器电路、振铃电路、峰值电路和振荡电路等都有其应用的例子。

习　题

6-1　图 6-27 所示电路在开关 S 闭合前已达到稳态。$t=0$时闭合，试求初始值$u_{ab}(0_+)$。

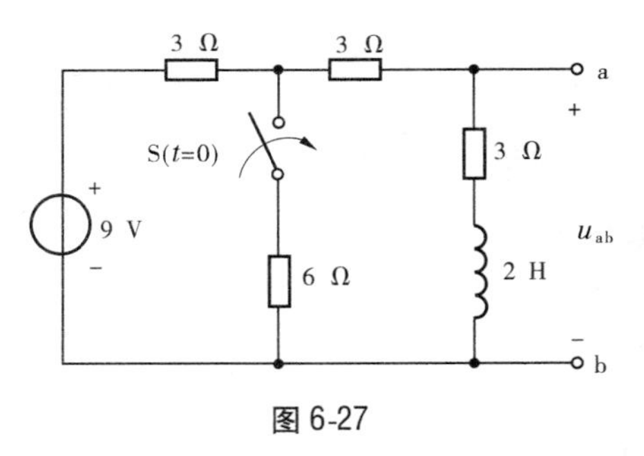

图 6-27

6-2　图 6-28 所示电路中，U_S是一个直流电压源，电路在换路之前开关闭合，且电路已处于稳定状态。当$t=0$时开关 S 打开，试求换路后电容电压u_C和电流i的变化规律及电容的初始储能。

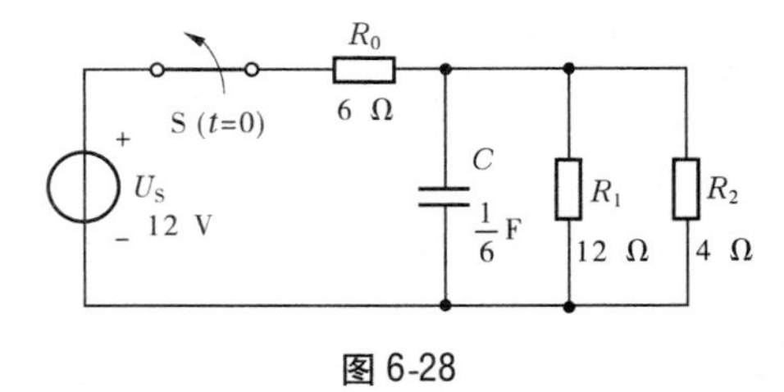

图 6-28

6-3　图 6-29 所示电路，$t<0$时 S 在“1”，电路已工作于稳态。$t=0$时 S 扳到“2”，求

$t \geqslant 0$时的响应 $u_C(t)$，并求 $u_C(t)$ 为零值时的时刻 t_0。

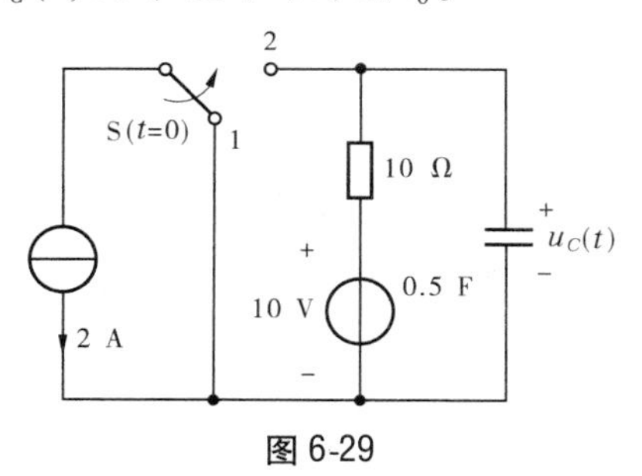

图 6-29

6-4　图 6-30 所示电路中，设开关 S 原处于闭合位置，且电路已处于稳定状态。求开关 S 断开后流过电压表的电流和电压表承受的最高电压。

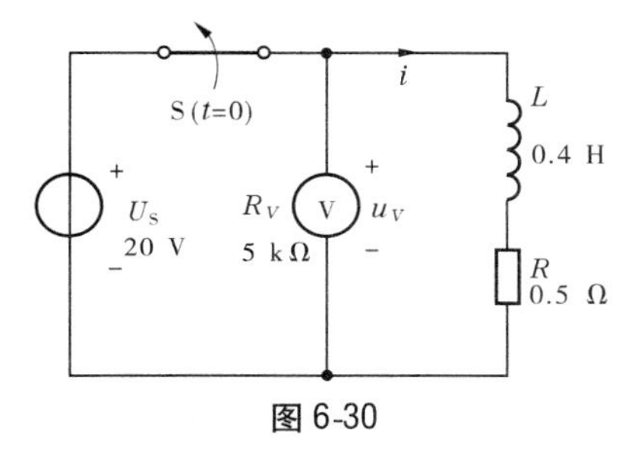

图 6-30

6-5　求图 6-31 所示电路中，已知 $L=0.3$ H，在开关动作前，电路已达到稳态。当 $t=0$ 时 S_1 打开，S_2 闭合，试求 $t>0$ 时的 $u_L(t)$ 和 $i_L(t)$。

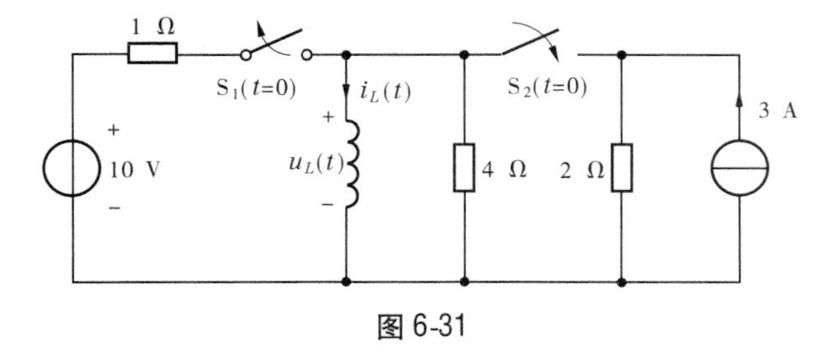

图 6-31

6-6　图 6-32 所示电路中，$t<0$ 时 S 在“1”，电路已处于稳态。于 $t=0$ 时刻将 S 扳到“2”，已知 $u(t)-10\cos 2t$ V，欲使 $t>0$ 时电流 $i(t)$ 中只有正弦稳态响应，求 R 的值。

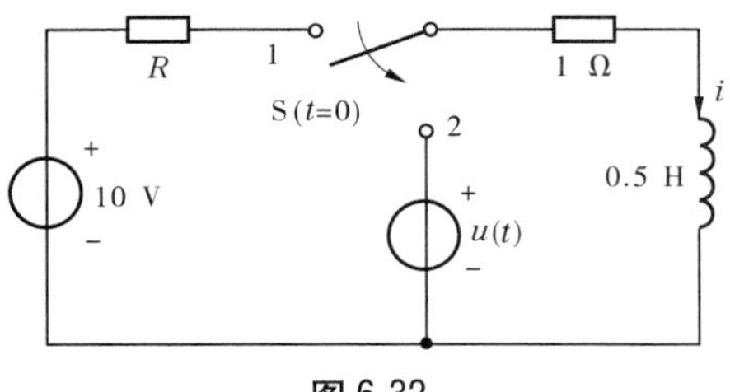

图 6-32

模块七　磁路与铁芯线圈

目的和要求：掌握磁路的基本物理量(B、Φ、H、μ)及其之间的相互关系；掌握铁磁性物质的起始磁化曲线、磁滞回线、基本磁化曲线的性质；理解磁路基本定律；掌握交流铁芯线圈的电路模型；理解磁滞、涡流损耗。

学习单元一　磁场的主要物理量和基本性质

对磁针或运动电荷具有磁力作用的空间称为磁场，约束在一定路径内的磁场称为磁路。有关磁路的物理量也都由磁场的物理量而来。为了分析计算磁路，本学习单元先学习磁场的主要物理量和基本性质。

一、磁场的主要物理量

（一）磁感应强度(B)

磁感应强度是表示磁场中某一点磁场强弱及方向的物理量，它是一个矢量。

非均匀磁场中各点的磁场方向是不同的，以小磁针 N 极的指向作为该点的磁场方向。

磁感应强度 B 的大小定义如下：在磁场中的一点放置一个长度为 Δl、电流为 I 并且与磁场方向垂直的载流导体，当它所受的电磁力为 ΔF 时，该点的磁感应强度的大小为

$$B = \frac{\Delta F}{I\Delta l} \tag{7-1}$$

磁感应强度 B 的 SI 单位为特斯拉(T)，通常读作特。

（二）磁通(Φ)

磁场可由磁感应线形象描述，垂直穿过某一平面(面积为 S)的磁感应线总数称为通过这一面积的磁通，用符号 Φ 表示。

对于非均匀磁场，穿过磁场中某一曲面 S 的磁通定义如下：如图 7-1 所示，曲面 S 上某面积元 $\mathrm{d}S$ 处磁感应强度的大小为 B，方向与 $\mathrm{d}S$ 的法线夹角为 θ，则穿过此面积元的磁通为

$$\mathrm{d}\Phi = B\mathrm{d}S\cos\theta = B\mathrm{d}S$$

穿过曲面 S 的磁通为各个 $\mathrm{d}S$ 的 $\mathrm{d}\Phi$ 的总和，即

$$\Phi = \int_S \mathrm{d}\Phi = \int_S B\mathrm{d}S \tag{7-2}$$

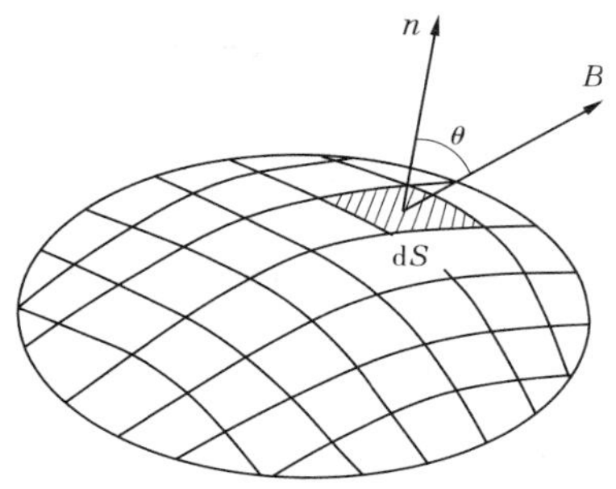

图 7-1　曲面 S 的磁通

如果磁场中各点的磁感应强度量值相等、方向相同，这种磁场称为均匀磁场。在均匀磁场中，设磁感应强度为 B，面积为 S 的平面与磁场垂直，则该平面的磁通为

$$\Phi = BS \tag{7-3}$$

从式(7-3)可得

$$B = \Phi/S \tag{7-4}$$

所以磁感应强度又称为磁通密度。

磁通的 SI 单位为韦伯(Wb)。

为了形象地图示磁场而人为作出的闭合的空间曲线叫作磁感应线(又称磁力线)。磁感应线上每一点的切线方向就是该点的磁场方向；磁感应线的疏密可以反映磁场的强弱，磁感应强度大的地方磁感应线密，磁感应强度小的地方磁感应线疏。

(三)磁场强度(H)

由于磁场中一点的磁感应强度不仅和产生该磁场电流的大小、方向及分布有关，而且和物质的导磁性能有关。为反映介质的磁作用，定义磁场强度矢量 H。磁场中某一点磁场强度的大小 H 等于该点磁感应强度大小 B 与磁导率 μ 的比值，即

$$H = \frac{B}{\mu} \tag{7-5}$$

磁场强度的方向与该点磁感应强度的方向一致，它的 SI 单位为安/米(A/m)。

(四)磁导率(μ)

式(7-5)中的 μ 是表征磁介质特性的一个参数，称为磁导率。不同的磁介质具有不同的导磁性能，磁导率大的物质导磁性能好，磁导率小的物质导磁性能差。

磁导率的 SI 单位为亨/米(H/m)。

μ 只取决于物质本身，不同介质的磁导率相差很大。真空的磁导率为常量，记作 μ_0。

$$\mu_0 = 4\pi \times 10^{-7}\ \text{H/m} \tag{7-6}$$

通常把真空的磁导率作为比较基础，把物质的磁导率与真空的磁导率的比称为物质的相对磁导率 μ_r，即

$$\mu_r = \frac{\mu}{\mu_0} \tag{7-7}$$

相对磁导率能反映物质的导磁性能。非铁磁性物质的磁导率在工程上认为是常数，近似等于真空的磁导率 μ_0。铁磁性物质的 μ_r 很大，但铁磁性物质的磁导率不是常数，属非线性介质，如硅钢片 $\mu_r = 6\,000 \sim 8\,000$。

二、磁场的基本性质

磁场的基本性质可用磁通连续性原理和安培环路定律描述。

(一)磁通连续性原理

磁通连续性是磁场的基本性质,即磁场中任一闭合面的总磁通恒等于零。

$$\Phi = \oint_S B\mathrm{d}S = 0 \tag{7-8}$$

用磁感应线描述就是穿入某一闭合面的磁感应线数等于穿出此面的磁感应线数。这一性质说明,磁感应线是闭合的空间曲线。

(二)安培环路定律

磁场与电流的依存关系是通过安培环路定律确定的,它体现了磁路的又一基本性质。磁场强度沿任何闭合路径的线积分等于该路径所包围的电流的代数和,其数学表示为

$$\oint_l H\mathrm{d}l = \sum I \tag{7-9}$$

式(7-9)电流的正、负选取要根据电流的方向和所选路径的方向之间是否符合右手螺旋定则而定。符合时取正,反之取负。对图 7-2 中逆时针绕行的闭合回路 l,应用安培环路定律可写成:

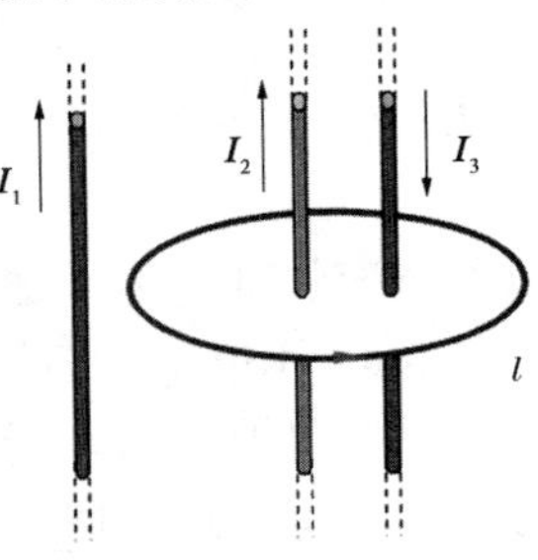

图 7-2 安培环路定律示例

$$\oint_l H\mathrm{d}l = I_2 - I_3$$

注意:I_1 不穿过闭合路径;I_2 符合右手螺旋定则,取正;I_3 不符合右手螺旋定则,取负。

学习单元二 铁磁性物质的磁化曲线

物质按导磁性能来区分,可分为非铁磁性物质和铁磁性物质。非铁磁性物质的相对磁导率接近于 1,其导磁性能与真空相近似。环形线圈如果绕在非铁磁物质上,就导磁性能来说与空心线圈无太大差别。铁磁性物质的相对磁导率远大于 1,即铁磁物质磁化后将产生很强的附加磁场,如果将环形线圈绕在铁磁物质上,其磁场可达到原磁场的数百倍、数千倍甚至数万倍。

铁磁性物质的磁化性能通常可用磁化曲线即 $B \sim H$ 曲线表示。真空或空气的 $B = \mu_0 H$,这是一个线性关系,其 $B \sim H$ 曲线为一直线,如图 7-3 中的直线①所示,非铁磁性物质的磁化曲线与此类似。铁磁性物质的 $B \sim H$ 曲线可由实验测绘。

一、起始磁化曲线

铁磁性物质从 $B = 0$、$H = 0$ 开始磁化,所绘制出的 $B \sim H$ 曲线即为起始磁化曲线,如图 7-3所示。在磁场强度较小的情况下(图中 $O \sim H_1$)磁感应强度虽然增大,但增长率并不大,如曲线 Oa_1 段所示;随着 H 的继续增大(图中 $H_1 \sim H_2$),B 急剧增大,如曲线 a_1a_2 段

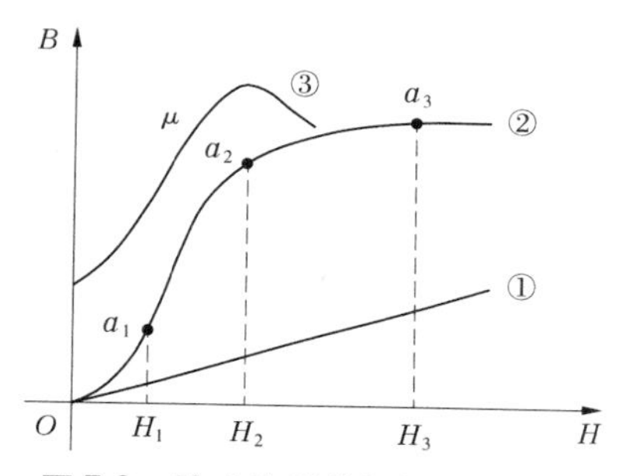

图 7-3 铁磁物质的起始磁化曲线

所示;若 H 继续增大(图中 $H_2 \sim H_3$),B 的增长率反而较小,如曲线的 a_2a_3 段所示。a_3 点以后,再增大 H,B 增加得很小,与真空或空气近似,这种现象称为磁饱和。曲线上的 a_1 点、a_2 点、a_3 点分别称为踋点、膝点、饱和点。

曲线②的 a_1a_2 段是铁磁物质所特有的(也称为“线性段”),在此段中,B 的增长率远比非铁磁物质高,所以铁磁材料通常工作在 a_2 点附近。

由整个起始磁化曲线不难看出,铁磁性物质的 B 和 H 的关系为非线性关系,铁磁性物质的磁导率 μ 不是常数,随外磁场的变化而变化。铁磁性物质的 $\mu \sim H$ 曲线如图 7-3 中曲线③所示。在磁化曲线的开始段和饱和段 μ 都较小,在膝点附近 μ 达到最大。

二、磁滞回线

实际工作中,铁磁材料常常处于交变磁场中,H 的大小和方向都要变化。实验表明,处于交变磁场中铁磁材料的 $B \sim H$ 关系是磁滞回线的关系,如图 7-4 所示。当磁场强度由零增加到 $+H_m$,然后将 H 再减小,B 要由 B_m 沿着比起始磁化曲线稍高的曲线 ab 段下降,而且 H 降为零时 B 不为零,这种 B 的变化滞后于 H 的变化的现象称为磁滞,在 $H=0$ 时所保留着的磁感应强度,如图中的 B_r,叫作剩磁。为了去掉剩磁,需施加一反向磁场,当反向磁场达到 $-H_c$ 时,$B=0$,H_c 的大小称为矫顽力,它表示铁磁材料反抗退磁的能力。当 H 继续反向增加时,铁磁物质开始反向磁化,当 $H=-H_m$ 时,反向磁化到饱和点 a'。当 H 由 $-H_m$ 变化到 $+H_m$ 时,$B \sim H$ 曲线沿 $a'b'a$ 变化而完成一个循环,所形成的封闭曲线 $aba'b'a$ 称为磁滞回线。

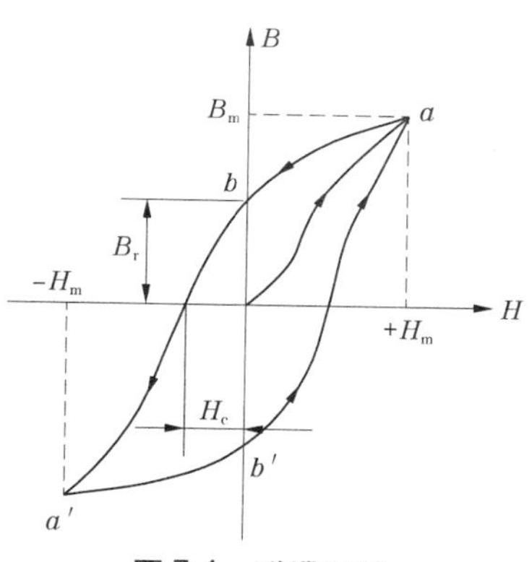

图 7-4 磁滞回线

铁磁性物质在反复磁化的过程中要消耗能量并转化为热能而耗散,这种能量损耗叫作磁滞损耗。可以证明,反复磁化一次的磁滞损耗与磁滞回线的面积成正比。

铁磁性物质按照磁滞回线的形状区分,可分为软磁性材料、硬磁性材料和矩磁性材料。

(1)软磁性材料的磁滞回线狭长,如图 7-5(a)所示,剩磁及矫顽力都较小,磁滞回线的面积及磁滞损耗小,磁导率高,适用于制作各种电机、电器的铁芯。软磁性材料包括电工钢片(硅钢片)、铸钢、铸铁、纯铁等。

(2)硬磁性材料的磁滞回线宽短,如图 7-5(b)所示,剩磁及矫顽力较大,磁化后不易退磁,适宜制作永久磁铁。常用的硬磁性材料有铬、钨、钴、镍等的合金。

(3)矩磁性材料的磁滞回线接近于矩形,如图 7-5(c)所示,剩磁很大,接近饱和磁感应强度,但矫顽力小,易于快速翻转,常用来制作电子计算机内部存储器的磁芯和外部设备中的磁鼓、磁带及磁盘等。矩磁性材料有锰镁铁氧体和锂锰铁氧体等。

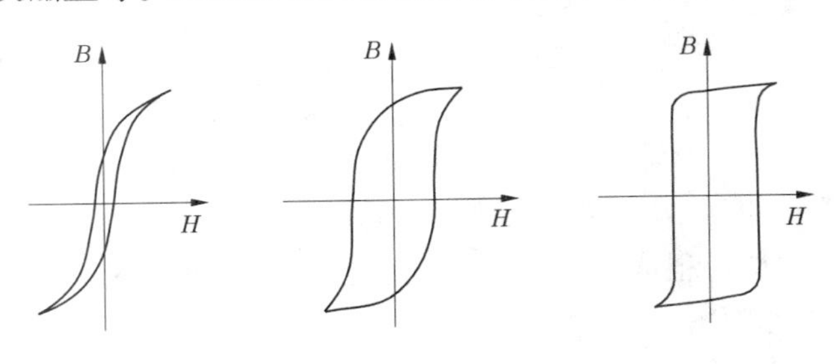

图 7-5 不同类型材料的磁滞回线

三、基本磁化曲线

在非饱和状态下,对同一铁磁材料,取不同的 H_m 值进行反复磁化,将得到一系列磁滞回线,如图 7-6 中的虚线所示。连接各磁滞回线顶点所构成的曲线称为基本磁化曲线,如图 7-6中的实线所示。

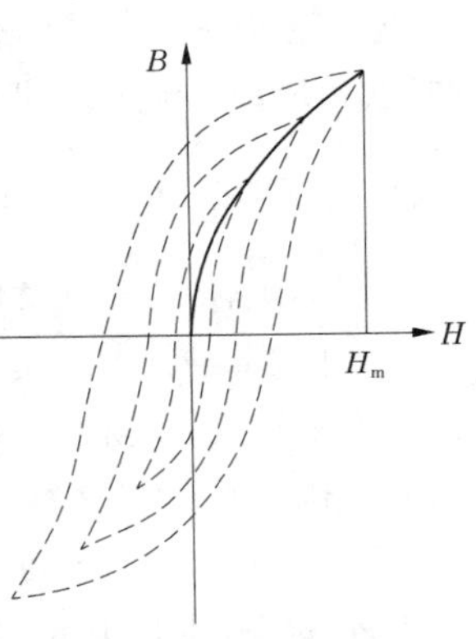

图 7-6 基本磁化曲线

由于软磁材料的磁滞回线狭窄,近似与基本磁化曲线重合,所以在磁路计算时可用软磁材料的基本磁化曲线代替磁滞回线。有时也用表格的形式给出铁磁性物质的基本磁化曲线对应的数据,这样的表格称为磁化数据表,这些曲线或数据表通常可以在产品目录或手册上查到。

铁磁物质的磁性还与温度有关,当磁场强度一定时,温度升高,磁导率减小。每种铁磁物质都有一个温度,当温度上升到该值时,磁导率下降到 μ_0,这个温度称为铁磁材料的居里点,铁的居里点为 760 ℃。

学习单元三 磁路及磁路定律

一、磁路

工程上为了得到较强的磁场并有效地加以利用,常采用高导磁性的铁磁材料制成闭合(或留一个空气隙)形状的铁芯,使磁场集中分布于主要由铁芯构成的闭合路径内,而空气中的磁场则很微弱。这种限定在一定路径内的磁场称为磁路。

图 7-7 表示几种电气设备的磁路。这些磁路分别由不同铁磁性物质构成,并且磁路

内有时不免有很短的空气隙存在,空气隙简称气隙。

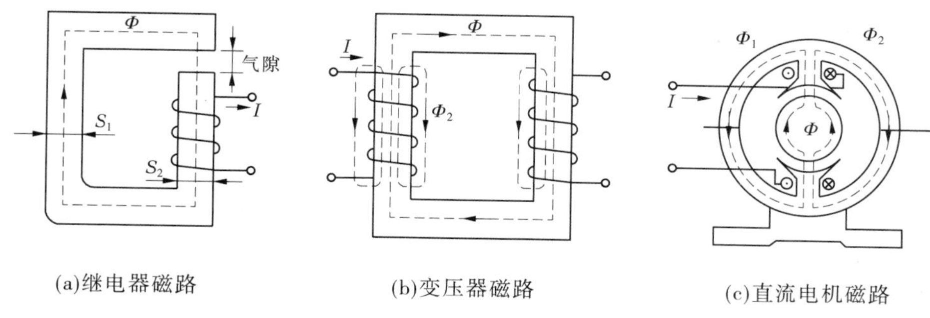

图 7-7　几种电气设备的磁路

磁路中的磁通可以分为两部分,如图 7-8(a)所示。通过铁芯(包括气隙)而闭合的磁通占总磁通的绝大部分,称为主磁通,用 Φ 表示;穿出铁芯,经过磁路周围非铁磁性物质(包括空气)而闭合的磁通称为漏磁通,用 Φ_σ 表示。由于漏磁通仅占总磁通很小一部分,所以在磁路初步计算时可略去不计;同时选取铁芯几何中心线作为主磁通路径,如图 7-8(b)所示。

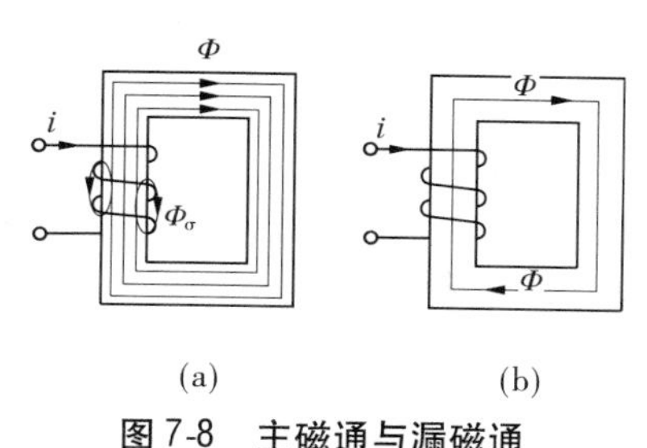

图 7-8　主磁通与漏磁通

二、磁路的基尔霍夫定律

描述磁场基本性质的磁通连续性原理和安培环路定律应用于磁路中时,体现为磁路基尔霍夫定律,它是分析计算磁路的依据。

(一)磁路的基尔霍夫第一定律

在图 7-9 所示磁路的分支处(又称为磁路的节点)作一封闭面 a,若忽略漏磁通并选定主磁通 Φ_1、Φ_2、Φ_3 的参考方向如图 7-9 所示,则根据磁通的连续性原理,即进入任一封闭面的磁通等于穿出该封闭面的磁通,可以得到:

$$\Phi_1 + \Phi_2 - \Phi_3 = 0$$

写成一般形式,有

$$\sum \Phi = 0 \tag{7-10}$$

即在磁路的分支点所连各支路磁通的代数和为零,这就是磁路的基尔霍夫第一定律。

式(7-10)是其数学表达式,应用时对参考方向的选取,一般为磁通方向离开分支节点时取正号、指向分支节点时取负号。

磁路中一段没有分支的部分可称为磁路的一条支路,在一条支路内磁通处处相同,这

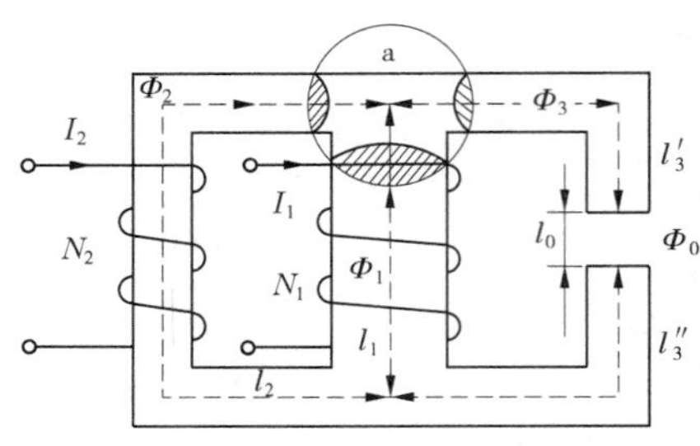

图 7-9 分支磁路

与在电路的一条支路内电流处处相同的情形相似。

(二)磁路的基尔霍夫第二定律

磁路可以按材料相同、截面面积相等进行分段,这样分段后,每一段的磁通、磁感应强度、磁场强度均为常数,这样的磁路称为均匀磁路。对均匀磁路应用安培环路定律时,若选中心线方向与磁场方向一致,则有 $H\mathrm{d}l = Hl$,并将磁场强度与长度的乘积定义为该段磁路的磁位差,用 U_m 表示,即

$$U_m = Hl$$

如将安培环路定律应用于图 7-9 所示磁路中左边 l_1、l_2 段组成的回路,每段都为均匀磁路,选顺时针方向为回路环绕方向,可得各段磁位差代数和:

$$-H_1l_1 + H_2l_2 = -N_1I_1 + N_2I_2 \quad (7\text{-}11)$$

式(7-11)中由于 H_1 与回路绕行方向相反,故磁位差 H_1l_1 前取负号;I_1 方向与回路绕行方向不符合右手螺旋关系,故 N_1I_1 前取负号。

由于铁芯线圈的匝数与通过的励磁电流乘积是磁路中磁通的来源,所以把这个乘积定义为磁通势 F,即

$$F = NI$$

磁位差和磁通势的 SI 单位均为安培(A)。引入磁位差与磁通势后,式(7-11)可写成如下一般形式:

$$\sum U_m = \sum F \quad (7\text{-}12)$$

式(7-12)就是磁路基尔霍夫第二定律的数学表达式。它们可以表述为磁路的任一闭合回路中,各段磁位差的代数和等于磁通势的代数和。应用式(7-12)时,要选一绕行方向,磁通的参考方向与绕行方向一致时,该段磁位差项前取正号,反之取负号;励磁电流的参考方向与磁路回线绕行方向符合右手螺旋关系时,该磁通势项前取正号,反之取负号。

(三)磁路的欧姆定律

如图 7-10 所示的一段由磁导率为 μ 的材料构成的均匀磁路,其截面面积为 S,长度为 l,磁路中磁通为 Φ,有

$$B = \Phi/S, \qquad H = \frac{B}{\mu}$$

所以该段的磁位差为

$$U_m = Hl = \frac{B}{\mu}l = \frac{l}{\mu S}\Phi = R_m\Phi \quad (7\text{-}13)$$

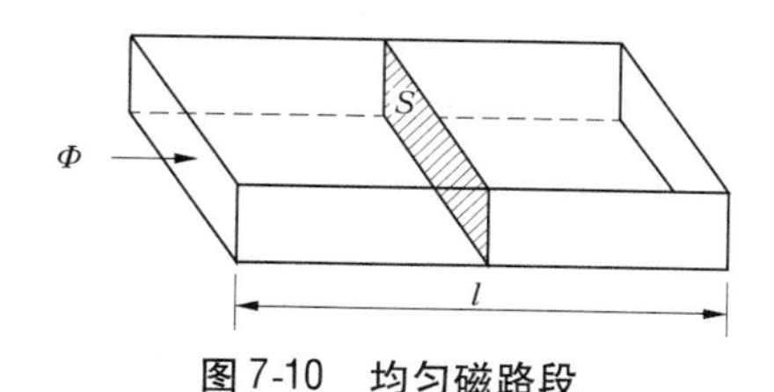

图 7-10　均匀磁路段

其中

$$R_m = \frac{l}{\mu S} \tag{7-14}$$

称为该段磁路的磁阻，磁阻的 SI 单位为每亨（1/H）。

式（7-13）在形式上与电路的欧姆定律相似，是一段磁路磁通与磁位差的约束关系，当 R_m 为常量（不随 Φ 而变）时，称为磁路的欧姆定律。

空气的磁导率为常量，故气隙的磁阻是常量。铁磁性物质的磁导率不是常量，使得铁磁性物质的磁阻是非线性的，因此一般情况下不能应用磁路的欧姆定律进行计算。对磁路做定性分析时，则可引用磁阻的概念。

以上分析表明，磁路与电路有许多相似之处，这不仅表现在描述它们的物理量相似，而且表现在反映这些物理量的约束关系的基本定律也相似。磁路中的磁通与电路中的电流相似，在任一节点处的磁通或电流都分别受到相应的基尔霍夫第一定律约束。磁路中的磁位差、磁通势分别与电路中的电压、电动势相似，在任一回路中它们都分别受到相应的基尔霍夫第二定律约束。与电路中约束电压与电流关系的欧姆定律相似，磁路的欧姆定律也约束了磁位差与磁通的关系，至于磁阻与电阻相似也就不言而喻了。除这些相似性外，磁路与电路也还有一些本质的区别，如磁通只是描述磁场的物理量，并不像电流那样表示带电质点的运动，它通过磁阻时，也不像电流通过电阻那样要消耗功率，因而也不存在与电路中的焦耳定律类似的磁路定律。

掌握了磁路与电路的相似之处和区别所在，有利于对磁路的分析。类比电路的分析，不仅简单易行，而且易于被理解和接受。

【例 7-1】 如图 7-11 所示的一个由铸铁构成的均匀磁路，已知截面面积 $S = 1\ \text{cm}^2$，磁路的中心长度 $l = 0.5\ \text{m}$。

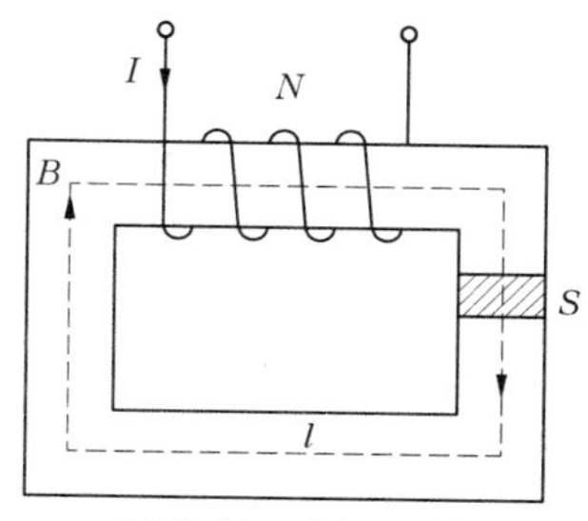

图 7-11　例 7-1 图

（1）若要在铁芯中产生 0.75×10^{-4} Wb 的磁通 Φ_1，线圈匝数为 5 000，求线圈中应通入多大的电流 I_1？磁路的磁阻为多大？

（2）若线圈中电流 I_2 为 0.73 A，求铁芯中磁通 Φ_2。

铸铁的磁化数据：$B = 0.75$ T，$H = 5\ 000$ A/m；$B = 0.9$ T，$H = 7\ 300$ A/m。

解：（1）磁路中的磁感应强度为

$$B_1 = \frac{\Phi_1}{S} = \frac{0.75 \times 10^{-4}}{10^{-4}} = 0.75(\text{T})$$

由磁化数据得此时的磁场强度为

$$H_1 = 5\ 000\ \text{A/m}$$

再根据磁路的基尔霍夫第二定律得到所需的励磁电流为

$$I_1 = \frac{H_1 l}{N} = \frac{5\ 000 \times 0.5}{5\ 000} = 0.5(\text{A})$$

相应的磁阻为

$$R_{\text{m1}} = \frac{U_{\text{m1}}}{\Phi_1} = \frac{H_1 l}{\Phi_1} = \frac{5\ 000 \times 0.5}{0.75 \times 10^{-4}} = 3.33 \times 10^7(\text{H})$$

(2)由磁路的基尔霍夫第二定律可得此时的磁场强度为

$$H_2 = \frac{NI_2}{l} = \frac{5\ 000 \times 0.73}{0.5} = 7\ 300(\text{A/m})$$

由磁化数据得对应的磁感应强度为

$$B_2 = 0.9\ \text{T}$$

相应的磁通为

$$\Phi_2 = B_2 S = 0.9 \times 10^{-4}(\text{Wb})$$

学习单元四　交流铁芯线圈中的波形畸变和功率损耗

直流电源激励下的铁芯线圈达到稳定状态时，由于电流不变，不引起感应电动势，线圈电压和电流的关系只与线圈电阻有关，与磁路情况无关。磁路的改变(如出现空气隙)会使磁通发生变化，但不会使励磁电流发生变化，在铁芯中没有功率损耗。正弦电源激励下的铁芯线圈的稳定状态要比直流情况复杂得多，这是由于交流铁芯线圈的电流是交变的，要引起感应电动势，电路中的电压、电流关系与磁路有关，并且交变的磁通使铁芯交变磁化，产生功率损耗(称为磁损耗)。本学习单元就讨论交流铁芯线圈的这些问题。

一、线圈电压与磁通的关系

图7-12(a)所示为接到交流电源的铁芯线圈，线圈匝数为 N，电阻为 R。按习惯选取线圈电压 u、电流 i、磁通 Φ 及感应电动势 e 的参考方向如图7-12(a)所示，则有

$$u = R_i + N\frac{\mathrm{d}\Phi}{\mathrm{d}t} + N\frac{\mathrm{d}\Phi_\sigma}{\mathrm{d}t}$$

式中，R_i 为线圈电阻电压；$N\frac{\mathrm{d}\Phi}{\mathrm{d}t}$为主磁通感应电压；$N\frac{\mathrm{d}\Phi_\sigma}{\mathrm{d}t}$为漏磁通感应电压。

如忽略线圈电阻 R 及漏磁通 Φ_σ，线圈电压为

$$u = -e = N\frac{\mathrm{d}\Phi}{\mathrm{d}t}$$

对应的交流铁芯线圈如图7-12(b)所示。

由线圈电压的公式表明，电压是正弦量时，磁通也是正弦量。设

$$\Phi = \Phi_{\text{m}}\sin\omega t$$

则有

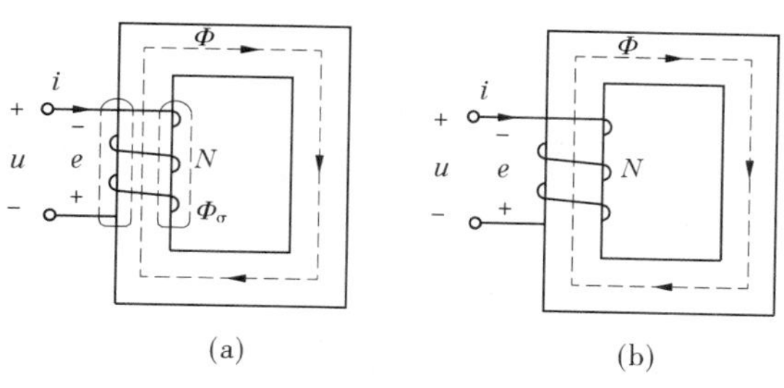

图 7-12 交流铁芯线圈

$$u=-e=N\frac{\mathrm{d}\Phi}{\mathrm{d}t}=N\frac{\mathrm{d}}{\mathrm{d}t}\Phi_{\mathrm{m}}\sin\omega t=\omega N\Phi_{\mathrm{m}}\sin\left(\omega t+\frac{\pi}{2}\right)$$

可见电压的相位比磁通超前90°,并得电压有效值 U 与主磁通最大值 Φ_{m} 的关系为

$$U=E=\frac{\omega N\Phi_{\mathrm{m}}}{\sqrt{2}}=4.44Nf\Phi_{\mathrm{m}} \tag{7-15}$$

式(7-15)表明,电源的频率及线圈的匝数一定时,主磁通的最大值 Φ_{m} 与线圈电压的有效值 U 呈正比关系,而与磁路情况无关。这一情况与直流铁芯线圈不同,直流铁芯线圈的电压不变时,电流也不变,但磁路情况改变时,磁通也将改变。

式(7-15)表明,当线圈电阻 R 及漏磁通 Φ_σ 可以忽略(或影响不大)时,如果以确定的正弦电压源为激励,则铁芯线圈中将产生幅值确定的正弦磁通。

【例 7-2】 具有可调气隙的铁芯线圈接在正弦电压源上,忽略线圈电阻及漏磁通,若电压有效值不变,而调大气隙,则磁通及电流的大小将如何变化?

解: 由式(7-15)可知,同样按正弦规律变化的磁通,其最大值 Φ_{m} 只与电源频率 f、电压有效值 U 及线圈匝数 N 有关,调大气隙不会改变磁通的大小。

但调大气隙,会使气隙部分的磁阻明显增大,而铁芯部分的磁阻基本不变,整个磁路的磁阻因此明显增大。要维持磁通不变,势必使磁通势和励磁电流增大。

二、正弦电压激励下磁化电流的波形

如果忽略铁芯在交变磁化时的功率损耗,则铁芯线圈的 $\Phi\sim i$ 曲线和铁芯材料的基本磁化曲线相似,如图 7-13(a)所示。事实上只要将基本磁化曲线的纵坐标、横坐标各乘以相应的比例系数($\Phi=BS, i=\frac{H}{N}l$),就可得到 $\Phi\sim i$ 曲线。不难看出,$\Phi\sim i$ 曲线是非线性的,因此交流铁芯线圈的主电感不是常数,这显然不同于交流空芯线圈的情形。

采用逐点描绘的方法便可画出电压 u 和磁通 Φ 是正弦波时电流变化的波形,如图 7-13(b)所示。具体作法是:在 $t=t_1$ 时,于 $\Phi(t)$ 曲线上找出纵坐标 Φ_1,从 $\Phi\sim i$ 曲线上找出对应的横坐标 i_{m1},就为 $t=t_1$ 时的电流。这样逐点点绘出不同时间 t 的电流,便可连成 $i_{\mathrm{m}}(t)$ 曲线。由于忽略了功率损耗,因此线圈电流仅用以产生磁通,故称为磁化电流,用 $i_{\mathrm{m}}(t)$ 表示。

由曲线不难看出,当电压、磁通均为正弦波时,电流却是具有尖顶的非正弦波。这种波形畸变由 $\Phi\sim i$ 曲线的非线性引起,其实质是由磁饱和造成的,而且电压越高,磁通越大,铁芯饱和越严重,则电流波形畸变也越严重,波形变得越尖。如果电压和磁通的振幅

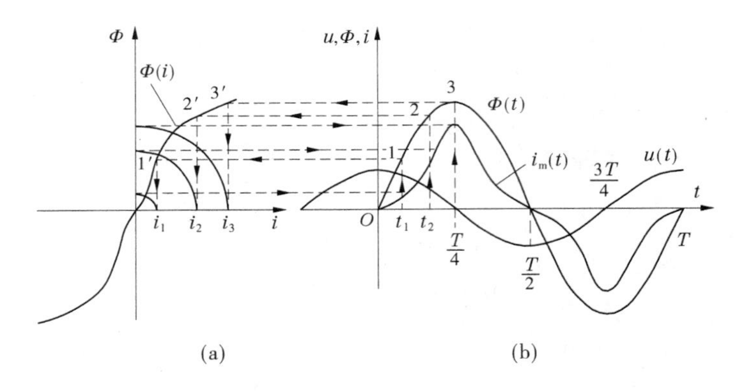

图 7-13 正弦电压激励下磁化电流的波形

都较小,铁芯未达饱和,则电流波形将近似于正弦波。

以上的讨论都未计及铁芯的功率损耗,如将功率损耗考虑进去,则波形畸变必将更为显著。

三、正弦电流激励下磁通的波形

如果交流铁芯线圈的电流是正弦(如电流互感器),并设

$$i = i_{\mathrm{m}}\sin(\omega t)$$

根据图 7-14(a)$\Phi(i)$关系,同样可用逐点描绘的方法作出磁通 $\Phi(t)$的波形,如图 7-14(b)所示。再按 $u=N\dfrac{\mathrm{d}\Phi}{\mathrm{d}t}$关系,在 $\Phi(t)$曲线上求出各点的磁通变化率$\dfrac{\mathrm{d}\Phi}{\mathrm{d}t}$,就可作出 $u(t)$的波形,如图 7-14(b)所示。

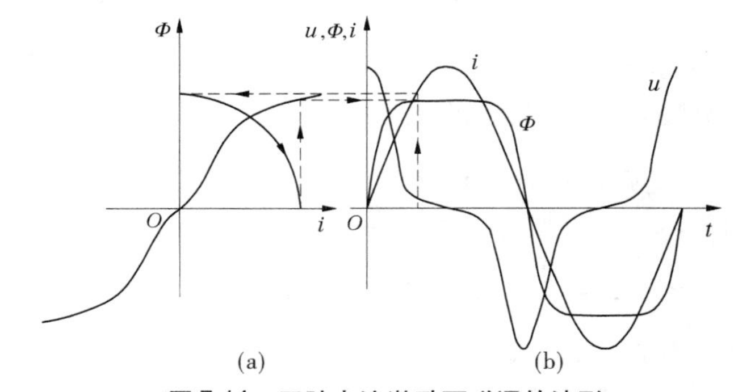

图 7-14 正弦电流激励下磁通的波形

可以看出,铁芯线圈的电流为正弦波时,由于磁饱和的影响,磁通和电压都为非正弦波。$\Phi(t)$波形为平顶波,$u(t)$ 波形为尖顶波。

四、磁损耗

在交流铁芯线圈中,铁芯的交变磁化所产生的功率损耗,称为磁损耗,简称铁损,用 P_{Fe}表示。磁损耗包括磁滞损耗和涡流损耗。

（一）磁滞损耗

磁滞损耗是由于铁磁性物质的磁滞作用而产生的，磁滞损耗的大小正比于磁滞回线的面积。由于一般交流铁芯都用软磁材料，其磁滞回线面积较小，所以铁芯的磁滞损耗较小，工程上常用下列经验公式计算磁滞损耗

$$P_{h} = \sigma_{h} f B_{m}^{n} V \tag{7-16}$$

式中，f 为交流电源频率，Hz；B_{m} 为磁感应强度最大值，T；n 为指数，当 $B_{m} < 1$ T 时，$n \approx 1.6$，当 $B_{m} > 1$ T 时，$n \approx 2$；V 为铁芯体积，m^{3}；σ_{h} 为由实验确定的系数，与铁磁材料性质有关；P_{h} 为磁滞损耗，W。

为了减小铁芯磁滞损耗，常采用磁滞回线狭长的铁磁性物质，如电工硅钢片、冷轧硅钢片和坡莫合金等。此外，在设计时适当降低 B_{m} 值以减小铁芯饱和程度，也是降低磁滞损耗的有效办法。

（二）涡流损耗

铁芯中变化的磁通在铁芯中产生感应电动势，从而使铁芯中产生旋涡状的电流，这样的电流称为涡流。涡流在铁芯中垂直于磁场方向的平面内流动，如图 7-15 所示，图 7-15（a）为实心铁芯，图 7-15（b）为钢片叠装铁芯。铁芯中的涡流要消耗能量而使铁芯发热，这种功率损耗叫作涡流损耗。

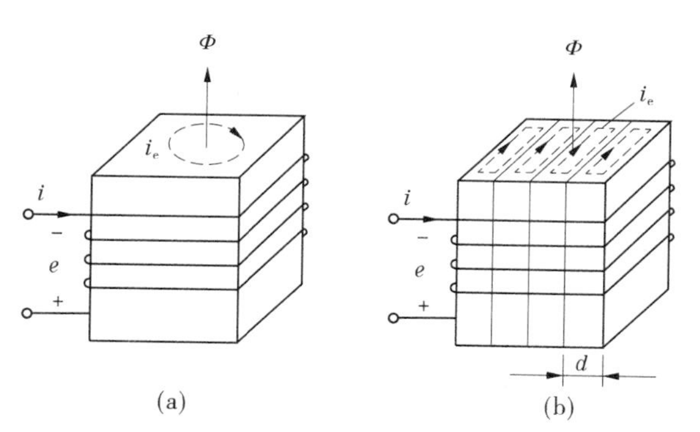

图 7-15 实心铁芯和钢片叠装铁芯

工程上常用下列经验公式计算涡流损耗：

$$P_{e} = \sigma_{e} f^{2} B_{m}^{2} V \tag{7-17}$$

式中，σ_{e} 为与铁芯材料及磁通波形有关的系数；P_{e} 为涡流损耗，W。

为减少铁芯中的涡流损耗，可在铁芯中掺入硅使其电阻率大为提高，还可把铁芯沿磁场方向划分为许多薄片相互绝缘后再叠合为铁芯，以增大铁芯中涡流路径的电阻。

另外，涡流在有的场合也是有用的。例如，应用涡流原理的高频熔炼、高频焊接以及各种感应加热在冶金、机械生产中都有使用。在一些电工仪表中利用涡流原理制成各式各样的阻尼器。

由磁滞损耗和涡流损耗形成的磁损耗，把电路中的能量通过电磁耦合吸收过来，并转换为热能散发掉，从而使铁芯温度升高，所以铁损对电机、变压器的运行性能影响很大。

学习单元五　交流铁芯线圈的电路模型

一、不考虑线圈电阻及漏磁通的电路模型

线圈中的电流(称为励磁电流)除含有仅产生磁通而不消耗有功功率的磁化电流外，还含有补偿铁损的电流。如果用等效正弦量代替,则各电流相量间的关系为

$$\dot{I} = \dot{I}_m + \dot{I}_a \tag{7-18}$$

式中,$\dot{I}$ 为励磁电流;$\dot{I}_m$ 为磁化电流;$\dot{I}_a$ 为补偿铁损的电流。

因此,不考虑线圈电阻及漏磁通,线圈可用电导与感纳的并联组合作为电路模型,如图 7-16(a)所示,图中 G_0 对应于铁损,称为励磁电导;B_0 对应于磁化电流,称为励磁电纳。它们分别为

$$G_0 = \frac{I_a}{U} = \frac{P_{Fe}}{U^2},\qquad B_0 = -\frac{I_m}{U} \tag{7-19}$$

于是,可画出相量图如图 7-16(b)所示。

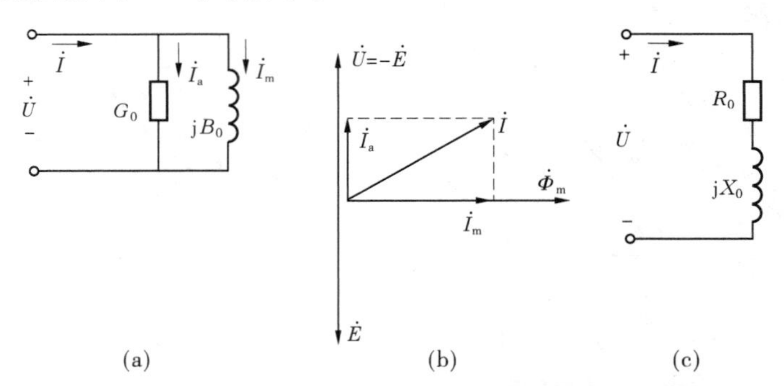

图 7-16　不考虑线圈电阻及漏磁通的电路模型及相量图

将 G_0 与 B_0 并联组合等效变换为 R_0 与 X_0 串联组合,线圈又可用图 7-16(c)所示的电路模型表示,图中 R_0 与 X_0 分别称为励磁电阻与励磁电抗,其数值可由下式推出:

$$Z_0 = R_0 + jX_0 = \frac{1}{Y_0} = \frac{1}{G_0 + jB_0} \tag{7-20}$$

式中,Z_0 称为励磁阻抗;Y_0 称为励磁导纳。

应当指出,参数 G_0、B_0、R_0 与 X_0 都是非线性的,在不同的线圈电压下有不同的值。

【例 7-3】 电压 $U_S = 220$ V 的工频正弦电压源接到一匝数 $N = 100$ 的铁芯线圈上,测得线圈的电流 $I = 4$ A,功率 $P = 100$ W。不计线圈电阻及漏磁通,试求铁芯线圈主磁通的最大值、串联电路模型的 Z_0 和并联电路模型的 Y_0。

解: 由式(7-15)得

$$\Phi_m = \frac{U}{4.44Nf} = \frac{220}{4.44 \times 100 \times 50} = 9.91 \times 10^3 (\text{Wb})$$

$$Z_0 = R_0 + jX_0 = \frac{U}{I_0} \angle \arccos \frac{P}{UI}$$

$$= \frac{220}{4} \angle \arccos \frac{100}{220 \times 4} = 55 \angle 83.5° = 6.23 + \mathrm{j}54.6(\Omega)$$

$$Y_0 = G_0 + \mathrm{j}B_0 = \frac{1}{Z_0} = \frac{1}{55 \angle 83.5°} = (2.06 - \mathrm{j}18.1) \times 10^{-3}(\mathrm{S})$$

二、考虑线圈电阻及漏磁通的电路模型

不考虑线圈电阻及漏磁通时，外加电压与主磁通感应电压相等。考虑线圈电阻及漏磁通的影响，就是计及它引起的电压降 Ri 和功率损耗 I^2R。这使得铁芯线圈的总功率为

$$P = P_{\mathrm{Fe}} + I^2R = P_{\mathrm{Fe}} + P_{\mathrm{Cu}} \tag{7-21}$$

式中，$P_{\mathrm{Cu}} = I^2R$，称为铜损。

由于漏磁通 Φ_{S} 主要是沿非铁磁性物质闭合，所以可以认为漏磁链 ψ_{S} 与 i 成正比，于是可得漏磁电感为

$$L_{\mathrm{S}} = \frac{\Psi_{\mathrm{S}}}{i}$$

L_{S} 是常数，可由实验测得。由漏磁通的变化所感应的电压为

$$u_{\mathrm{S}} = L_{\mathrm{S}} \frac{\mathrm{d}i}{\mathrm{d}t}$$

考虑线圈电阻及漏磁通后，铁芯线圈的电压为

$$u = Ri + L_{\mathrm{S}} \frac{\mathrm{d}i}{\mathrm{d}t} + N \frac{\mathrm{d}\Phi}{\mathrm{d}t}$$

将 i 用等效正弦量代替，则铁芯线圈的电压相量为

$$\dot{U} = R\dot{I} + \mathrm{j}X_{\mathrm{S}}\dot{I} + \dot{U}' \tag{7-22}$$

其中

$$\dot{U}' = -\dot{E} = \mathrm{j}4.44Nf\dot{\Phi}_{\mathrm{m}}$$

$$\dot{I} = \dot{I}_{\mathrm{m}} + \dot{I}_{\mathrm{a}}$$

$$X_{\mathrm{S}} = \omega L_{\mathrm{S}}$$

X_{S} 为漏磁电抗，简称漏抗。

由式(7-22)可得铁芯线圈的相量图和电路模型，如图 7-17 所示。

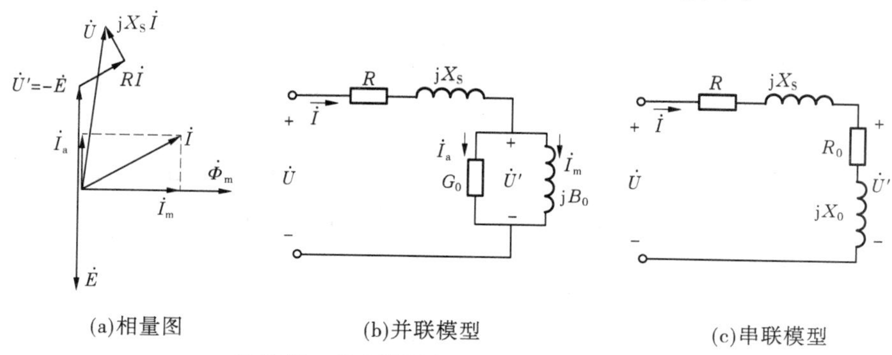

图 7-17 考虑线圈电阻及漏磁通的电路模型

【例 7-4】 电阻 $R=0.2\ \Omega$，漏抗 $X_S=0.3\ \Omega$ 的铁芯线圈接在 $U=100$ V 的正弦电压下，测得电流 $I=10$ A，有功功率 $P=120$ W。试求铁损 P_{Fe}、主磁通产生的感应电动势 E 及磁化电流 I_m。

解：线圈铜损为

$$P_{Cu} = I^2R = 10^2 \times 0.2 = 20(\text{W})$$

铁损为

$$P_{Fe} = P - P_{Cu} = 120 - 20 = 100(\text{W})$$

功率因数为

$$\cos\varphi = \frac{P}{UI} = \frac{120}{100 \times 10} = 0.12$$

$$\varphi = \arccos 0.12 = 83.1°$$

如设

$$\dot{I} = I\angle 0° = 10\angle 0°\ \text{A}$$

则

$$\dot{U} = U\angle\varphi = 100\angle 83.1°\ \text{V}$$

感应电动势为

$$E = \dot{U} - (R + jX_S)\dot{I}$$
$$= 100\angle 83.1° - (0.2 + j0.3) \times 10\angle 0° = 96.8\angle 84.1°(\text{V})$$

所以 $E=96.8$ V。

磁化电流为 $I_m = I\sin 84.1° = 10\sin 84.1° = 9.95(\text{A})$

【工程实例】 电磁铁的应用

利用电磁铁衔铁的动作带动其他机械装置运动，产生机械联动，实现控制要求，使电磁铁在生产中获得广泛应用。图 7-18 为应用电磁铁实现制动机床或起重机电动机的基本结构（其中电动机和制动轮同轴）。动作过程为：

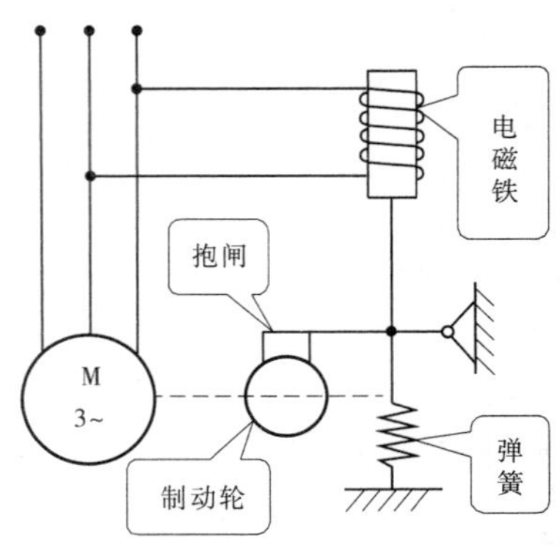

图 7-18 应用电磁铁实现制动机床或起重机电动机的基本结构

启动：通电—电磁铁动作—拉开弹簧—抱闸提起—松开制动轮—电动机转动。

制动：断电—电磁铁释放—弹簧收缩—抱闸抱紧—抱紧制动轮—电动机制动。

小　结

1. 磁场的基本物理量

描述磁场的基本物理量有磁感应强度B、磁通Φ和磁场强度H，它们的物理意义各不相同。磁导率μ是用来描述物质的导磁性能的。

2. 铁磁性物质的磁性能

铁磁性物质的磁导率较大，且非常数，$B \sim H$关系为非线性关系；在磁化过程中有磁饱和及磁滞现象，磁化后有剩磁；不同的磁化过程形成不同的磁状态，故磁化曲线有起始磁化曲线、磁滞回线和基本磁化曲线之分。

3. 磁路定律

磁路与电路相似，基本定律有：

磁路的基尔霍夫第一定律　$$\sum \Phi = 0$$

磁路的基尔霍夫第二定律　$$\sum U_{m} = \sum F$$

其中　$$U_{m} = Hl, F = NI$$

磁路的欧姆定律　$$U_{m} = R_{m}\Phi$$

其中　$$R_{m} = \frac{l}{\mu S}$$

4. 交流铁芯线圈

(1) 交流铁芯线圈是一个非线性器件，如果忽略线圈电阻及漏磁通，则线圈的电压近似等于主磁通的感应电动势。当电压为正弦量时，主磁通的感应电动势可以视为正弦量，它们间的关系为

$$\dot{U} = -\dot{E} = \mathrm{j}4.44Nf\Phi_{m}$$

由于磁饱和的影响，在正弦电压作用下，励磁电流畸变为非正弦尖顶波。

(2) 磁滞和涡流的影响引起铁芯损耗，加剧电流波形畸变，并出现电流的有功分量。励磁电流$\dot{I}$为有功分量$\dot{I}_{a}$与磁化电流$\dot{I}_{m}$的和，即

$$\dot{I} = \dot{I}_{m} + \dot{I}_{a}$$

铁芯损耗为磁滞损耗与涡流损耗之和。

(3) 铁芯线圈的电压、电流关系为

$$\dot{U} = R\dot{I} + \mathrm{j}X_{S}\dot{I} + (-\dot{E})$$

由此关系式可以建立铁芯线圈的电路模型。

习　题

7-1　说明磁感应强度、磁通、磁场强度、磁导率物理量的定义、相互关系和主单位。

7-2　什么是踹点、膝点、饱和点？铁磁材料通常工作在哪一点附近？

7-3　磁滞回线是由于什么原因而形成的？什么是剩磁、矫顽力？它们的大小说明什么？

7-4　铁磁材料分为几类？电机和变压器的铁芯通常选用哪一类铁磁材料？为什么？

7-5　试比较恒定磁通磁路与直流电阻电路的有关物理量和基本定律。

7-6　单一铁磁材料构成的、截面面积处处相等的直流磁路工作在非饱和区，要维持铁芯中的磁通不变，试分析以下情形励磁电流会如何变化：①磁路长度减少一半，其余条件不变；②截面面积增加一倍，其余条件不变。

7-7　两个形状、大小和匝数完全相同的环形螺管线圈，一个用塑料（非铁磁性物质）作芯子，另一个用铁芯作芯子。当两线圈均通以大小相等的电流时，试比较两个线圈中 B、Φ 和 H 的大小。

7-8　在额定正弦电压下工作的铁芯线圈，当外施电压有效值增至两倍时，其中的电流有效值如何变化？

7-9　铁芯线圈接在正弦电压源上，当频率减小时，磁通、电流将如何变化？

7-10　若铁芯线圈的外施正弦电压有效值不变而减少线圈匝数，则磁通的振幅、电流有效值及铁芯损耗将如何变化？

7-11　有气隙的铁芯线圈接到一个电流不变的正弦电流源上，若增大铁芯气隙，线圈电压及铁芯磁通将怎样变化？

7-12　两个铁芯线圈的铁芯材料、匝数及磁路的平均长度相同，电阻及漏抗也相同，接到同一正弦电压源上，如铁芯面积不相等，试比较两个铁芯中磁通及磁感应强度的大小。

试题库及其参考答案

试题库1(直流电基本知识)

一、填空题(每空1分)

1. 电流所经过的路径叫作电路,通常由电源、负载和中间环节三部分组成。

2. 实际电路按功能可分为电力系统的电路和电子技术的电路两大类,其中电力系统的电路其主要功能是对发电厂发出的电能进行传输、分配和转换;电子技术的电路主要功能则是对电信号进行传递、变换、存储和处理。

3. 实际电路元件的电特性单一而确切,理想电路元件的电特性则多元和复杂。无源二端理想电路元件包括电阻元件、电感元件和电容元件。

4. 由理想电路元件构成的、与实际电路相对应的电路称为电路模型,这类电路只适用集总参数元件构成的低、中频电路的分析。

5. 大小和方向均不随时间变化的电压和电流称为稳恒直流电,大小和方向均随时间变化的电压和电流称为交流电,大小和方向均随时间按照正弦规律变化的电压和电流称为正弦交流电。

6. 电压是电路中产生电流的根本原因,数值上等于电路中两点电位的差值。

7. 电位具有相对性,其大小正负相对于电路参考点而言。

8. 衡量电源力做功本领的物理量称为电动势,它只存在于电源内部,其参考方向规定由电源正极高电位指向电源负极低电位,与电源端电压的参考方向相反。

9. 电流所做的功称为电功,其单位有焦耳和度;单位时间内电流所做的功称为电功率,其单位有瓦特和千瓦。

10. 通常我们把负载上的电压、电流方向称作关联方向;而把电源上的电压和电流方向称为非关联方向。

11. 欧姆定律体现了线性电路元件上电压、电流的约束关系,与电路的连接方式无关;基尔霍夫定律则是反映了电路的整体规律,其中KCL体现了电路中任意节点上汇集的所有支路电流的约束关系,KVL体现了电路中任意回路上所有元件上电压的约束关系,具有普遍性。

12. 理想电压源输出的电压值恒定,输出的电流值由它本身和外电路共同决定;理想电流源输出的电流值恒定,输出的电压由它本身和外电路共同决定。

13. 电阻均为9 Ω的△形电阻网络,若等效为Y形网络,各电阻的阻值应为3 Ω。

14. 实际电压源模型“20 V、1 Ω”等效为电流源模型时,其电流源 $I_S = 20$ A,内阻 $R_i = 1$ Ω。

15. 直流电桥的平衡条件是对臂电阻的乘积相等；负载上获得最大功率的条件是电源内阻等于负载电阻，获得的最大功率 $P_{max}=U_S^2/4R_0$。

16. 如果受控源所在电路没有独立源存在，它仅仅是一个无源元件，而当它的控制量不为零时，它相当于一个电源。在含有受控源的电路分析中，特别要注意：不能随意把控制量的支路消除掉。

二、判断下列说法的正确与错误（每题 1 分）

1. 集总参数元件的电磁过程都分别集中在各元件内部进行。（√）
2. 实际电感线圈在任何情况下的电路模型都可以用电感元件来抽象表征。（×）
3. 电压、电位和电动势定义式形式相同，所以它们的单位一样。（√）
4. 电流由元件的低电位端流向高电位端的参考方向称为关联方向。（×）
5. 电功率大的用电器，电功也一定大。（×）
6. 电路分析中一个电流得负值，说明它小于零。（×）
7. 电路中任意两个节点之间连接的电路统称为支路。（√）
8. 网孔都是回路，而回路则不一定是网孔。（√）
9. 应用基尔霍夫定律列写方程式时，可以不参照参考方向。（×）
10. 电压和电流计算结果得负值，说明它们的参考方向假设反了。（√）
11. 理想电压源和理想电流源可以等效互换。（×）
12. 两个电路等效，即它们无论是其内部还是外部都相同。（×）
13. 直流电桥可用来较准确地测量电阻。（√）
14. 负载上获得最大功率时，说明电源的利用率达到了最大。（×）
15. 受控源在电路分析中的作用，与独立源完全相同。（×）
16. 电路等效变换时，如果一条支路的电流为零，可按短路处理。（×）

三、单项选择题（每小题 2 分）

1. 当电路中电流的参考方向与电流的真实方向相反时，该电流（ B ）。
   A. 一定为正值　　B. 一定为负值　　C. 不能肯定是正值或负值

2. 已知空间有 a、b 两点，电压 $U_{ab}=10$ V，a 点电位 $\varphi_a=4$ V，则 b 点电位 φ_b 为（ B ）。
   A. 6 V　　B. −6 V　　C. 14 V

3. 当电阻 R 上的 u、i 参考方向为非关联时，欧姆定律的表达式应为（ B ）。
   A. $u=Ri$　　B. $u=-Ri$　　C. $u=R|i|$

4. 一电阻 R 上 u、i 参考方向不一致，令 $u=-10$ V，消耗功率为 0.5 W，则电阻 R 为（ A ）。
   A. 200 Ω　　B. −200 Ω　　C. ±200 Ω

5. 两个电阻串联，$R_1:R_2=1:2$，总电压为 60 V，则 U_1 的大小为（ B ）。
   A. 10 V　　B. 20 V　　C. 30 V

6. 已知接成 Y 形的三个电阻都是 30 Ω，则等效△形的三个电阻阻值为（ C ）。
   A. 全是 10 Ω　　B. 两个 30 Ω 一个 90 Ω　　C. 全是 90 Ω

7. 电阻是(C)元件,电感是(B)的元件,电容是(A)的元件。

A. 储存电场能量　　B. 储存磁场能量　　C. 耗能

8. 一个输出电压几乎不变的设备有载运行,当负载增大时,是指(C)。

A. 负载电阻增大　　B. 负载电阻减小　　C. 电源输出的电流增大

9. 理想电压源和理想电流源间(B)。

A. 有等效变换关系　　B. 没有等效变换关系　　C. 有条件下的等效关系

10. 当恒流源开路时,该恒流源内部(B)。

A. 有电流,有功率损耗　B. 无电流,无功率损耗　　C. 有电流,无功率损耗

四、简答题(每小题 3 ~ 5 分)

1. 在 8 个灯泡串联的电路中,除 4 号灯不亮外其他 7 个灯都亮。当把 4 号灯从灯座上取下后,剩下 7 个灯仍亮,问电路中有何故障? 为什么?

答:电路中发生了 4 号灯短路故障,当它短路时,在电路中不起作用,因此放上和取下对电路不发生影响。

2. 额定电压相同、额定功率不等的两个白炽灯,能否串联使用?

答:不能,因为这两个白炽灯的灯丝电阻不同,瓦数大的灯电阻小、分压少,不能正常工作,瓦数小的灯电阻大、分压多,易烧损。

3. 电桥电路是复杂电路还是简单电路? 当电桥电路平衡时,它是复杂电路还是简单电路? 为什么?

答:电桥电路处于平衡状态时,由于桥支路电流为零可拿掉,因此四个桥臂具有了串、并联关系,是简单电路;如果电桥电路不平衡,则为复杂电路。

4. 直流电、脉动直流电、交流电、正弦交流电的主要区别是什么?

答:直流电的大小和方向均不随时间变化;脉动直流电的大小随时间变化,方向不随时间变化;交流电的大小和方向均随时间变化;正弦交流电的大小和方向随时间按正弦规律变化。

5. 负载上获得最大功率时,电源的利用率大约是多少?

答:负载上获得最大功率时,电源的利用率约为 50%。

6. 电路等效变换时,电压为零的支路可以去掉吗? 为什么?

答:电路等效变换时,电压为零的支路不可以去掉。因为短路相当于短接,要用一根短接线代替。

7. 在电路等效变换过程中,受控源的处理与独立源有哪些相同点? 有哪些不同点?

答:在电路等效变换的过程中,受控电压源的控制量为零时相当于短路,受控电流源控制量为零时相当于开路。当控制量不为零时,受控源的处理与独立源无原则上区别,只是要注意在对电路化简的过程中不能随意把含有控制量的支路消除掉。

8. 工程实际应用中,利用平衡电桥可以解决什么问题? 电桥的平衡条件是什么?

答:工程实际应用中,利用平衡电桥可以较为精确地测量电阻。电桥平衡的条件是对臂电阻的乘积相等。

9. 试述“电路等效”的概念。

答：两个电路等效，是指其对端口以外的部分作用效果相同。

10. 试述参考方向中的“正、负”“加、减”“相反、相同”等名词的概念。

答：“正、负”是指在参考方向下，某电量为正值还是为负值；“加、减”是指方程式各量前面的加、减号；“相反、相同”则指电压和电流方向是非关联还是关联。

五、计算分析题（建议每题在 6～12 分范围）

1. 试图 1-1 所示电路，已知 $U=3$ V，求 R。（2 Ω）

2. 试图 1-2 所示电路，已知 $U_S=3$ V，$I_S=2$ A，求 U_{AB} 和 I。（3 V、5 A）

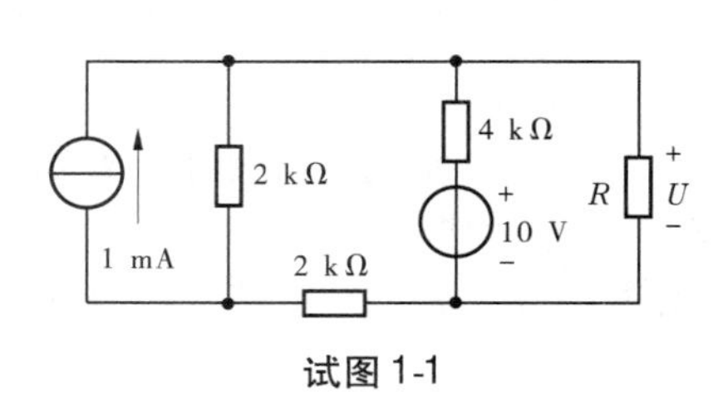

试图 1-1

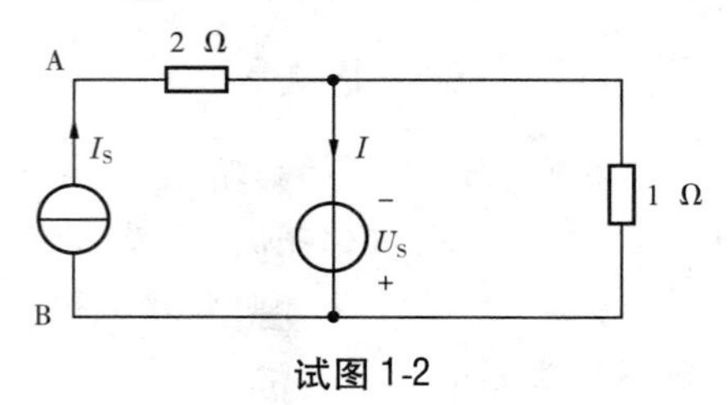

试图 1-2

3. 试图 1-3 所示电路，负载电阻 R_L 可以任意改变，问 R_L 等于多大时其上可获得最大功率，并求出最大功率 P_{Lmax}。（2 Ω）

4. 试图 1-4 所示电路中，求 2 A 电流源发出的功率。（−16/3 W）

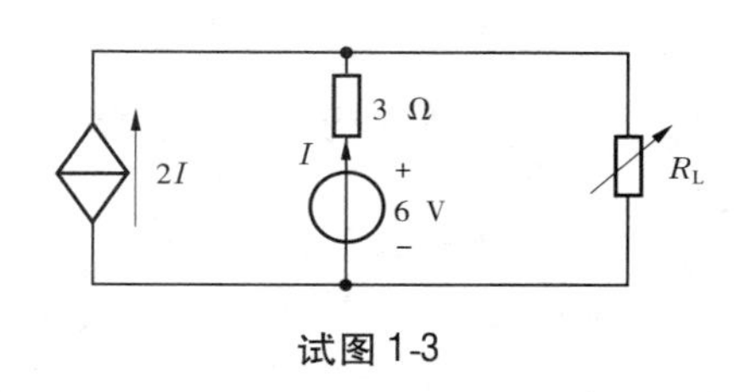

试图 1-3

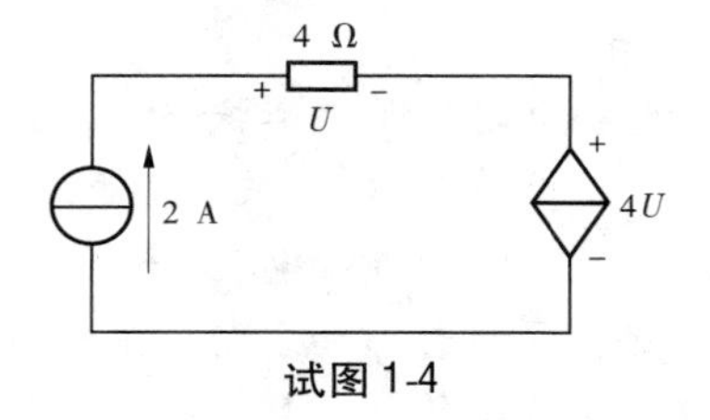

试图 1-4

5. 电路如试图 1-5 所示，求 10 V 电压源发出的功率。（−35 W）

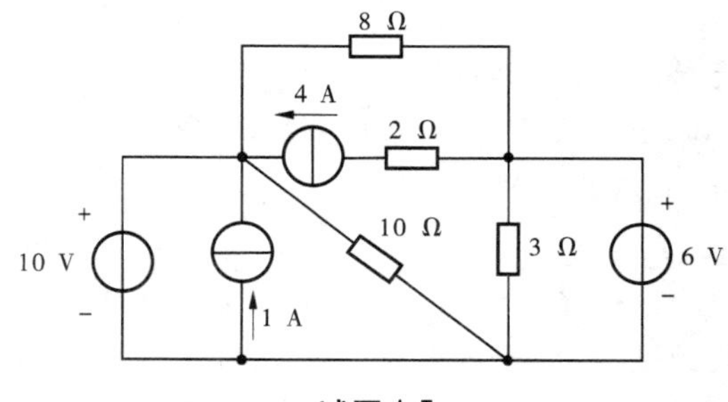

试图 1-5

6. 分别计算 S 打开与闭合时试图 1-6 电路中 A、B 两点的电位。（S 打开：A −10.5 V，B −7.5 V；S 闭合：A 0 V，B 1.6 V）

7. 试求试图 1-7 所示电路的入端电阻 R_{AB}。（150 Ω）

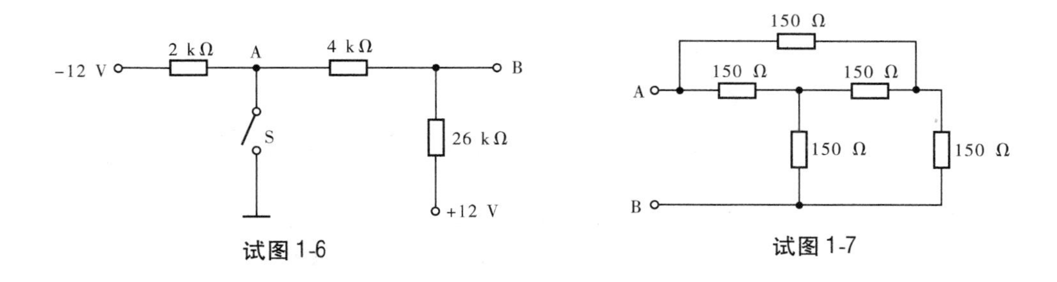

试图 1-6　　试图 1-7

试题库2(电路定律与定理)

一、填空题(每空1分)

1. 凡是用电阻的串、并联和欧姆定律可以求解的电路统称为简单电路,若用上述方法不能直接求解的电路,则称为复杂电路。

2. 以客观存在的支路电流为未知量,直接应用KCL和KVL求解电路的方法,称为支路电流法。

3. 当复杂电路的支路数较多、回路数较少时,应用回路电流法可以适当减少方程式数目。这种解题方法中,是以假想的回路电流为未知量,直接应用KVL定律求解电路的方法。

4. 当复杂电路的支路数较多、节点数较少时,应用节点电压法可以适当减少方程式数目。这种解题方法中,是以客观存在的节点电压为未知量,直接应用KCL和欧姆定律求解电路的方法。

5. 当电路只有两个节点时,应用节点电压法只需对电路列写1个方程式,方程式的一般表达式为 $V_1=\dfrac{\sum U_S/R}{\sum 1/R}$,称作弥尔曼定理。

6. 在多个电源共同作用的线性电路中,任一支路的响应均可看成是由各个激励单独作用下在该支路上所产生的响应的叠加,称为叠加定理。

7. 具有两个引出端钮的电路称为二端网络,其内部含有电源的称为有源二端网络,内部不包含电源的称为无源二端网络。

8. "等效"是指对端口处等效以外的电路作用效果相同。戴维南等效电路是指一个电阻和一个电压源的串联组合,其中电阻等于原有源二端网络除源后的入端电阻,电压源等于原有源二端网络的开路电压。

9. 为了减少方程式数目,在电路分析方法中我们引入了回路电流法、节点电压法;叠加定理只适用于线性电路的分析。

10. 在进行戴维南定理化简电路的过程中,如果出现受控源,应注意除源后的二端网络等效化简的过程中,受控电压源应短路处理;受控电流源应开路处理。在对有源二端网络求解开路电压的过程中,受控源处理应与独立源的分析方法相同。

二、判断下列说法的正确与错误(每题1分)

1. 叠加定理只适合于直流电路的分析。 (×)
2. 支路电流法和回路电流法都是为了减少方程式数目而引入的电路分析法。 (√)
3. 回路电流法是只应用基尔霍夫第二定律对电路求解的方法。 (√)
4. 节点电压法是只应用基尔霍夫第二定律对电路求解的方法。 (×)
5. 弥尔曼定理可适用于任意节点电路的求解。 (×)
6. 应用节点电压法求解电路时,参考点可要可不要。 (×)
7. 回路电流法只要求出回路电流,电路最终求解的量就算解出来了。 (×)
8. 回路电流是为了减少方程式数目而人为假想的绕回路流动的电流。 (√)
9. 应用节点电压法求解电路,自动满足基尔霍夫第二定律。 (√)
10. 实用中的任何一个两孔插座对外都可视为一个有源二端网络。 (√)

三、单项选择题(每题2分)

1. 叠加定理只适用于(C)。
   A. 交流电路　　B. 直流电路　　C. 线性电路
2. 自动满足基尔霍夫第一定律的电路求解法是(B)。
   A. 支路电流法　　B. 回路电流法　　C. 节点电压法
3. 自动满足基尔霍夫第二定律的电路求解法是(C)。
   A. 支路电流法　　B. 回路电流法　　C. 节点电压法
4. 必须设立电路参考点后才能求解电路的方法是(C)。
   A. 支路电流法　　B. 回路电流法　　C. 节点电压法
5. 只适应于线性电路求解的方法是(C)。
   A. 弥尔曼定理　　B. 戴维南定理　　C. 叠加定理

四、简答题(每题3~5分)

1. 试图2-1所示电路应用哪种方法进行求解最为简便?为什么?

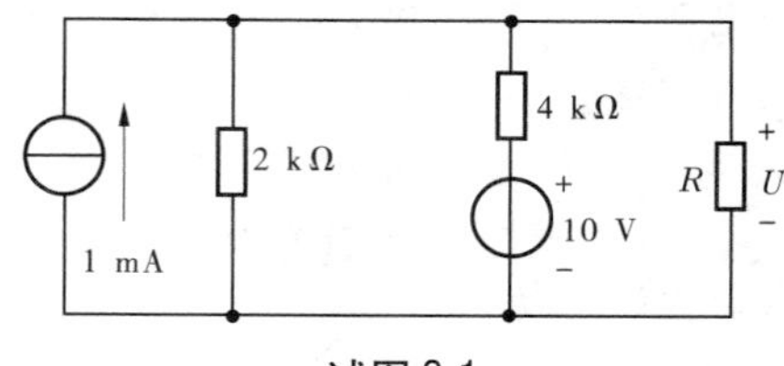

试图2-1

答:用弥尔曼定理求解最为简便,因为电路中只含有两个节点。

2. 试述回路电流法求解电路的步骤。回路电流是否为电路的最终求解响应?

答:回路电流法求解电路的基本步骤如下:

(1)选取独立回路(一般选择网孔作为独立回路),在回路中标示出假想回路电流的参考方向,并把这一参考方向作为回路的绕行方向。

(2)建立回路的 KVL 方程式。应注意自电阻压降恒为正值,公共支路上互电阻压降的正、负由相邻回路电流的方向来决定:当相邻回路电流方向流经互电阻与本回路电流方向一致时该部分压降取正,相反时取负。方程式右边电压升的正、负取值方法与支路电流法相同。

(3)求解联立方程式,得出假想的各回路电流。

(4)在电路图(见试图 2-2)上标出客观存在的各支路电流的参考方向,按照它们与回路电流之间的关系,求出各条支路电流。

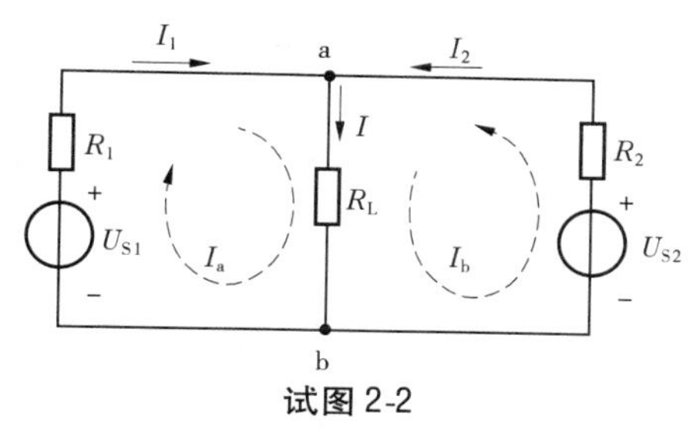

试图 2-2

回路电流是为了减少方程式数目而人为假想的绕回路流动的电流,不是电路的最终求解响应,最后要根据客观存在的支路电流与回路电流之间的关系求出支路电流。

3. 一个不平衡电桥电路进行求解时,只用电阻的串、并联和欧姆定律能够求解吗?

答:不平衡电桥电路是复杂电路,只用电阻的串、并联和欧姆定律是无法求解的,必须采用 KCL 和 KVL 及欧姆定律才能求解电路。

4. 试述戴维南定理的求解步骤?如何把一个有源二端网络化为一个无源二端网络?在此过程中,有源二端网络内部的电压源和电流源应如何处理?

答:戴维南定理的解题步骤如下:

(1)将待求支路与有源二端网络分离,对断开的两个端钮分别标以记号(例如 a 和 b)。

(2)对有源二端网络求解其开路电压 U_{oc}。

(3)对有源二端网络进行除源处理:其中电压源用短接线代替;电流源断开,然后对无源二端网络求解其入端电阻 $R_入$。

(4)让开路电压 U_{oc} 等于戴维南等效电路的电压源 U_S,入端电阻 $R_入$ 等于戴维南等效电路的内阻 R_0,在戴维南等效电路两端断开处重新把待求支路接上,根据欧姆定律求出其电流或电压。

把一个有源二端网络化为一个无源二端网络就是除源,如上述步骤(3)所述。

5. 实际应用中,我们用高内阻电压表测得某直流电源的开路电压为 225 V,用足够量程的电流表测得该直流电源的短路电流为 50 A,问这一直流电源的戴维南等效电路?

答:直流电源的开路电压即为它的戴维南等效电路的电压源 U_S,$225/50=4.5(\Omega)$ 等于该直流电源戴维南等效电路的内阻 R_0。

五、计算分析题（根据实际难度定分，建议每题在6～12分范围）

1. 已知试图2-3电路中电压$U=4.5$ V，试应用已经学过的电路求解法求电阻R。（18 Ω）

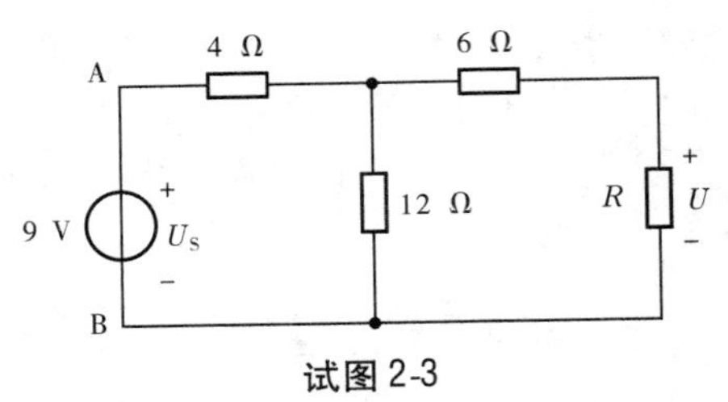

试图2-3

2. 求解试图2-4所示电路的戴维南等效电路。（$U_{ab}=0$ V，$R_0=8.8$ Ω）

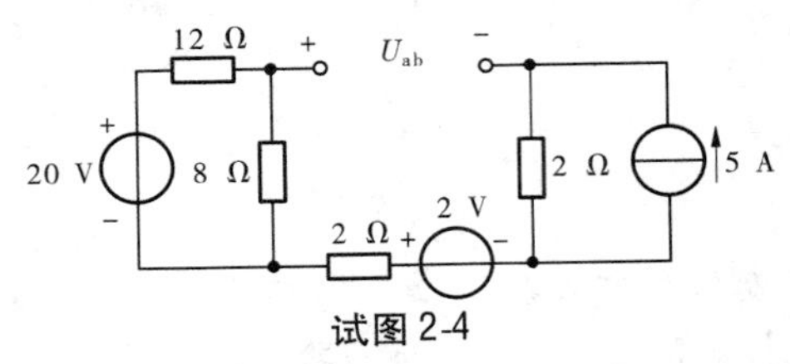

试图2-4

3. 试用叠加定理求解试图2-5所示电路中的电流I。（在电流源单独作用下$U=1$ V，$I'=-1/3$ A；电压源单独作用时，$I''=2$ A，所以电流$I=5/3$ A）

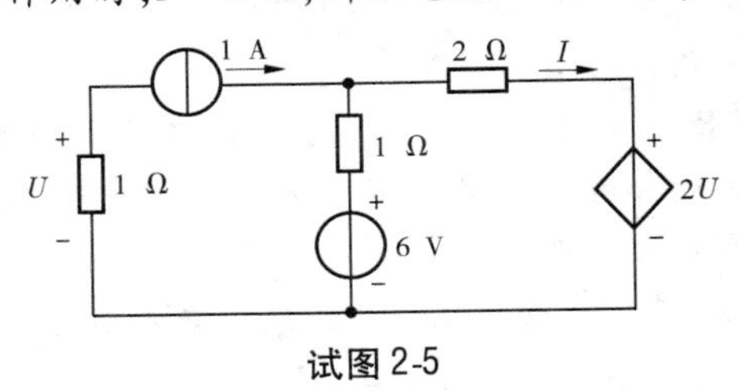

试图2-5

4. 列出试图2-6所示电路的节点电压方程。

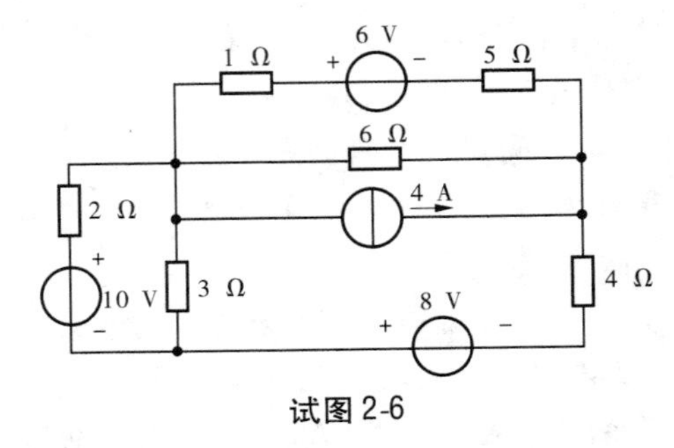

试图2-6

解：画出试图2-6等效电路图如试图2-7所示。

对节点A：
$$\left(\frac{1}{3}+\frac{5}{6}\right)V_A-\frac{1}{3}V_B=2$$

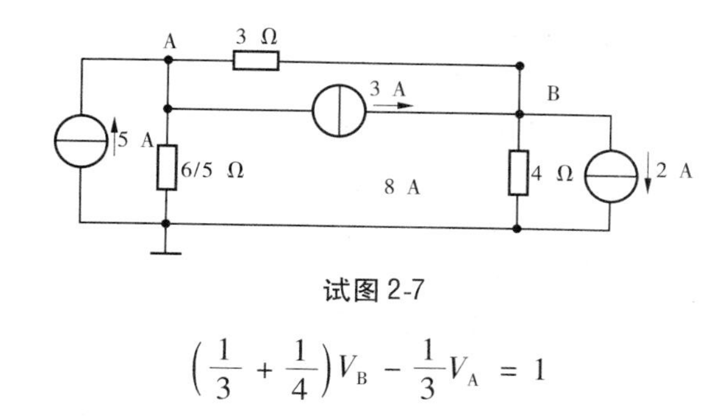

试图 2-7

对节点 B：
$$\left(\frac{1}{3}+\frac{1}{4}\right)V_B-\frac{1}{3}V_A=1$$

试题库 3.1（正弦交流电）

一、填空题（建议较易填空每空 0.5 分，较难填空每空 1 分）

1. 正弦交流电的三要素是指正弦量的最大值、角频率和初相。

2. 反映正弦交流电振荡幅度的量是它的最大值，反映正弦量随时间变化快慢程度的量是它的频率；确定正弦量计时始位置的是它的初相。

3. 已知一正弦量 $i=7.07\sin(314t-30°)$ A，则该正弦电流的最大值是7.07 A，有效值是5 A，角频率是314 rad/s，频率是50 Hz，周期是0.02 s，随时间的变化进程相位是$314t-30°$电角，初相是$-30°$，合$-\pi/6$弧度。

4. 正弦量的有效值等于它的瞬时值的平方在一个周期内的平均值的开方，所以有效值又称为方均根值。也可以说，交流电的有效值等于与其热效应相同的直流电的数值。

5. 两个同频率正弦量之间的相位之差称为相位差，不同频率的正弦量之间不存在相位差的概念。

6. 实际应用的电表交流指示值和我们实验的交流测量值，都是交流电的有效值。工程上所说的交流电压、交流电流的数值，通常也都是它们的有效值，此值与交流电最大值的数量关系为：最大值是有效值的 1.414 倍。

7. 电阻元件上的电压、电流在相位上是同相关系；电感元件上的电压、电流相位存在正交关系，且电压超前电流；电容元件上的电压、电流相位存在正交关系，且电压滞后电流。

8. 同相的电压和电流构成的是有功功率，用 P 表示，单位为W；正交的电压和电流构成无功功率，用 Q 表示，单位为Var。

9. 能量转换中过程不可逆的功率称有功功率，能量转换中过程可逆的功率称无功功率。能量转换过程不可逆的功率意味着不但有交换，而且有消耗；能量转换过程可逆的功率则意味着只交换不消耗。

10. 正弦交流电路中，电阻元件上的阻抗 $|Z|=R$，与频率无关；电感元件上的阻抗 $|Z|=X_L$，与频率成正比；电容元件上的阻抗 $|Z|=X_C$，与频率成反比。

11. 与正弦量具有一一对应关系的复数电压、复数电流称为相量。最大值相量的模对应于正弦量的最大值，有效值相量的模对应于正弦量的有效值，它们的幅角对应于正弦量的初相。

12. 单一电阻元件的正弦交流电路中，复阻抗 $Z=R$；单一电感元件的正弦交流电路中，复阻抗 $Z=\mathrm{j}X_L$；单一电容元件的正弦交流电路中，复阻抗 $Z=-\mathrm{j}X_C$；电阻电感相串联的正弦交流电路中，复阻抗 $Z=R+\mathrm{j}X_L$；电阻电容相串联的正弦交流电路中，复阻抗 $Z=R-\mathrm{j}X_C$；电阻电感电容相串联的正弦交流电路中，复阻抗 $Z=R+\mathrm{j}(X_L-X_C)$。

13. 单一电阻元件的正弦交流电路中，复导纳 $Y=G$；单一电感元件的正弦交流电路中，复导纳 $Y=-\mathrm{j}B_L$；单一电容元件的正弦交流电路中，复导纳 $Y=\mathrm{j}B_C$；电阻电感电容相并联的正弦交流电路中，复导纳 $Y=G+\mathrm{j}(B_C-B_L)$。

14. 按照各个正弦量的大小和相位关系用初始位置的有向线段画出的若干个相量的图形，称为相量图。

15. 相量分析法，就是把正弦交流电路用相量模型表示，其中正弦量用相量代替，R、L、C 电路参数用对应的复阻抗表示，则直流电阻性电路中所有的公式定律均适用于对相量模型的分析，只是计算形式以复数运算代替了代数运算。

16. 有效值相量图中，各相量的线段长度对应于正弦量的有效值，各相量与正向实轴之间的夹角对应于正弦量的初相。相量图直观地反映了各正弦量之间的数量关系和相位关系。

17. 电压三角形是相量图，因此可定性地反映各电压相量之间的数量关系及相位关系，阻抗三角形和功率三角形不是相量图，因此它们只能定性地反映各量之间的数量关系。

18. R、L、C 串联电路中，当电路复阻抗虚部大于零时，电路呈感性；当复阻抗虚部小于零时，电路呈容性；当电路复阻抗的虚部等于零时，电路呈阻性，此时电路中的总电压和电流相量在相位上呈同相关系，称电路发生串联谐振。

19. R、L、C 并联电路中，当电路复导纳虚部大于零时，电路呈容性；当复导纳虚部小于零时，电路呈感性；当电路复导纳的虚部等于零时，电路呈阻性，此时电路中的总电流、电压相量在相位上呈同相关系，称电路发生并联谐振。

20. R、L 串联电路中，测得电阻两端电压为 120 V，电感两端电压为 160 V，则电路总电压是200 V。

21. R、L、C 并联电路中，测得电阻上通过的电流为 3 A，电感上通过的电流为 8 A，电容元件上通过的电流是 4 A，总电流是5 A，电路呈感性。

22. 复功率的实部是有功功率，单位是瓦；复功率的虚部是无功功率，单位是乏；复功率的模对应正弦交流电路的视在功率，单位是伏安。

23. 在含有 L、C 的电路中，出现总电压、电流同相位，这种现象称为谐振。这种现象若发生在串联电路中，则电路中阻抗最小，电压一定时电流最大，且在电感和电容两端将出现过电压；该现象若发生在并联电路中，电路阻抗将最大，电压一定时电流则最小，但在电感和电容支路中将出现过电流现象。

24. 谐振发生时，电路中的角频率 $\omega_0=1/\sqrt{LC}$，$f_0=1/2\pi\sqrt{LC}$。

25. 串联谐振电路的特性阻抗 $\rho=\sqrt{L/C}$，品质因数 $Q=\omega_0 L/R$。

26. 理想并联谐振电路谐振时的阻抗 $Z=\infty$，总电流等于0。

27. 实际应用中，并联谐振电路在未接信号源时，电路的谐振阻抗为电阻 R，接入信号源后，电路谐振时的阻抗变为$R//R_S$，电路的品质因数也由 $Q_0=R/\omega_0 L$ 变为 $Q=R//R_S/\omega_0 L$，从而使并联谐振电路的选择性变差，通频带变宽。

28. 交流多参数的电路中，负载获取最大功率的条件是$Z_L=Z_S^*$；负载上获取的最大功率 $P_L=U_S|Z_S|/[(R_S+|Z_S|)^2+X_S^2]$。

29. 谐振电路的应用，主要体现在用于信号的选择、元器件的测量和提高功率的传输效率。

30. 品质因数越大，电路的选择性越好，但不能无限制地加大品质因数，否则将造成通频带变窄，致使接收信号产生失真。

二、判断下列说法的正确与错误（建议每小题 1 分）

1. 正弦量的三要素是指它的最大值、角频率和初相。 （×）
2. $u_1=220\sqrt{2}\sin 314t$ V 超前 $u_2=311\sin(628t-45°)$ V 为 45°电角。 （×）
3. 电抗和电阻的概念相同，都是阻碍交流电流的因素。 （×）
4. 电阻元件上只消耗有功功率，不产生无功功率。 （√）
5. 从电压、电流瞬时值关系式来看，电感元件属于动态元件。 （√）
6. 无功功率的概念可以理解为这部分功率在电路中不起任何作用。 （×）
7. 几个电容元件相串联，其电容量一定增大。 （×）
8. 单一电感元件的正弦交流电路中，消耗的有功功率比较小。 （×）
9. 正弦量可以用相量来表示，因此相量等于正弦量。 （×）
10. 几个复阻抗相加时，它们的和增大；几个复阻抗相减时，其差减小。 （×）
11. 串联电路的总电压超前电流时，电路一定呈感性。 （√）
12. 并联电路的总电流超前路端电压时，电路应呈感性。 （×）
13. 电感电容相串联，$U_L=120$V，$U_C=80$ V，则总电压等于 200 V。 （×）
14. 电阻电感相并联，$I_R=3$ A，$I_L=4$ A，则总电流等于 5 A。 （√）
15. 提高功率因数，可使负载中的电流减小，因此电源利用率提高。 （×）
16. 避免感性设备的空载，减少感性设备的轻载，可自然提高功率因数。 （√）
17. 只要在感性设备两端并联一电容器，即可提高电路的功率因数。 （×）
18. 视在功率在数值上等于电路中有功功率和无功功率之和。 （×）
19. 串联谐振电路不仅广泛应用于电子技术中，也广泛应用于电力系统中。 （×）
20. 谐振电路的品质因数越高，电路选择性越好，因此实用中 Q 值越大越好。 （×）
21. 串联谐振在 L 和 C 两端将出现过电压现象，因此也把串联谐振称为电压谐振。 （√）
22. 并联谐振在 L 和 C 支路上出现过流现象，因此常把并联谐振称为电流谐振。 （√）
23. 串联谐振电路的特性阻抗 ρ 在数值上等于谐振时的感抗与线圈铜耗电阻的比值。 （√）

24. 理想并联谐振电路对总电流产生的阻碍作用无穷大，因此总电流为零。（✓）

25. 无论是直流电路还是交流电路，负载上获得最大功率的条件都是 $R_L = R_0$。（×）

26. *RLC* 多参数串联电路由感性变为容性的过程中，必然经过谐振点。（✓）

27. 品质因数高的电路对非谐振频率电流具有较强的抵制能力。（✓）

28. 谐振状态下电源供给电路的功率全部消耗在电阻上。（✓）

三、单项选择题（每题 2 分）

1. 在正弦交流电路中，电感元件的瞬时值伏安关系可表达为（ C ）。

A. $u = iX_L$　　B. $u = \mathrm{j}i\omega L$　　C. $u = L\dfrac{\mathrm{d}i}{\mathrm{d}t}$

2. 已知工频电压有效值和初始值均为 380 V，则该电压的瞬时值表达式为（ B ）。

A. $u = 380\sin 314t$ V　　B. $u = 537\sin(314t + 45°)$ V

C. $u = 380\sin(314t + 90°)$ V

3. 一个电热器，接在 10 V 的直流电源上，产生的功率为 P。把它改接在正弦交流电源上，使其产生的功率为 $P/2$，则正弦交流电源电压的最大值为（ C ）。

A. 7.07 V　　B. 5 V　　C. 10 V

4. 已知 $i_1 = 10\sin(314t + 90°)$ A，$i_2 = 10\sin(628t + 30°)$ A，则（ C ）。

A. i_1 超前 i_2 60°　　B. i_1 滞后 i_2 60°　　C. 相位差无法判断

5. 电容元件的正弦交流电路中，电压有效值不变，当频率增大时，电路中电流将（ A ）。

A. 增大　　B. 减小　　C. 不变

6. 电感元件的正弦交流电路中，电压有效值不变，当频率增大时，电路中电流将（ B ）。

A. 增大　　B. 减小　　C. 不变

7. 实验室中的交流电压表和电流表，其读值是交流电的（ B ）。

A. 最大值　　B. 有效值　　C. 瞬时值

8. 314 μF 电容元件用在 100 Hz 的正弦交流电路中，所呈现的容抗值为（ C ）。

A. 0.197 Ω　　B. 31.8 Ω　　C. 5.1 Ω

9. 在电阻元件的正弦交流电路中，伏安关系表示错误的是（ B ）。

A. $u = iR$　　B. $U = IR$　　C. $\dot{U} = \dot{I}R$

10. 某电阻元件的额定数据为"1 kΩ、2.5 W"，正常使用时允许流过的最大电流为（ A ）。

A. 50 mA　　B. 2.5 mA　　C. 250 mA

11. $u = -100\sin(6\pi t + 10°)$ V 超前 $i = 5\cos(6\pi t - 15°)$ A 的相位差是（ C ）。

A. 25°　　B. 95°　　C. 115°

12. 周期 $T = 1$ s、频率 $f = 1$ Hz 的正弦波是（ C ）。

A. $4\cos 314t$　　B. $6\sin(5t + 17°)$　　C. $4\cos 2\pi t$

13. 标有额定值为"220 V、100 W"和"220 V、25 W"白炽灯两盏，将其串联后接入 220 V 工频交流电源上，其亮度情况是（ B ）。

A. 100 W 的灯泡较亮　　B. 25 W 的灯泡较亮　　C. 两只灯泡一样亮

14. 在 RL 串联的交流电路中,R 上端电压为 16 V,L 上端电压为 12 V,则总电压为(B)。

A. 28 V　　B. 20 V　　C. 4 V

15. R、L 串联的正弦交流电路中,复阻抗为(C)。

A. $Z=R+\mathrm{j}L$　　B. $Z=R+\omega L$　　C. $Z=R+\mathrm{j}X_L$

16. 已知电路复阻抗 $Z=3-\mathrm{j}4\ \Omega$,则该电路一定呈(B)。

A. 感性　　B. 容性　　C. 阻性

17. 电感、电容相串联的正弦交流电路,消耗的有功功率为(C)。

A. UI　　B. I^2X　　C. 0

18. 在试图 3.1-1 所示电路中,$R=X_L=X_C$,并已知安培表 A_1 的读数为 3 A,则安培表 A_2、A_3 的读数应为(C)。

A. 1 A、1 A　　B. 3 A、0 A　　C. 4.24 A、3 A

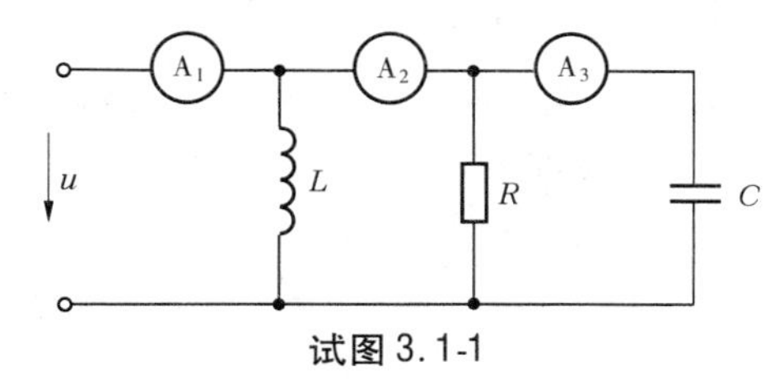

试图 3.1-1

19. 每只日光灯的功率因数为 0.5,当 N 只日光灯并联时,总的功率因数(C);若再与 M 只白炽灯并联,则总功率因数(A)。

A. 大于 0.5　　B. 小于 0.5　　C. 等于 0.5

20. 日光灯电路的灯管电压与镇流器两端电压和电路总电压的关系为(B)。

A. 两电压之和等于总电压　　B. 两电压的相量和等于总电压

21. RLC 并联电路在 f_0 时发生谐振,当频率增加到 $2f_0$ 时,电路性质呈现(B)。

A. 电阻性　　B. 电感性　　C. 电容性

22. 处于谐振状态的 RLC 串联电路,当电源频率升高时,电路将呈现(B)。

A. 电阻性　　B. 电感性　　C. 电容性

23. 下列说法中,(A)是正确的。

A. 串联谐振时阻抗最小　　B. 并联谐振时阻抗最小

C. 电路谐振时阻抗最小

24. 下列说法中,(B)是不正确的。

A. 并联谐振时电流最大　　B. 并联谐振时电流最小

C. 理想并联谐振时总电流为零

25. 发生串联谐振的电路条件是(C)。

A. $\dfrac{\omega_0 L}{R}$　　B. $f_0=\dfrac{1}{\sqrt{LC}}$　　C. $\omega_0=\dfrac{1}{\sqrt{LC}}$

四、简答题(每小题 3 ~5 分)

1. 电源电压不变,当电路的频率变化时,通过电感元件的电流发生变化吗?

答:频率变化时,感抗增大,所以电源电压不变,电感元件的电流将减小。

2. 某电容器额定耐压值为 450 V,能否把它接在交流 380 V 的电源上使用?为什么?

答:$380 \times 1.414 = 537(\text{V}) > 450\ \text{V}$,不能把耐压为 450 V 的电容器接在交流 380 V 的电源上使用,因为电源最大值为 537 V,超过了电容器的耐压值。

3. 你能说出电阻和电抗的不同之处和相似之处吗?它们的单位相同吗?

答:电阻在阻碍电流时伴随着消耗,电抗在阻碍电流时无消耗,二者单位相同。

4. 无功功率和有功功率有什么区别?能否从字面上把无功功率理解为无用之功?为什么?

答:有功功率反映了电路中能量转换过程中不可逆的那部分功率,无功功率反映了电路中能量转换过程中只交换、不消耗的那部分功率,无功功率不能从字面上理解为无用之功,因为变压器、电动机工作时如果没有电路提供的无功功率将无法工作。

5. 从哪个方面来说,电阻元件是即时元件,电感和电容元件为动态元件?又从哪个方面来说电阻元件是耗能元件,电感元件和电容元件是储能元件?

答:从电压和电流的瞬时值关系来说,电阻元件电压电流为欧姆定律的即时对应关系,因此称为即时元件;电感和电容上的电压电流上关系都是微分或积分的动态关系,因此称为动态元件。从瞬时功率表达式来看,电阻元件上的瞬时功率恒为正值或零,所以为耗能元件,而电感和电容元件的瞬时功率在一个周期内的平均值为零,只进行能量的吞吐而不耗能,所以称为储能元件。

6. 正弦量的初相值有什么规定?相位差有什么规定?

答:正弦量的初相和相位差都规定不得超过 $\pm 180°$。

7. 直流情况下,电容的容抗等于多少?容抗与哪些因素有关?

答:直流情况下,电容的容抗等于无穷大,称隔直流作用。容抗与频率成反比,与电容量成反比。

8. 感抗、容抗和电阻有何相同?有何不同?

答:感抗、容抗在阻碍电流的过程中没有消耗,电阻在阻碍电流的过程中伴随着消耗,这是它们的不同之处,三者都是电压和电流的比值,因此它们的单位相同,都是欧姆。

9. 额定电压相同、额定功率不等的两个白炽灯,能否串联使用?

答:额定电压相同、额定功率不等的两个白炽灯是不能串联使用的,因为串联时通过的电流相同,而这两盏灯由于功率不同它们的灯丝电阻是不同的:功率大的白炽灯灯丝电阻小、分压少,不能正常工作;功率小的白炽灯灯丝电阻大、分压多,容易烧损。

10. 如何理解电容元件的“通交隔直”作用?

答:直流电路中,电容元件对直流呈现的容抗为无穷大,阻碍直流电通过,称隔直作用;交流电路中,电容元件对交流呈现的容抗很小,有利于交流电流通过,称通交作用。

11. 额定电压相同、额定功率不等的两个白炽灯,能否串联使用?

答:不能串联使用。因为额定功率不同时两个白炽灯分压不同。

12. 试述提高功率因数的意义和方法。

答:提高功率因数可减少线路上的功率损耗,同时可提高电源设备的利用率,有利于国民经济的发展。提高功率因数的方法有两种:一是自然提高法,就是避免感性设备的空载和尽量减少其空载;二是人工补偿法,就是在感性线路两端并联适当的电容。

13. 相量等于正弦量的说法对吗?正弦量的解析式和相量式之间能用等号吗?

答:相量可以用来表示正弦量,相量不是正弦量,因此正弦量的解析式和相量式之间是不能画等号的。

14. 电压、电流相位如何时只吸收有功功率?只吸收无功功率时二者相位又如何?

答:电压、电流相位同相时只吸收有功功率,当它们相位正交时只吸收无功功率。

15. 阻抗三角形和功率三角形是相量图吗?电压三角形呢?

答:阻抗三角形和功率三角形都不是相量图,电压三角形是相量图。

16. 并联电容器可以提高电路的功率因数,并联电容器的容量越大,功率因数是否越高?为什么?会不会使电路的功率因数为负值?是否可以用串联电容器的方法提高功率因数?

答:并联电容器可以提高电路的功率因数,但提倡欠补偿,如果并联电容器的容量过大而出现过补偿时,会使电路的功率因数为负值,即电路由感性变为容性,当并联电容达到某一数值时,还会导致功率因数继续下降(可用相量图分析)。实际中是不能用串联电容器的方法提高电路的功率因数的,因为串联电容器可以分压,设备的额定电压将发生变化而不能正常工作。

17. 何谓串联谐振?串联谐振时电路有哪些重要特征?

答:在含有 LC 的串联电路中,出现了总电压与电流同相的情况,称电路发生了串联谐振。串联谐振时电路中的阻抗最小,电压一定时电路电流最大,且在电感和电容两端出现过电压现象。

18. 发生并联谐振时,电路具有哪些特征?

答:电路发生并谐时,电路中电压电流同相,呈纯电阻性,此时电路阻抗最大,总电流最小,在 L 和 C 支路上出现过电流现象。

五、计算分析题(建议每题在 6 ~ 12 分范围)

1. 试求下列各正弦量的周期、频率和初相,二者的相位差如何?

(1)$3\sin 314t$; (2)$8\sin(5t+17°)$

($3\sin 314t$ 是工频交流电,周期为 0.02 s、频率为 50 Hz、初相为零;$8\sin(5t+17°)$ 是周期为 1.256 s、频率为 0.796 Hz、初相为 17°的正弦交流电)

2. 某电阻元件的参数为 8 Ω,接在 $u=220\sqrt{2}\sin 314t$ V 的交流电源上。试求通过电阻元件上的电流 i,如用电流表测量该电路中的电流,其读数为多少?电路消耗的功率是多少瓦?若电源的频率增大一倍,电压有效值不变又如何?(8 分)

($i=38.9\sin 314t$ A,用电流表测量电流值应为 27.5 A,$P=6\ 050$ W;当电源频率增大一倍时,电压有效值不变,由于电阻与频率无关,所以电阻上通过的电流有效值不变)

3. 某线圈的电感量为 0.1 H,电阻可忽略不计。接在 $u=220\sqrt{2}\sin 314t$ V 的交流电源

上。试求电路中的电流及无功功率；若电源频率为 100 Hz，电压有效值不变又如何？写出电流的瞬时值表达式。（8 分）

（$i \approx 9.91\sin(314t - 90°)$ A，用电流表测量电流值应为 7 A，$Q = 1\ 538.6$ Var；当电源频率增大为 100 Hz 时，电压有效值不变，由于电感与频率成正比，所以电感上通过的电流有效值及无功功率均减半，$i' \approx 4.95\sin(628t - 90°)$ A。

4. 试图 3.1-2 所示电路中，各电容量、交流电源的电压值和频率均相同，问哪一个电流表的读数最大？哪个为零？为什么？

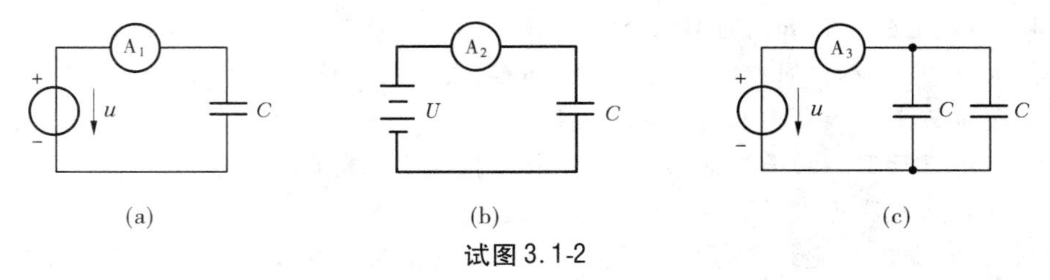

试图 3.1-2

（试图 3.1-2(b)电流表计数为零，因为电容隔直；试图 3.1-2(a)和试图 3.1-2(c)中都是正弦交流电，且电容端电压相同，电流与电容量成正比，因此 A_3 电流表读数最大）

5. 已知工频正弦交流电流在 $t = 0$ 时的瞬时值等于 0.5 A，计时始该电流初相为 30°，求这一正弦交流电流的有效值。（0.707 A）

6. 在 1 μF 的电容器两端加上 $u = 70.7\sqrt{2}\sin(314t - \pi/6)$ V 的正弦电压，求通过电容器中的电流有效值及电流的瞬时值解析式。若所加电压的有效值与初相不变，而频率增加为 100 Hz 时，通过电容器中的电流有效值又是多少？（22.2 mA，$i \approx 31.4\sin(314t + 60°)$ A；频率增倍时，容抗减半，电压有效值不变则电流增倍，为 44.4 A）

7. RL 串联电路接到 220V 的直流电源时功率为 1.2 kW，接在 220 V、50 Hz 的电源时功率为 0.6 kW，试求它的 R、L 值。

解：$R = \dfrac{U^2}{P} = \dfrac{220^2}{1\ 200} \approx 40.3(\Omega) \quad I = \sqrt{\dfrac{P}{R}} = \sqrt{\dfrac{600}{40.3}} \approx 3.86(\text{A})$

$$|Z| = \frac{U}{I} = \frac{220}{3.86} \approx 57(\Omega)$$

$$L = \frac{\sqrt{|Z|^2 - R^2}}{2\pi f} = \frac{\sqrt{57^2 - 40.3^2}}{314} = \frac{40.3}{314} \approx 0.128(\text{H})$$

8. 已知交流接触器的线圈电阻为 200 Ω，电感量为 7.3 H，接到工频 220 V 的电源上。求线圈中的电流 I。如果误将此接触器接到 $U = 220$ V 的直流电源上，线圈中的电流又为多少？如果此线圈允许通过的电流为 0.1 A，将产生什么后果？

解：$I = \dfrac{U}{\sqrt{200^2 + (314 \times 7.3)^2}} = \dfrac{220}{2\ 300} = 0.095\ 6(\text{A}) \approx 0.1\ \text{A}$

$$I = \frac{U}{R} = \frac{220}{200} \approx 1.1(\text{A})$$

如果误接，则线圈中的电流为额定电流的 11 倍，线圈会因过热而烧损。

9. 在电扇电动机中串联一个电感线圈可以降低电动机两端的电压，从而达到调速的目的。已知电动机电阻为 190 Ω,感抗为 260 Ω,电源电压为工频 220 V。现要使电动机上的电压降为 180 V,求串联电感线圈的电感量 L' 应为多大(假定此线圈无损耗电阻)?能否用串联电阻来代替此线圈?试比较两种方法的优缺点。

解:电动机中通过的电流为

$$I = \frac{180}{\sqrt{190^2 + 260^2}} \approx 0.559(\mathrm{A})$$

电机电阻和电感上的电压为

$$U_R = 0.559 \times 190 = 106(\mathrm{V})$$
$$U_L = 0.559 \times 260 = 145(\mathrm{V})$$

串联线圈端电压为

$$U'_L = \sqrt{220^2 - 106^2} - 145 = 47.8(\mathrm{V})$$

串联线圈电感量为

$$L' = \frac{U'_L}{I\omega} = \frac{47.8}{0.559 \times 314} \approx 0.272(\mathrm{mH})$$

若用电阻代替,则串联电阻端电压为

$$U''_R = \sqrt{220^2 - 145^2} - 106 \approx 59.5(\mathrm{V})$$

串联电阻值

$$R' = \frac{U''_R}{I} = \frac{59.5}{0.559} \approx 106(\Omega)$$

比较两种方法,串联电阻的阻值为电动机电阻的 50% 还要多些,因此需多消耗功率:$\Delta P = 0.559^2 \times 106 \approx 33(\mathrm{W})$,这部分能量显然对用户来讲是要计入电表的。而串联的线圈本身铜耗电阻很小,一般不需要消耗多少有功功率,所以对用户来讲,用串联线圈的方法降低电压比较合适。

10. 已知试图 3.1-3 所示电路中,$R = X_C = 10\ \Omega$,$U_{\mathrm{AB}} = U_{\mathrm{BC}}$,且电路中路端电压与总电流同相,求复阻抗 Z。

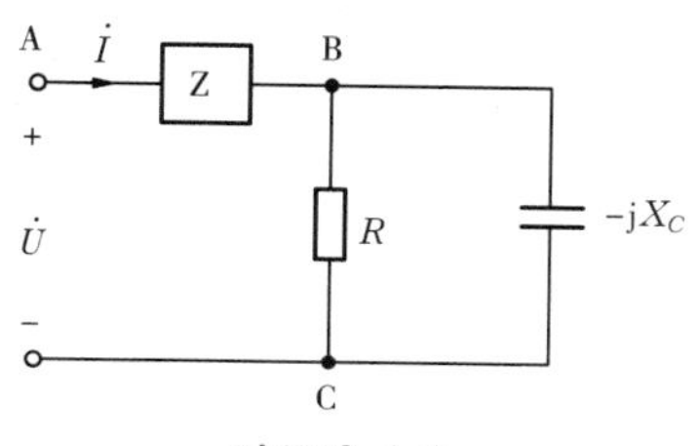

试图 3.1-3

解:根据题意可知,电路中发生了串联谐振。

$$Z_{\mathrm{BC}} = \frac{1}{0.1 + \mathrm{j}0.1} = \frac{1}{0.1414\angle 45^\circ} = 7.07\angle -45^\circ = 5 - \mathrm{j}5(\Omega)$$

因谐振,所以

$$Z_{\mathrm{AB}} = Z_{\mathrm{BC}}^* = 5 + \mathrm{j}5(\Omega)$$

试题库3.2(互感)

一、填空题(每空1分)

1. 当流过一个线圈中的电流发生变化时,在线圈本身所引起的电磁感应现象称自感现象,若本线圈电流变化在相邻线圈中引起感应电压,则称为互感现象。

2. 当端口电压、电流为关联参考方向时,自感电压取正;当端口电压、电流的参考方向非关联时,则自感电压为负。

3. 互感电压的正负与电流的方向及同名端有关。

4. 两个具有互感的线圈顺向串联时,其等效电感为$L = L_1 + L_2 + 2M$;它们反向串联时,其等效电感为$L = L_1 + L_2 - 2M$。

5. 两个具有互感的线圈同侧相并时,其等效电感为$(L_1L_2 - M^2)/(L_1 + L_2 - 2M)$;它们异侧相并时,其等效电感为$(L_1L_2 - M^2)/(L_1 + L_2 + 2M)$。

二、判断下列说法的正确与错误(每题1分)

1. 由线圈本身的电流变化而在本线圈中引起的电磁感应称为自感。 (√)
2. 任意两个相邻较近的线圈总要存在着互感现象。 (×)
3. 由同一电流引起的感应电压,其极性始终保持一致的端子称为同名端。 (√)
4. 两个串联互感线圈的感应电压极性,取决于电流流向,与同名端无关。 (×)
5. 顺向串联的两个互感线圈,其等效电感量为它们的电感量之和。 (×)
6. 同侧相并的两个互感线圈,其等效电感量比它们异侧相并时的大。 (√)
7. 通过互感线圈的电流若同时流入同名端,则它们产生的感应电压彼此增强。 (√)

三、单项选择题(每题2分)

1. 线圈几何尺寸确定后,其互感电压的大小正比于相邻线圈中电流的(C)。

A. 大小　　B. 变化量　　C. 变化率

2. 两互感线圈的耦合系数K=(B)。

A. $\dfrac{\sqrt{M}}{L_1L_2}$　　B. $\dfrac{M}{\sqrt{L_1L_2}}$　　C. $\dfrac{M}{L_1L_2}$

3. 两互感线圈同侧相并时,其等效电感量$L_{同}$=(A)。

A. $\dfrac{L_1L_2 - M^2}{L_1 + L_2 - 2M}$　　B. $\dfrac{L_1L_2 - M^2}{L_1 + L_2 + 2M^2}$　　C. $\dfrac{L_1L_2 - M^2}{L_1 + L_2 - M^2}$

4. 两互感线圈顺向串联时,其等效电感量$L_{顺}$=(C)。

A. $L_1 + L_2 - 2M$　　B. $L_1 + L_2 + M$　　C. $L_1 + L_2 + 2M$

5. 符合无损耗、$K=1$和自感量、互感量均为无穷大条件的变压器是(A)。

A. 理想变压器　　B. 全耦合变压器　　C. 空芯变压器

6. 反射阻抗的性质与次级回路总阻抗性质相反的变压器是(C)。

A. 理想变压器　　　　B. 全耦合变压器　　　　C. 空芯变压器

7. 符合无损耗、$K=1$ 和自感量、互感量均为有限值条件的变压器是(B)。

A. 理想变压器　　　　B. 全耦合变压器　　　　C. 空芯变压器

四、简答题(每小题 3 ~5 分)

1. 试述同名端的概念。为什么对两互感线圈串联和并联时必须要注意它们的同名端?

答:由同一电流产生的感应电压的极性始终保持一致的端子称为同名端,电流同时由同名端流入或流出时,它们所产生的磁场彼此增强。实际应用中,为了小电流获得强磁场,通常把两个互感线圈顺向串联或同侧并联,如果接反了,电感量大大减小,通过线圈的电流会大大增加,将造成线圈的过热而导致烧损,所以在应用时必须注意线圈的同名端。

2. 何谓耦合系数?

答:两个具有互感的线圈之间磁耦合的松紧程度用耦合系数表示。

3. 判断试图 3.2-1 所示线圈的同名端。

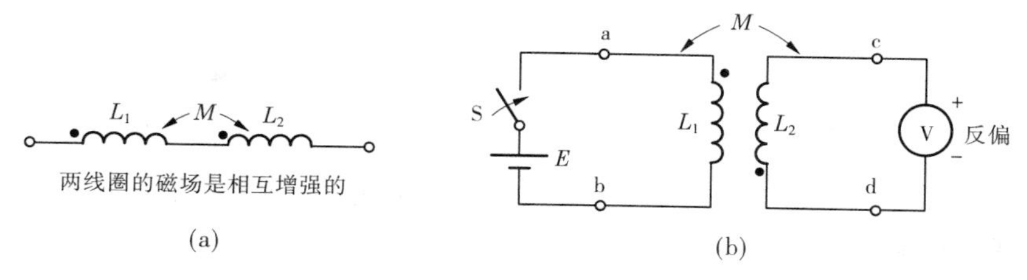

试图 3.2-1

解:试图 3.2-1(a)中两线圈的磁场相互增强,因此必为顺串,所以它们相连的一对端子为异名端,如实心点所示;试图 3.2-1(b)初级线圈的电流在开关闭合一瞬间变化率大于零,所以自感电动势的极性下负上正,阻碍电流的增强,次级电压表反偏,说明互感电压的极性与电压表的极性相反,即上负下正,可判断出同名端如试图 3.2-1(b)中实心点所示。

试题库 3.3 (三相交流电)

一、填空题(每空 1 分)

1. 三相电源作 Y 接时,由各相首端向外引出的输电线俗称火线,由各相尾端公共点向外引出的输电线俗称零线,这种供电方式称为三相四线制。

2. 火线与火线之间的电压称为线电压,火线与零线之间的电压称为相电压。电源 Y 接时,数量上 $U_l = 1.732\ U_P$;若电源作△接,则数量上 $U_l = 1\ U_P$。

3. 火线上通过的电流称为线电流,负载上通过的电流称为相电流。当对称三相负载作 Y 接时,数量上 $I_l = 1 I_P$;当对称三相负载△接,$I_l = 1.732\ I_P$。

4. 中线的作用是使不对称 Y 接负载的端电压继续保持对称。

5. 对称三相电路中，三相总有功功率 $P=3U_PI_P\cos\varphi$，三相总无功功率 $Q=3U_PI_P\sin\varphi$，三相总视在功率 $S=3U_PI_P$。

6. 对称三相电路中，由于中线电流 $I_N=0$，所以各相电路的计算具有独立性，各相电流电压也是独立的，因此三相电路的计算就可以归结为一相来计算。

7. 若三角形接的三相电源绕组有一相不慎接反，就会在发电机绕组回路中出现 $2\dot{U}_P$，这将使发电机因过热而烧损。

8. 我们把三个最大值相等、角频率相同，在相位上互差120°的正弦交流电称为对称三相交流电。

9. 当三相电路对称时，三相瞬时功率之和是一个常量，其值等于三相电路的有功功率，这种性能使三相电动机的稳定性高于单相电动机。

二、判断下列说法的正确与错误(每题1分)

1. 三相电路只要作Y形连接，则线电压在数值上是相电压的 $\sqrt{3}$ 倍。 (×)
2. 三相总视在功率等于总有功功率和总无功功率之和。 (×)
3. 对称三相交流电任一瞬时值之和恒等于零，有效值之和恒等于零。 (×)
4. 对称三相Y接电路中，线电压超前与其相对应的相电压30°电角。 (√)
5. 三相电路的总有功功率 $P=\sqrt{3}U_1I_1\cos\varphi$。 (×)
6. 三相负载作三角形连接时，线电流在数量上是相电流的 $\sqrt{3}$ 倍。 (×)
7. 中线的作用使得三相不对称负载保持对称。 (×)
8. Y接三相电源若测出线电压两个为220 V、一个为380 V时，说明有一相接反。 (√)

三、单项选择题(每题2分)

1. 某三相四线制供电电路中，相电压为220 V，则火线与火线之间的电压为(C)。

A. 220 V　　B. 311 V　　C. 380 V

2. 在电源对称的三相四线制电路中，若三相负载不对称，则该负载各相电压(B)。

A. 不对称　　B. 仍然对称　　C. 不一定对称

3. 三相对称交流电路的瞬时功率为(B)。

A. 一个随时间变化的量　　B. 一个常量，其值恰好等于有功功率

C. 0

4. 三相发电机绕组接成三相四线制，测得三个相电压 $U_A=U_B=U_C=220$ V，三个线电压 $U_{AB}=380$ V，$U_{BC}=U_{CA}=220$ V，这说明(C)。

A. A相绕组接反了　　B. B相绕组接反了　　C. C相绕组接反了

5. 某对称三相电源绕组为Y接，已知 $\dot{U}_{AB}=380\angle15°$ V，当 $t=10$ s时，三个线电压之和为(B)。

A. 380 V　　B. 0 V　　C. $380/\sqrt{3}$ V

6. 某三相电源绕组连成Y形时线电压为380 V，若将它改接成三角形，线电压为(C)。

A. 380 V　　B. 660 V　　C. 220 V

7. 已知 $X_C=6\ \Omega$ 的对称纯电容负载作三角形连接，与对称三相电源相接后测得各线电流均为 10 A，则三相电路的视在功率为(A)。

A. 1 800 VA　　B. 600 VA　　C. 600 W

8. 三相四线制电路，已知 $\dot{I}_A=10\angle 20°$ A，$\dot{I}_B=10\angle -100°$ A，$\dot{I}_C=10\angle 140°$ A，则中线电流 $\dot{I}_N$ 为(B)。

A. 10 A　　B. 0 A　　C. 30 A

9. 三相对称电路是指(C)。

A. 电源对称的电路　　B. 负载对称的电路　　C. 电源和负载均对称的电路

四、简答题(每小题 3～5 分)

1. 三相电源作三角形连接时，如果有一相绕组接反，后果如何？试用相量图加以分析说明。

答：三相电源作三角形连接时，如果有一相绕组接反，就会在发电机绕组内环中发生较大的环流，致使电源烧损。相量图略。

2. 三相四线制供电系统中，中线的作用是什么？

答：中线的作用是使不对称 Y 接三相负载的相电压保持对称。

3. 为什么实用中三相电动机可以采用三相三线制供电，而三相照明电路必须采用三相四线制供电系统？

答：三相电动机是对称三相负载，中线不起作用，因此采用三相三线制供电即可。而三相照明电路是由单相设备接入三相四线制供电系统中，工作时通常不对称，因此必须有中线才能保证各相负载的端电压对称。

4. 三相四线制供电体系中，为什么规定中线上不得安装保险丝和开关？

答：此规定说明不允许中线随意断开，以保证在 Y 接不对称三相电路工作时各相负载的端电压对称。如果安装了保险丝，若一相发生短路，则中线上的保险丝就有可能烧断而造成中线断开，开关若不慎在三相负载工作时拉断同样造成三相不平衡。

5. 如何计算三相对称电路的功率？有功功率计算式中的 $\cos\varphi$ 表示什么意思？

答：第一问略，有功功率计算式中的 $\cos\varphi$ 称为功率因数，表示有功功率占电源提供的总功率的占比。

6. 一台电动机本来为正转，如果把连接在它上面的三根电源线任意调换两根的顺序，则电动机的旋转方向改变吗？为什么？

答：任调电动机的两根电源线，通往电动机中的电流相序将发生变化，电动机将由正转变为反转，因为正转和反转的旋转磁场方向相反，而异步电动机的旋转方向总是顺着旋转磁场的方向转动的。

五、计算分析题(根据实际难度定分，建议每题在 6～12 分范围)

1. 三相电路如试图 3.3-1 所示。已知电源线电压为 380 V 的工频电，求各相负载的相电流、中线电流及三相有功功率 P,画出相量图。

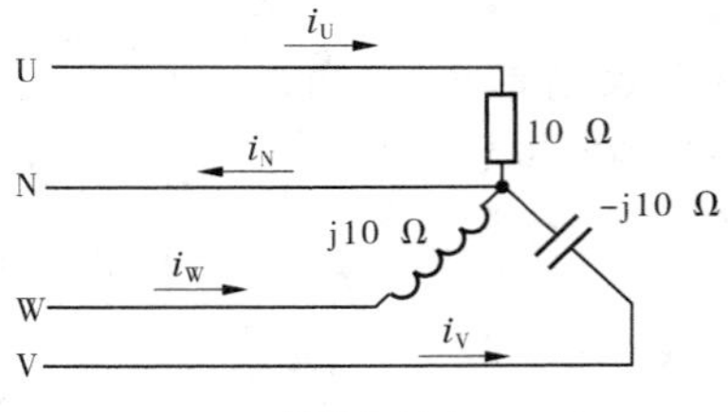

试图 3.3-1

解:各相电流均为 220/10 = 22(A),由于三相不对称,所以中线电流为

$$\begin{aligned}\dot{I}_N &= 22 + 22\angle -30° + 22\angle 30° \\ &= 22 + 19.05 - j11 + 19.05 + j11 \\ &= 60.1\angle 0°(A)\end{aligned}$$

三相有功功率实际上只在 U 相负载上产生,因此 $P = 22^2 \times 10 = 4\ 840(W)$,相量图略。

2. 已知对称三相电源 A、B 火线间的电压解析式为 $u_{AB} = 380\sqrt{2}\sin(314t + 30°)$ V,试写出其余各线电压和相电压的解析式。

解:

$$\begin{aligned}u_{BC} &= 380\sqrt{2}\sin(314t - 90°)\ V \\ u_{CA} &= 380\sqrt{2}\sin(314t + 150°)\ V \\ u_A &= 220\sqrt{2}\sin 314t\ V \\ u_B &= 220\sqrt{2}\sin(314t - 120°)\ V \\ u_C &= 220\sqrt{2}\sin(314t + 120°)\ V\end{aligned}$$

3. 已知对称三相负载各相复阻抗均为 8 + j6 Ω,Y 接于工频 380 V 的三相电源上,若 u_{AB} 的初相为 60°,求各相电流。

解:

$$|Z_p| = 8 + j6 = 10\angle 36.9°(\Omega) \quad \dot{U}_A = 220\angle 30°\ V$$

$$\dot{I}_A = \frac{220\angle 30°}{10\angle 36.9°} = 22\angle -6.9°(V)$$

根据对称关系可得:

$$\begin{aligned}i_A &= 22\sqrt{2}\sin(314t - 6.9°)\ A \\ i_B &= 22\sqrt{2}\sin(314t - 126.9°)\ A \\ i_C &= 22\sqrt{2}\sin(314t + 113.1°)\ A\end{aligned}$$

4. 某超高压输电线路中,线电压为 22 万 V,输送功率为 24 万 kW。若输电线路的每相电阻为 10 Ω。

(1)试计算负载功率因数为 0.9 时线路上的电压降及输电线上一年的电能损耗。

(2)若负载功率因数降为 0.6,则线路上的电压降及一年的电能损耗又为多少?

解:(1) $\Delta p = 3I^2R_1 = 3 \times \left(\dfrac{24 \times 10^7}{\sqrt{3} \times 22 \times 10^4 \times 0.9}\right)^2 \times 10 = 3 \times 700^2 \times 10 = 147 \times$

10^2(kW)

一年按365 d计，电能损耗为

$$\Delta W = \Delta pt = 147 \times 10^2 \times 365 \times 24 \approx 1.288 \times 10^8 (\text{kWh})$$

输电线上的电压降为

$$\Delta U = IR_1 = 700 \times 10 = 7\,000 (\text{V})$$

(2) $\Delta p = 3I'^2 R_1 = 3 \times \left(\dfrac{24 \times 10^7}{\sqrt{3} \times 22 \times 10^4 \times 0.6}\right)^2 \times 10 \approx 3 \times 1\,050^2 \times 10 \approx 330.6 \times 10^2 (\text{kW})$

电能损耗为

$$\Delta W = \Delta pt = 330.6 \times 10^2 \times 365 \times 24 \approx 2.90 \times 10^8 (\text{kWh})$$

输电线上的电压降为

$$\Delta U = I'R_1 = 1\,050 \times 10 = 10\,500 (\text{V})$$

5. 有一台三相电动机绕组为Y接，从配电盘电压表读出线电压为380 V，电流表读出线电流为6.1 A，已知其总功率为3.3 kW，试求电动机每相绕组的参数。

解:

$$\cos\varphi = \frac{3\,300}{\sqrt{3} \times 380 \times 6.1} = 0.822$$

各相电阻为

$$R = \frac{\dfrac{3\,300}{3}}{6.1^2} \approx 29.6 (\Omega)$$

各相感抗为

$$X_L = \sqrt{\left(\frac{380}{\sqrt{3} \times 6.1}\right)^2 - 29.6^2} \approx \sqrt{36.1^2 - 29.6^2} \approx 20.6 (\Omega)$$

各相等效电感量为

$$L = \frac{X_L}{\omega} = \frac{20.6}{314} \approx 65.6 (\text{mH})$$

6. 一台△接三相异步电动机的功率因数为0.86，效率$\eta = 0.88$，额定电压为380 V，输出功率为2.2 kW，求电动机向电源取用的电流为多少？

解:

$$P_1 = \frac{P_2}{\eta} = \frac{2\,200}{0.88} = 2\,500 (\text{W})$$

$$I = \frac{P_1}{\sqrt{3} U_1 \cos\varphi} = \frac{2\,500}{1.732 \times 380 \times 0.86} \approx 4.42 (\text{A})$$

7. 三相对称负载，每相阻抗为6 + j8 Ω，接于线电压为380 V的三相电源上，试分别计算出三相负载Y接和△接时电路的总功率各为多少瓦？

解: Y接时$I_1 = 22$ A，总功率为

$$P = \sqrt{3} \times 380 \times 22 \times 0.6 \approx 8\,688 (\text{W})$$

△接时$I_1 = 66$ A，总功率为

$$P = \sqrt{3} \times 380 \times 66 \times 0.6 \approx 26\,064 (\text{W})$$

8. 一台 Y 接三相异步电动机，接入 380 V 线电压的电网中，当电动机满载时其额定输出功率为 10 kW，效率为 0.9，线电流为 20 A。当该电动机轻载运行时，输出功率为 2 kW，效率为 0.6，线电流为 10.5 A。试求在上述两种情况下电路的功率因数，并对计算结果进行比较后讨论。

解：电动机满载时 $P_1 = 11.1$ kW，功率因数为

$$\cos\varphi = \frac{P}{\sqrt{3}UI} = \frac{11\ 111}{1.732 \times 380 \times 20} \approx 0.844$$

电动机轻载时 $P_1 = 3\ 333$ W，功率因数为

$$\cos\varphi' = \frac{P}{\sqrt{3}UI} = \frac{3\ 333}{1.732 \times 380 \times 10.5} \approx 0.482$$

比较两种结果可知，电动机轻载时功率因数下降，因此应尽量让电动机工作在满载或接近满载情况下。

试题库 4（非正弦周期交流量）

一、填空题（每空 1 分）

1. 一系列<u>最大值</u>不同，<u>频率</u>成整数倍的正弦波，叠加后可构成一个<u>非正弦</u>周期波。

2. 与非正弦周期波频率相同的正弦波称为非正弦周期波的<u>基</u>波，是构成非正弦周期波的<u>基本</u>成分；频率为非正弦周期波频率奇次倍的叠加正弦波称为它的<u>奇</u>次谐波；频率为非正弦周期波频率偶次倍的叠加正弦波称为它的<u>偶</u>次谐波。

3. 一个非正弦周期波可分解为无限多项<u>谐波</u>成分，这个分解的过程称为<u>谐波</u>分析，其数学基础是<u>傅里叶级数</u>。

4. 所谓谐波分析，就是对一个已知<u>波形</u>的非正弦周期信号，找出它所包含的各次谐波分量的<u>振幅</u>和<u>频率</u>，写出其傅里叶级数表达式的过程。

5. 非正弦周期量的有效值与<u>正弦</u>量的有效值定义相同，但计算式有很大差别，非正弦量的有效值等于它的各次<u>谐波</u>有效值的<u>平方和</u>的开方。

6. 只有<u>同频率</u>的谐波电压和电流才能构成平均功率，不同<u>频率</u>的电压和电流是不能产生平均功率的。数值上，非正弦波的平均功率等于它的<u>各次谐波单独作用时</u>所产生的平均功率之和。

二、判断下列说法的正确与错误（每题 1 分）

1. 非正弦周期波各次谐波的存在与否与波形的对称性无关。（×）

2. 正确找出非正弦周期量各次谐波的过程称为谐波分析法。（√）

3. 非正弦周期量的有效值等于它各次谐波有效值之和。（×）

4. 波形因数是非正弦周期量的最大值与有效值之比。（×）

三、单项选择题（每题 2 分）

1. 非正弦周期量的有效值等于它各次谐波（ B ）平方和的开方。

A. 平均值　　B. 有效值　　C. 最大值

2. 非正弦周期信号作用下的线性电路分析，电路响应等于它的各次谐波单独作用时产生的响应的（ B ）的叠加。

A. 有效值　　B. 瞬时值　　C. 相量

3. 已知一非正弦电流 $i(t)=(10+10\sqrt{2}\sin 2\omega t)$ A，它的有效值为（ B ）。

A. $20\sqrt{2}$ A　　B. $10\sqrt{2}$ A　　C. 20 A

4. 已知基波的频率为 120 Hz，则该非正弦波的三次谐波频率为（ A ）。

A. 360 Hz　　B. 300 Hz　　C. 240 Hz

四、简答题（每小题 3～5 分）

1. 什么叫周期性的非正弦波，你能举出几个实际中的非正弦周期波的例子吗？

答：周而复始地重复前面循环的非正弦量均可称为周期性非正弦波，如等腰三角波、矩形方波及半波整流等。

2. 周期性的非正弦线性电路分析计算步骤如何，其分析思想遵循电路的什么原理？

答：周期性的非正弦线性电路的分析步骤如下：

（1）根据已知傅里叶级数展开式分项，求解各次谐波单独作用时电路的响应。

（2）求解直流谐波分量的响应时，遇电容元件按开路处理，遇电感元件按短路处理。

（3）求正弦分量的响应时按相量法进行求解，注意对不同频率的谐波分量、电容元件和电感元件上所呈现的容抗和感抗各不相同，应分别加以计算。

（4）用相量分析法计算出来的各次谐波分量的结果一般是用复数表示的，不能直接进行叠加，必须要把它们化为瞬时值表达式后才能进行叠加。

周期性非正弦线性电路分析思想遵循线性电路的叠加定理。

3. 何谓基波？何谓高次谐波？

答：频率与非正弦波相同的谐波称为基波，它是非正弦量的基本成分；二次以上的谐波均称为高次谐波。

五、计算分析题（根据实际难度定分，建议每题在 6～12 分范围）

1. 试图 4-1 所示电路，已知 $R=20\ \Omega$，$\omega L=20\ \Omega$，$u(t)=25+100\sqrt{2}\sin\omega t+25\sqrt{2}\sin 2\omega t+10\sqrt{2}\sin 3\omega t$ V，求电流的有效值及电路消耗的平均功率。

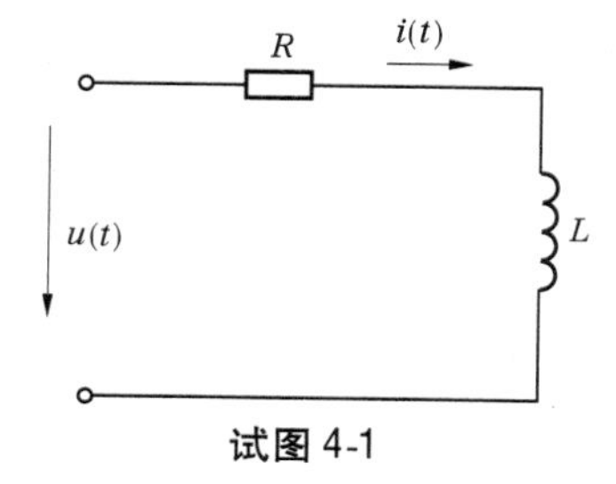

试图 4-1

解：直流分量单独作用时：$I_0=25/20=1.25(\text{A})$

基波单独作用时：

$$I_1 = \frac{100}{\sqrt{20^2 + 20^2}} \approx 3.536(\mathrm{A})$$

二次谐波单独作用时：

$$2\omega L = 40\Omega, \quad I_2 = \frac{25}{\sqrt{20^2 + 40^2}} \approx 0.559(\mathrm{A})$$

三次谐波单独作用时：

$$3\omega L = 60\ \Omega, \quad I_3 = \frac{10}{\sqrt{20^2 + 60^2}} \approx 0.158(\mathrm{A})$$

所以电流的有效值：

$$I = \sqrt{1.25^2 + 3.536^2 + 0.559^2 + 0.158^2} \approx 3.795(\mathrm{A})$$

直流分量功率：$P_0 = 25 \times 1.25 = 31.25(\mathrm{W})$

一次谐波功率：$P_1 = 3.536^2 \times 20 \approx 250(\mathrm{W})$

二次谐波功率：$P_2 = 0.559^2 \times 20 \approx 6.25(\mathrm{W})$

三次谐波功率：$P_3 = 0.158^2 \times 20 \approx 0.5(\mathrm{W})$

电路消耗的平均功率：$P \approx 31.25 + 250 + 6.25 + 0.5 = 288(\mathrm{W})$

2. 已知试图 4-2 所示电路的 $u(t) = 10 + 80\sin(\omega t + 30°) + 18\sin3\omega t$ V，$R = 6\ \Omega$，$\omega L = 2\ \Omega$，$1/\omega C = 18\ \Omega$，求交流电压表、交流电流表及功率表的读数，并求 $i(t)$ 的谐波表达式。

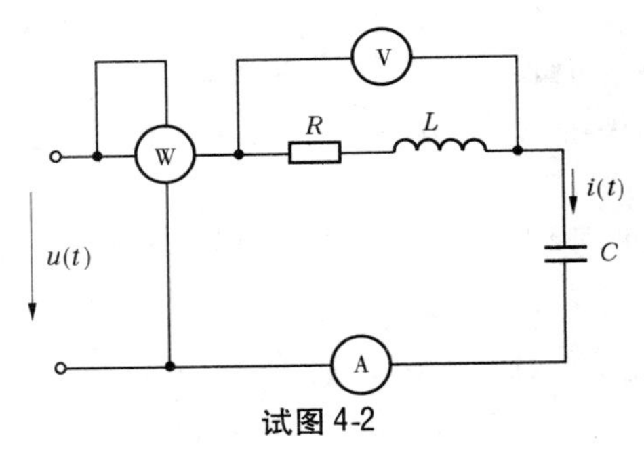

试图 4-2

解：基波单独作用时：$I_0 = 0$，$U_0 = 0$，$W_0 = 0$

一次谐波单独作用时：

$$Z_1 = 6 + \mathrm{j}(2 - 18) \approx 17.1\angle -69.4°(\Omega)$$

$$I_1 = \frac{80/\sqrt{2}\angle 30°}{17.1\angle -69.4°} \approx 3.31\angle 99.4°(\mathrm{A})$$

RL 串联部分电压有效值：

$$U_{RL} = 3.31 \times 6.32 \approx 20.9(\mathrm{V})$$

三次谐波单独作用时：

$$Z_1 = 6 + \mathrm{j}(6 - 6) = 6\angle 0°(\Omega)$$

发生串联谐振。

$$I_3 = \frac{18/\sqrt{2}\angle 0°}{6\angle 0°} \approx 2.12\angle 0°(\text{A})$$

RL 串联部分电压有效值：

$$U_{RL3} = 2.12 \times 8.48 \approx 18(\text{V})$$

电流表读数：

$$I = \sqrt{3.31^2 + 2.12^2} \approx 3.93(\text{A})$$

电压表读数：

$$U = \sqrt{20.9^2 + 18^2} \approx 27.6(\text{V})$$

功率表读数：

$$P = P_1 + P_3 = 3.31 \times 56.56\cos 69.4° + 2.12^2 \times 6 \approx 65.9 + 27 = 92.9(\text{W})$$

试题库5(一阶动态电路)

一、填空题(每空1分)

1. 暂态是指从一种稳态过渡到另一种稳态所经历的过程。

2. 换路定律指出：在电路发生换路后的一瞬间，电感元件上通过的电流和电容元件上的端电压，都应保持换路前一瞬间的原有值不变。

3. 换路前，动态元件中已经储有原始能量。换路时，若外激励等于零，仅在动态元件原始能量作用下所引起的电路响应，称为零输入响应。

4. 只含有一个动态元件的电路可以用一阶微分方程进行描述，因而称作一阶电路。仅由外激励引起的电路响应称为一阶电路的零状态响应；只由元件本身的原始能量引起的响应称为一阶电路的零输入响应；既有外激励，又有元件原始能量的作用所引起的电路响应叫作一阶电路的全响应。

5. 一阶 RC 电路的时间常数 $\tau = RC$；一阶 RL 电路的时间常数 $\tau = L/R$。时间常数 τ 的取值取决于电路的结构和电路参数。

6. 一阶电路全响应的三要素是指待求响应的初始值、稳态值和时间常数。

7. 二阶电路过渡过程的性质取决于电路元件的参数。当电路发生非振荡过程的"过阻尼"状态时，$R > 2\sqrt{\frac{L}{C}}$；当电路出现振荡过程的"欠阻尼"状态时，$R < 2\sqrt{\frac{L}{C}}$；当电路为临界非振荡过程的"临界阻尼"状态时，$R = 2\sqrt{\frac{L}{C}}$；$R = 0$ 时，电路出现等幅振荡。

8. 在电路中，电源的突然接通或断开，电源瞬时值的突然跳变，某一元件的突然接入或被移去等，统称为换路。

9. 换路定律指出：一阶电路发生换路时，状态变量不能发生跳变。该定律用公式可表示为 $i_L(0_+) = i_L(0_-)$ 和 $u_C(0_+) = u_C(0_-)$。

10. 由时间常数公式可知，RC 一阶电路中，C 一定时，R 值越大过渡过程进行的时间就越长;RL 一阶电路中,L 一定时,R 值越大过渡过程进行的时间就越短。

二、判断下列说法的正确与错误(每题 1 分)

1. 换路定律指出:电感两端的电压是不能发生跃变的,只能连续变化。 (×)
2. 换路定律指出:电容两端的电压是不能发生跃变的,只能连续变化。 (✓)
3. 单位阶跃函数除在 $t=0$ 处不连续,其余都是连续的。 (✓)
4. 一阶电路的全响应,等于其稳态分量和暂态分量之和。 (✓)
5. 一阶电路中所有的初始值,都要根据换路定律进行求解。 (×)
6. RL 一阶电路的零状态响应,u_L 按指数规律上升,i_L 按指数规律衰减。 (×)
7. RC 一阶电路的零状态响应,u_C 按指数规律上升,i_C 按指数规律衰减。 (✓)
8. RL 一阶电路的零输入响应,u_L 按指数规律衰减,i_L 按指数规律衰减。 (✓)
9. RC 一阶电路的零输入响应,u_C 按指数规律上升,i_C 按指数规律衰减。 (×)
10. 二阶电路出现等幅振荡时必有 $X_L=X_C$,电路总电流只消耗在电阻上。 (✓)

三、单项选择题(每题 2 分)

1. 动态元件的初始储能在电路中产生的零输入响应中(B)。
   A. 仅有稳态分量　B. 仅有暂态分量　C. 既有稳态分量,又有暂态分量
2. 在换路瞬间,下列说法中正确的是(A)。
   A. 电感电流不能跃变　B. 电感电压必然跃变　C. 电容电流必然跃变
3. 工程上认为 $R=25\ \Omega$、$L=50$ mH 的串联电路中发生暂态过程时将持续(C)。
   A. 30 ~ 50 ms　B. 37.5 ~ 62.5 ms　C. 6 ~ 10 ms
4. 试图 5-1 电路换路前已达稳态,在 $t=0$ 时断开开关 S,则该电路(C)。
   A. 电路有储能元件 L,要产生过渡过程
   B. 电路有储能元件且发生换路,要产生过渡过程
   C. 因为换路时元件 L 的电流储能不发生变化,所以该电路不产生过渡过程

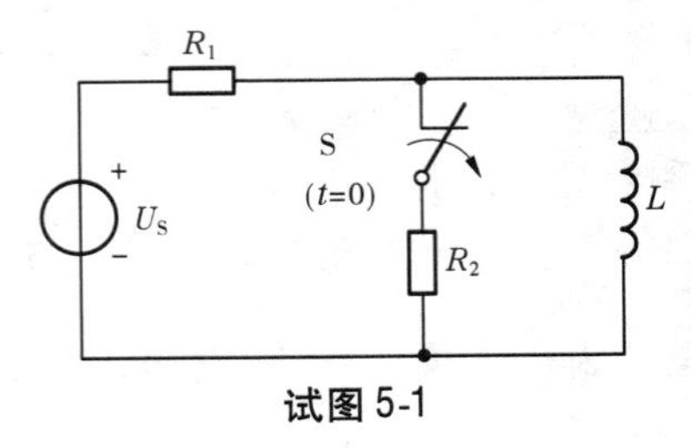

试图 5-1

5. 试图 5-2 所示电路已达稳态,现增大 R 值,则该电路(B)。
   A. 因为发生换路,要产生过渡过程
   B. 因为电容 C 的储能值没有变,所以不产生过渡过程
   C. 因为有储能元件且发生换路,要产生过渡过程
6. 试图 5-3 所示电路在开关 S 断开之前电路已达稳态,若在 $t=0$ 时将开关 S 断开,则电路中 L 上通过的电流 $i_L(0_+)$ 为(A)。
   A. 2 A　B. 0 A　C. −2 A

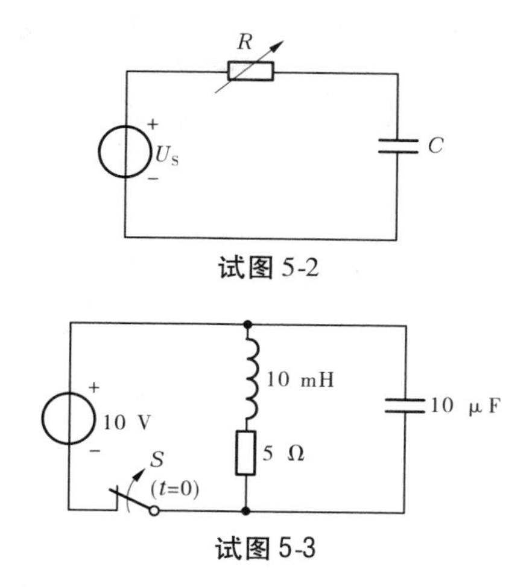

试图 5-2

试图 5-3

7. 试图 5-3 所示电路,在开关 S 断开时,电容 C 两端的电压为(A)。

A. 10 V　　　　B. 0 V　　　　C. 按指数规律增加

四、简答题(每小题 3 ~5 分)

1. 何谓电路的过渡过程? 包含有哪些元件的电路存在过渡过程?

答:电路由一种稳态过渡到另一种稳态所经历的过程称过渡过程,也叫暂态。含有动态元件的电路在发生换路时一般存在过渡过程。

2. 什么叫换路? 在换路瞬间,电容器上的电压初始值应等于什么?

答:在含有动态元件 L 和 C 的电路中,电路的接通、断开、接线的改变或是电路参数、电源的突然变化等,统称为换路。根据换路定律,在换路瞬间,电容器上的电压初始值应保持换路前一瞬间的数值不变。

3. 在 RC 充电及放电电路中,怎样确定电容器上的电压初始值?

答:在 RC 充电及放电电路中,电容器上的电压初始值应根据换路定律求解。

4. "电容器接在直流电源上是没有电流通过的"这句话确切吗? 试完整地说明。

答:这句话不确切。未充电的电容器接在直流电源上时,必定发生充电的过渡过程,充电完毕后,电路中不再有电流,相当于开路。

5. RC 充电电路中,电容器两端的电压按照什么规律变化? 充电电流又按什么规律变化? RC 放电电路呢?

答:RC 充电电路中,电容器两端的电压按照指数规律上升,充电电流按照指数规律下降。RC 放电电路,电容电压和放电电流均按指数规律下降。

6. RL 一阶电路与 RC 一阶电路的时间常数相同吗? 其中的 R 是指某一电阻吗?

答:RC 一阶电路的时间常数 $\tau = RC$,RL 一阶电路的时间常数 $\tau = L/R$,其中的 R 是指动态元件 C 或 L 两端的等效电阻。

7. RL 一阶电路的零输入响应中,电感两端的电压按照什么规律变化? 电感中通过的电流又按什么规律变化? RL 一阶电路的零状态响应呢?

答:RL 一阶电路的零输入响应中,电感两端的电压和电感中通过的电流均按指数规律下降；RL 一阶电路的零状态响应中，电感两端的电压按指数规律下降，电感中通过的电流按指数规律上升。

8. 通有电流的 RL 电路被短接，电流具有怎样的变化规律？

答：通有电流的 RL 电路被短接，即发生换路时，电流应保持换路前一瞬间的数值不变。

9. 试说明在二阶电路中，过渡过程的性质取决于什么因素？

答：二阶电路中，过渡过程的性质取决于电路元件的参数：当 $R>2\sqrt{L/C}$ 时，电路过阻尼；当 $R<2\sqrt{L/C}$ 时，电路欠阻尼；当 $R=2\sqrt{L/C}$ 时，电路临界阻尼；当 $R=0$ 时，电路发生等幅振荡。

10. 怎样计算 RL 电路的时间常数？试用物理概念解释：为什么 L 越大、R 越小，则时间常数越大？

答：RL 电路的时间常数 $\tau=L/R$。当 R 一定时，L 越大，动态元件对变化的电量所产生的自感作用越大，过渡过程进行的时间越长；当 L 一定时，R 越大，对一定电流的阻碍作用越大，过渡过程进行的时间就越长。

五、计算分析题（建议每题在 6～12 分范围）

1. 电路如试图 5-4 所示。开关 S 在 $t=0$ 时闭合。则 $i_L(0_+)$ 为多大？

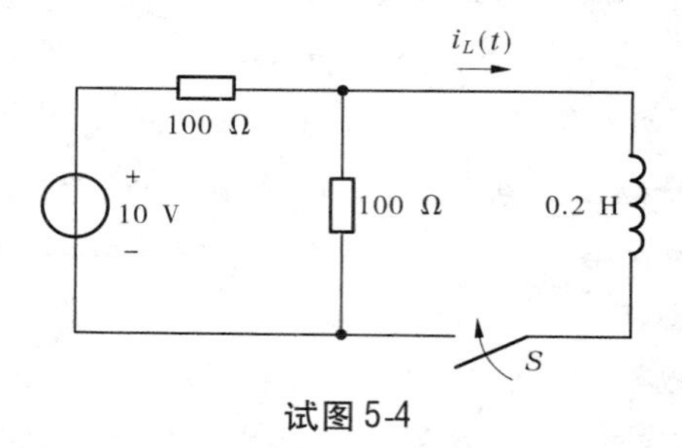

试图 5-4

解：开关闭合前，$i_L(0_-)=0$，开关闭合电路发生换路时，根据换路定律可知，电感中通过的电流应保持换路前一瞬间的数值不变，即 $i_L(0_+)=i_L(0_-)=0$。

2. 求试图 5-5 所示电路中开关 S 在“1”和“2”位置时的时间常数。

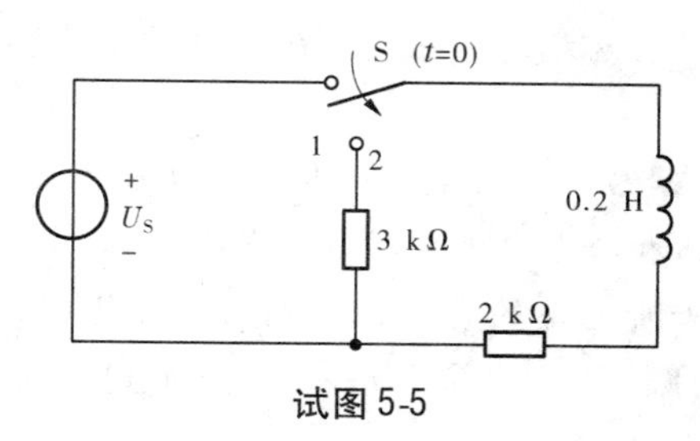

试图 5-5

解：开关 S 在位置“1”时，$\tau_1=0.2/2=0.1(\text{ms})$；开关 S 在位置“2”时，$\tau_2=0.2/(3+2)=0.04(\text{ms})$。

3. 试图 5-6 所示电路换路前已达稳态，在 $t=0$ 时将开关 S 断开，试求换路瞬间各支路电流及储能元件上的电压初始值。

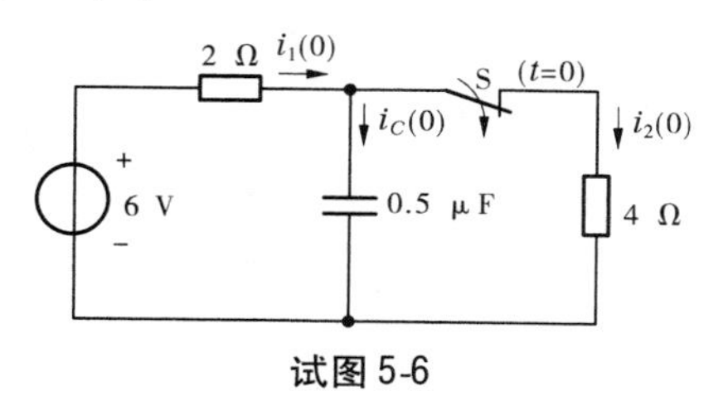

试图 5-6

解:$u_C(0_-)=4\text{ V}$,$u_C(0_+)=u_C(0_-)=4\text{ V}$

$i_1(0_+)=i_C(0_+)=(6-4)/2=1(\text{A})$

$i_2(0_+)=0$

4. 求试图 5-6 所示电路中电容支路电流的全响应。

解:换路后的稳态值:$u_C(\infty)=6\text{ V}$

时间常数:$\tau=RC=2\times0.5=1(\mu\text{s})$

所以电路全响应:$u_C(t)=u_C(\infty)+[u_C(0_+)-u_C(\infty)]\mathrm{e}^{-t/\tau}=6-2\mathrm{e}^{-10^6t}(\text{V})$

参考文献

[1] 邱关源,罗先觉. 电路[M]. 5 版. 北京:高等教育出版社,2006.
[2] 王敬镕,牛均莲. 电路与磁路[M]. 北京:中国电力出版社,2006.
[3] 蔡元宇,朱晓萍,霍龙. 电路及磁路[M]. 3 版. 北京:高等教育出版社,2008.
[4] 黄才光,禹红. 电路基础[M]. 郑州:黄河水利出版社,2008.
[5] 郭瑞平. 电路分析基础[M]. 北京:中国电力出版社,2010.
[6] 李玉清,滕颖辉. 电工基础[M]. 郑州:黄河水利出版社,2013.
[7] 谢述双. 电工基础[M]. 北京:机械工业出版社,2013.
[8] 王兆奇. 电工基础[M]. 3 版. 北京:机械工业出版社,2015.